Deutschland digital

E-Book inside

Buch und E-Book in einem – Lesen, wie *Sie* wollen!

1. Öffnen Sie die **Webseite** www.campus.de/ebookinside
2. Geben Sie folgenden **Downloadcode** ein und füllen Sie das Formular aus

   »TICKET TO READ« – IHR CODE: LVCV6-7PZ86-JYPXX

3. Wählen Sie das gewünschte E-Book-**Format** (MOBI/Kindle, EPUB, PDF)
4. Mit dem Klick auf den Button am Ende des Formulars erhalten Sie Ihren persönlichen **Downloadlink** per E-Mail

Marc Beise, Ulrich Schäfer

Deutschland digital

Unsere Antwort auf das Silicon Valley

Campus Verlag
Frankfurt/New York

ISBN 978-3-593-50592-3 Print
ISBN 978-3-593-43433-9 E-Book (PDF)
ISBN 978-3-593-43453-7 E-Book (EPUB)

Copyright © 2016 Campus Verlag GmbH, Frankfurt am Main
Umschlaggestaltung: Guido Klütsch, Köln
Umschlagmotiv: © Thomas Hümmler, Grafing bei München
(www.huemmler.de)
Satz: Campus Verlag GmbH, Frankfurt am Main
Gesetzt aus: Scala und Gill Sans
Druck und Bindung: Beltz Bad Langensalza GmbH
Printed in Germany

www.campus.de

INHALT

Die digitale Transformation

So schaffen wir das

DAS NEUE DEUTSCHE WIRTSCHAFTSWUNDER

Die erste Runde verloren – und jetzt?

Wir bekennen: So wie viele andere Deutsche sind auch wir ins Silicon Valley gereist und haben gehofft, dort die Erleuchtung zu finden. Tausende pilgern jedes Jahr in dieses gelobte Land, weil sie die Zukunft sehen wollen. Ehrfurchtsvoll schauen sie sich an, was die Tech-Pioniere in Kalifornien an Innovationen entwickeln und in milliardenschwere Geschäfte umsetzen; fast schon unterwürfig bestaunen die Gäste aus »Good Old Germany«, was die Menschen in diesem von mildem Klima, viel Geld und großartigen Unternehmen gesegneten Landstrich anders machen, besser, schneller.

Im Grunde scheint die Sache ja klar zu sein: Wir Deutsche sind hoffnungslos hinterher, haben verloren, haben keine Zukunft mehr, jedenfalls keine selbstbestimmte. Denn dort drüben arbeiten sie – so die allgemeine Einschätzung – an nicht weniger als an der neuen Weltherrschaft. Die Internetriesen und Start-ups von der amerikanischen Westküste wollen nicht nur unser Leben und Denken verändern, ihnen geht es auch darum, die Macht in der Wirtschaft und den Wohlstand neu aufzuteilen. Die Angreifer aus dem Silicon Valley zielen dabei mehr denn je auch auf das Herz der deutschen Wirtschaft: auf die Autohersteller, den Maschinenbau, die großen Banken und Versicherungen. Und, ja, auch auf die Pharmaindustrie. Für ein Land, das seit Jahrzehnten gewohnt ist, die besten Autos der Welt zu bauen, die zuverlässigsten Maschinen, und das mal als die »Apotheke der Welt« bekannt war, ist das eine bedrohliche Vorstellung.

Die Revolution, die da auf uns zurollt, wird unsere Wirtschaft und Gesellschaft noch gewaltiger verändern als die Erfindung der

Dampfmaschine, die Einführung des Fließbands oder die millionenfache Verbreitung des Autos. Denn das Internet, dieses allgegenwärtige Medium, erklimmt gerade die nächste, die höchste Stufe. Wir kommen in ein Zeitalter, in dem alles, wirklich alles miteinander vernetzt sein wird: das Smartphone mit dem Kühlschrank, das Haus mit dem Auto, die Maschine mit der Maschine, das intelligente Pflaster auf unserer Brust mit unserem Arzt, die eine Fabrik mit der anderen – und der Mensch mit allem: mit seiner Uhr, dem Fitness-Armband, dem Supermarkt, mit seinen Freunden, die künftig ständig wissen können, wo man sich aufhält und was man macht. Und alles geschieht wie von selbst, ist die Software erst einmal ans Laufen gebracht. Es ist das Ende der rein mechanischen Welt.

Ob wir es wollen oder nicht: Wir sind bald auf irgendeine Weise immer online. Nicht bloß ein paar Stunden am Tag, sondern wirklich immer. Schon in wenigen Jahren wird in dieser »Always-on«-Gesellschaft fast jeder und jede Dutzende von Geräten besitzen, die über das Internet miteinander kommunizieren und Daten austauschen: Zahnbürste und Auto, Heizungen und Lampen, Kameras und Bewegungsmelder. Das wird unser Leben erleichtern – und es zugleich schwerer, komplexer und undurchschaubarer machen.

Die Angreifer aus dem Silicon Valley nennen das überall verfügbare Netz kurz und prägnant: das Internet der Dinge. Oder auch: Internet of everything – das Internet für alles. In Deutschland spricht man von der Industrie 4.0, was aber nicht treffend ist, nicht umfassend genug. Weil es nicht bloß darum geht, Maschinen und Fabriken zu vernetzen – sondern unser ganzes Leben, das ganze Sein. Und es geht auch nicht darum, dass unsere Wirtschaft ein Update erhält, von 3.0 auf 4.0, sondern darum, dass sich die Regeln unseres Wirtschaftens, das Tempo des Fortschritts und die Art und Weise, wie Innovationen entstehen, von Grund auf verändern.

Altes verschwindet, Neues entsteht: Disruption nennen die US-Amerikaner diesen Prozess. Das bedeutet, dass die Zerstörung nicht langsam kommt, nicht allmählich, sondern plötzlich und abrupt. Es bedeutet, dass die alten, fest gefügten Strukturen in der Wirtschaft durch andere, sehr viel flexiblere Strukturen ersetzt werden und Unternehmen, die heute noch erfolgreich sind, morgen nicht mehr existieren werden, weil ihre Geschäftsmodelle durch neue, digitale Angebote verdrängt werden. Uber ersetzt das Taxi, Airbnb das Hotel, der Online-Händler das Innenstadtgeschäft, das Fintech-Unternehmen die Bankfiliale. Disruption – das bedeutet, dass auch unser Arbeiten flexibler und dynamischer wird, schneller und anstrengender. Und dass viele Jobs und ganze Berufsbilder einfach verschwinden werden.

In dieser völlig vernetzten Welt werden die Daten – unsere Daten – zur alles entscheidenden Währung. Wir können mit diesen Daten bezahlen, sie für uns nutzen. Und auch wenn wir schon seit Jahren über Big Data reden: Die Daten-Revolution beginnt gerade erst. 90 Prozent aller Informationen im Netz wurden in den letzten zwei Jahren gesammelt; von nun an wird sich die Menge dieser Daten Jahr für Jahr in etwa verdoppeln. Unternehmen werden sie zusammentragen, sie aufbereiten, sie nutzbar machen und damit Geld verdienen; sie werden uns mit ihren Angeboten verfolgen, uns nicht mehr loslassen. Das kann für uns als Kunden von Vorteil sein, weil die Angebote immer besser unseren Wünschen entsprechen. Aber es ist irgendwie auch bedrohlich, denn aus dieser Welt kann sich niemand mehr ausklinken. Jeder wird vernetzt, notfalls gegen seinen Willen oder sogar ohne seine Kenntnis.

Die digitale Revolution geht vom Silicon Valley aus, doch sie erfasst auch unser Land. Viele Deutsche, die nach Kalifornien fliegen, kommen einerseits beseelt und andererseits alarmiert zurück. Sie reisen nun durch Deutschland und verkünden den Bürgern, den Arbeitnehmern und den Managern: Wir werden es nicht schaffen! Das, was da drüben passiert, ist so gewaltig und so weit fortgeschritten, dass Deutschland eigentlich keine Chance mehr hat. Und ja, auch wir, die Autoren dieses Buchs, waren anfangs fasziniert von diesem vibrierenden Tal und dessen Spirit. Aber dann haben wir genauer hingeschaut, aufmerksam zugehört und intensiv analysiert und sind mittlerweile davon überzeugt: Das Ganze ist sehr viel differenzierter zu sehen. Haben wir in Deutschland, mit allen unseren Konzernen, all den Weltmarktführern aus dem Mittelstand, all dem Wissen an den Universitäten und dem Elan in der wachsenden Start-up-Szene, wirklich schon verloren? Sind wir schon so weit abgeschlagen, dass wir keine Chance mehr haben?

Wir meinen: Nein!

Denn so innovativ das Silicon Valley auch sein mag – es ist auch einzigartig in seinem Hang, sich selbst als Mittelpunkt der Welt zu sehen und den Rest des Planeten zu vergessen. Man kann, wenn man die digitale Welt allein von Mountain View oder Palo Alto aus betrachtet, ob als Mensch, der dort arbeitet, oder als Besucher aus der Alten Welt, rasch die Maßstäbe verlieren. Auch den Maßstab dafür, welch große Chancen die alte Industrienation Deutschland in dieser neuen Ära hat.

Wir sind der Auffassung: Deutschland hat alle Voraussetzungen, um in der neuen digitalen Welt zu bestehen. Unsere Industrie hat in 150 Jahren eine Routine im Erfinden, Verändern und Verkaufen von Produkten entwickelt, die nicht mal eben kopiert werden kann – schon gar nicht von reinen Internetkonzernen, die zwar schnell wachsen, aber eben keine jahrzehntelange industrielle Expertise besitzen. Die man auch nicht mal so eben zukaufen kann. Die Kunst der deutschen Ingenieure ist legendär, und diese Kunst machen sich nun auch viele Start-ups hierzulande zunutze: Sie setzen ebenfalls auf das Know-how, das die deutsche Industrie groß gemacht hat. Die Deutschen mögen weniger vom Internet verstehen als die Amerikaner, aber sie sind seit Jahrzehnten besser darin, Dinge zu produzieren – und genau das verschafft ihnen nun den entscheidenden Vorteil im Internet der Dinge.

Hinzu kommt: Unser Bildungssystem, vor allem die duale Ausbildung in den Betrieben, ist hoch entwickelt, ebenso das Bewusstsein, die soziale Dimension mitzudenken. Denn auch das ist wichtig, wenn sich plötzlich alles rasant ändert: Wie nehmen wir die Menschen mit? Wie halten wir sie im System? Und wie kümmern wir uns um die Verlierer? Sogar die Furcht der Deutschen, ihre Daten preiszugeben, dieses gerne bespöttelte Bedenkenträgertum, kann seine guten Seiten haben – wenn es nämlich gelingt, daraus ein Geschäftsmodell zu bauen. Am Ende könnte die Erkenntnis stehen: Seht her, wir können auch digital – aber wir sichern den Menschen auch weiterhin ihre Daten und damit ihre Freiheit.

Deutschland hat im digitalen Wettstreit die erste Runde verloren, aber es besteht Hoffnung für die zweite. Wir werden das Silicon Valley nicht mehr bei uns nachbauen oder die amerikanischen Internetgiganten mit ihren eigenen Waffen schlagen können. Aber wir können unseren eigenen Weg in die digitale Welt finden. Einen, der viel mit den bisherigen Werten zu tun hat, die Deutschland stark gemacht haben: mit Präzision und Perfektion, Verlässlichkeit und Genauigkeit; mit der Fähigkeit, selbst die kompliziertesten Prozesse weiter zu optimieren und komplexe Produkte noch effizienter und besser zu machen. Dazu zählt auch etwas, was andere, teils deindustrialisierte Nationen niemals haben werden, schon gar nicht die US-Amerikaner: ein Internet-Mittelstand.

Unsere These formte sich in vielen Gesprächen mit Unternehmern und Gründern, mit Wissenschaftlern und Finanziers, mit Beratern und Experten diesseits und jenseits des Atlantiks. Sie formte sich bei mehreren Reisen nach Kalifornien, teils gemeinsam, teils getrennt; sie formte sich daheim in Europa, bei Besuchen in Unternehmen und Gründerzentren, in deutschen Metropolen ebenso wie in der Provinz – und auch beim Weltwirtschaftsforum in Davos, wo alljährlich der Zustand der Welt vermessen wird und sich im Jahr 2016, man höre und staune, entsprechend dem Motto des Treffens alles um die »vierte industrielle Revolution« drehte, in Deutschland bekannt als Industrie 4.0. Noch ein paar Monate zuvor, bei einem unserer Besuche im Silicon Valley, hatten die meisten Gesprächspartner uns erklärt, dass der Begriff »Industrie 4.0« ja ganz putzig sei; nur außerhalb von Deutschland benutze den leider keiner. Ach, wirklich nicht?

Für unsere These, dass Deutschland noch eine Chance hat, haben wir gerade in den Vereinigten Staaten viele Belege gefunden. Zum

Beispiel unser Besuch bei Tesla. Für viele ist dies ja die Automarke schlechthin. Der letzte Schrei. In der Fabrik in Fremont, auf der Ostseite der Bucht von San Francisco, stellten wir dann fest, dass die hippen Elektroautos zwar nicht »Made *in* Germany« sind, aber »Made *by* Germany«: Überall stehen Roboter von Kuka aus Augsburg und erledigen am Fließband mit großer Präzision die Arbeit. Die riesigen Blechpressen wiederum, die die Karosserien der Elektroautos formen, stammen von Schuler, dem Weltmarktführer der Umformtechnik aus Esslingen am Neckar. Kuka und Schuler, die beiden Hidden Champions aus Deutschland, verdienen seit Jahrzehnten richtig Geld – anders als viele Firmen im Valley, die riesige Verluste anhäufen.

Oder unser Besuch bei Cisco, dem Netzwerkausrüster aus San José, ganz im Süden des Silicon Valley. Dessen Chef Chuck Robbins sagt: »Wenn Deutschland es richtig macht, kann es zu einer der führenden, wenn nicht gar zu der führenden Nation im Internet der Dinge werden.« Oder unser Besuch bei YouNoodle, einem Unternehmen im trendigen Viertel South of Market in San Francisco, das im Keller einer ehemaligen Fleischverpackungsfabrik residiert. Dort führen der Däne Torsten Kolind und sein Team eine Datenbank mit Zehntausenden von Start-ups. Und früher, sagt Kolind, habe es für ihn nur eines gegeben: das Silicon Valley. Das Tal der Erfinder hat auf ihn eine magische Anziehungskraft ausgeübt, deshalb ist er hergezogen. Heute gibt es für ihn nicht mehr nur diesen einen Ort, an dem man sein muss, wenn man ein erfolgreiches Technologieunternehmen gründen will. Die Daten in seinem Computer zeigen: Rund um den Globus reifen immer mehr »hot spots« heran, immer mehr Metropolen oder Regionen. Nicht zuletzt in deutschen Städten wie Berlin, Hamburg oder München entwickelt sich eine ungeheure Dynamik.

Es tut sich also etwas in Deutschland, wir werden es beschreiben. Am Ende wird die große Frage sein: Passiert genug? Sind wir wirklich bereit, die Chancen zu ergreifen, die sich auftun? Greifen wir in der zweiten Runde an?

Die digitale Revolution stellt alle Akteure – Bürger, Staat, Unternehmen, Gewerkschaften – vor ganz neue Herausforderungen. Alles, worauf die Deutschen bisher zu Recht stolz waren – Erfindergeist, Ingenieurskunst, Ausbildungssystem, Maschinenbau, Produktivität, sozialer Friede –, ist in Gefahr, von den digitalen Angreifern aus dem Silicon Valley zerstört, ausgeweidet und dominiert zu werden.

Für Deutschland wird daher die Frage existenziell: Werden wir unser Wirtschafts- und Gesellschaftsmodell, die Soziale Marktwirtschaft in der Prägung von Ludwig Erhard, die über viele Jahrzehnte so gut funktioniert hat, erhalten können? Oder beherrscht das, was vor allem im Silicon Valley erdacht und erprobt wird, der Kapitalismus kalifornischer Prägung, bald auch unser Land?

Konkret: Braucht man in Zukunft noch so viele Arbeitnehmer wie heute, oder werden diese mehr und mehr durch den Computer ersetzt? Bauen die Deutschen ihre Autos auch in Zukunft selbst, oder machen das dann Google und Apple? Sind die Bürger hierzulande noch Herr ihrer Daten, oder werden diese in den USA verwaltet und kontrolliert? Entsteht jenseits des Atlantiks ein Kraftzentrum, das von Wirtschaft bis Politik die ganze Welt und also auch Deutschland beherrscht? Oder können wir eigene Kraftzentren schaffen? Und was heißt das für unsere Sozialsysteme, für Steuern, Arbeitsrecht und Löhne? Am Ende geht es um eine Frage, die ökonomisch, politisch und gesellschaftlich von höchster Brisanz ist: Wem gehört unser Land?

Das Gute ist: Deutschland hat hervorragende Voraussetzungen, selber zum digitalen Angreifer zu werden und diesen Prozess maßgeblich mitzugestalten. Ja, wir könnten sogar, ähnlich wie wir in den 60er- und 70er-Jahren entgegen allen Erwartungen zum Exportweltmeister aufgestiegen sind, in den kommenden Jahren zu einer der treibenden Kräfte werden – wenn wir es jetzt konsequent angehen und das Feld nicht den US-Amerikanern oder den Chinesen überlassen. Vieles muss sich dafür bei uns ändern: in den Betrieben, in der Politik, in unserem Denken und Arbeiten. In den kommenden zehn Jahren entscheidet sich, ob Deutschland seine Chancen nutzen kann. Oder nicht.

Wo wir stehen, mit allen Stärken und allen Schwächen, und was sich ändern muss, damit das digitale Deutschland Wirklichkeit wird und wir uns unseren Wohlstand erhalten können, erklären wir in diesem Buch.

Es ist unsere Antwort auf das Silicon Valley.

Germany goes digital

Wenn Till Reuter über seine Roboter redet, hat man fast den Eindruck, als spreche er über Menschen. Sie könnten schon bald »denken, fühlen und laufen«. Und natürlich haben sie auch Namen. Der Größte heißt »Titan«: ein orangefarbenes Monster mit einem mehr als drei Meter langen beweglichen Arm. Geschützt durch einen hohen Zaun, arbeitet er in einer riesigen Halle auf dem Werksgelände von Kuka in Augsburg. Dieser Roboter ist so mächtig, dass er ganz alleine kleinere Roboter produzieren kann: Die eine Maschine gebärt also ganz viele andere Maschinen; die Roboter-Mutter bekommt Kinder.

Till Reuter sieht nicht aus wie ein gelernter Maschinenbauer, und er ist auch keiner. Der gelernte Jurist und Betriebswirt hat zehn Jahre als Investmentbanker für Morgan Stanley, die Deutsche Bank und Lehman Brothers gearbeitet, davor als Anwalt in New York, São Paulo und Frankfurt. Nun ist er beruflich in der bayerischen Mittelstadt Augsburg angekommen, 280 000 Einwohner, manche würden sagen: in der Provinz. Dort also empfängt er im offenen Hemd; auch das Sakko legt er schnell beiseite, als er sich an einen Tisch in der hellen, von Glaswänden durchzogenen neuen Kuka-Hauptverwaltung setzt, bloß keine Formalitäten! In seinem ziemlich leeren Büro schräg gegenüber stehen zwei weiße Designersofas und ein stylischer Schreibtisch, Aktenschränke und Papierstapel sucht man vergebens.

Der Endvierziger führt Kuka im Stile eines Start-ups. Und in gewisser Hinsicht ist es inzwischen ja auch eines: Das traditionsreiche Maschinenbauunternehmen – gegründet 1898 in Augsburg von Josef Keller und Johann Knappich, groß geworden mit dem Bau von Acetylen-Generatoren und Schweißgeräten, im Zweiten Weltkrieg von Bomben erheblich getroffen – war vor ein paar Jahren fast pleite und steht heute mit 12 000 Mitarbeitern wieder blendend da. 400 Software-Entwickler arbeiten bei Kuka, viermal so viele wie im Jahr 2009, Reuter will diese Zahl in den kommenden Jahren verdoppeln. Aber er setzt auch auf die klassischen Ingenieure – wenn sie denn zukunftsgewandt sind, bei Kuka gebe es noch »richtige Entrepreneure«, sagt der Chef.

Besonders stolz ist Reuter auf eine Maschine, die sie bei Kuka ein wenig spröde LBR iiwa nennen, eine Abkürzung für Leichtbauroboter. Es ist die kleinste Maschine, die in den Werkshallen an der Augsburger Zugspitzstraße gefertigt wird, in gewisser Hinsicht also das Baby; es ist zugleich aber auch Kukas modernster Roboter. Der silberne, nur 80 Zentimeter lange Greifer mit seinen sieben Gelenken kann sich bewegen wie ein menschlicher Arm; er ist vollgestopft mit Platinen, Kabeln und empfindlichen Sensoren, die erkennen, wenn ein Mensch sich nähert und ihn berührt. So etwas konnten Roboter bis vor Kurzem nicht, sie hätten einfach stupide weitergearbeitet – und im schlimmsten Fall die Hand des Arbeiters eingeklemmt. Der LBR iiwa dagegen weicht aus oder stoppt in seiner Bewegung, wenn es für den Menschen daneben gefährlich wird – und er macht weiter, sobald die Gefahr vorbei ist. »Mensch und Maschinen können so nun Hand in Hand arbeiten«, sagt Reuter. Das verändere die Arbeit in den Fabriken von Grund auf: »Die Roboter kommen nun raus aus ihren Käfigen.« Sie verlassen die umgitterten Schutzbereiche und rücken direkt an die Seite der Arbeiter am Band.

Im April 2016 durfte Till Reuter dieses Wunderding auf der Hannover Messe auch dem amerikanischen Präsidenten und der deutschen Kanzlerin vorführen. Er erklärte den beiden, welche Vorteile der Roboter habe, dann forderte er Barack Obama auf, dem Roboter mal die Hand zu geben, um die Wirkung der Sensoren auszutesten. Nein, das wolle sie selber machen, sagte Merkel. Und griff zu. Prompt blieb der Roboter stehen – und setzte seine Arbeit erst wieder fort, als die Kanzlerin losließ. »Kann der irgendwann auch eine Zitrone auspressen?«, wollte Merkel wissen. Ja, der könne auch beim Kochen helfen, sagte Reuter. Der amerikanische Präsident nannte das »impressive«, beeindruckend, dann zog der Tross weiter, zum nächsten Stand mit deutscher Spitzentechnologie.

Als »impressive« hatte Obama am Abend zuvor auch schon seine erste Begegnung mit den Hightech-Maschinen aus Augsburg bezeichnet: der Tanz von sieben Kuka-Robotern während der Eröffnungsfeier, ein Ballett der besonderen Art. Reuter war danach als einer von nur zehn deutschen Unternehmern zum Abendessen mit Merkel und Obama in kleinem Kreis geladen. Die anderen: Das waren die Chefs von Siemens, VW oder Bosch. Große Konzerne mit ein paar Hunderttausend Mitarbeitern also. Und dazu Kuka, ein Mittelständler; ein vergleichsweise kleines, unbekanntes Unternehmen – das kann freilich nur den verwundern, der nicht weiß, was sich in Deutschland tut. Germany goes digital – das mag einerseits überraschend sein für eine Wirtschaftsnation, die sich doch selbstzufrieden im weltweiten Erfolg ihrer Exportindustrie sonnen könnte; und ist andererseits eben auch folgerichtig angesichts einer in Jahrzehnten gereiften Kompetenz zu immer neuer Innovation.

Aber Deutschland ist nicht allein in der neuen Welt. Auch die Volksrepublik China drängt in dieses Geschäft, die Maschinen- und Autobauer aus der Volksrepublik versuchen Wissen abzusaugen, wo immer es geht. »Made in China 2025« nennt die Regierung in Peking ihre Strategie, mit der sie letztlich das Gleiche anstrebt wie die deutsche Regierung mit der von ihr forcierten Industrie 4.0. Es geht darum, ganz vorne zu sein, wenn nun der produktive Kern unserer Wirtschaft, die Industrie, digitalisiert und damit der Wohlstand in der Welt neu aufgeteilt wird.

Es ist deshalb kein Zufall, dass sich für Kuka nicht nur Merkel und Obama interessieren, sondern auch chinesische Investoren. Die Ankündigung des Midea-Konzerns, großer Hersteller von

Haushaltsgeräten in der Volksrepublik mit 100 000 Mitarbeitern, bei Kuka maßgeblich einsteigen zu wollen, elektrisierte im Frühsommer 2016 die deutsche Öffentlichkeit, Teile der Politik versuchten fast schon panisch, ein Abwehrbündnis zu schmieden. In der Unternehmenswelt selbst blieben viele unserer Gesprächspartner gelassen: Sie setzen eher auf eine Zusammenarbeit mit China und das Bündeln gemeinsamer Interessen. Wichtiger als der Versuch, die eigene Technologie abzuschirmen (was im Zweifel ohnehin nicht gelingt), sei es, technisch immer wieder vorne dran zu sein.

Zum Beispiel bei den Robotern. Sie sind in der neuen digitalen Welt eines der Symbole schlechthin und deshalb so begehrt. Diese Maschinen werden in einer Welt, in der Fabriken – ähnlich wie die Hochleistungsrechner an den Börsen – von Algorithmen gesteuert werden, immer mächtiger, ihre Zahl dürfte, so schätzen Experten, bis zum Jahr 2018 um jährlich 15 Prozent wachsen, allen voran in Europa und China; aber auch die Zahl anderer intelligenter, mit dem Internet verbundener Maschinen in den Werkhallen wird deutlich zunehmen.

All das ist fern von dem, was uns im Alltag beschäftigt; Sensoren in einem Roboter oder einer Werkzeugmaschine sind den allermeisten von uns nicht so nah wie das Smartphone oder die Suchmaske von Google, die wir täglich nutzen – aber der Wohlstand unseres Landes hängt insbesondere davon ab, was die Industrie zu leisten vermag. Und diese teils hocheffiziente, hochproduktive Industrie wird nun in rasantem Tempo digitalisiert, Branche um Branche, Unternehmen um Unternehmen. Dieser Prozess macht sie zum integralen Teil im Internet der Dinge, jenem gewaltigen globalen Netz von Milliarden Geräten, die miteinander kommunizieren und Daten austauschen. Es entsteht in der zweiten Runde der Digitalisierung nun also das, was Menschen wie Jeff Immelt, der Vorstandsvorsitzende des amerikanischen Industriekonzerns General Electric (GE), das »industrielle Internet« nennen.

Das private Internet aber, das Geschäft mit dem Endkunden, haben sich die Konzerne aus dem amerikanischen Westen gesichert: Google oder Facebook, Airbnb oder Apple. Auch die Basistechnologien für die digitale Welt – die wichtigsten Software-Programme und die beste Hardware – liefern vor allem Unternehmen aus den USA. Nicht nur die deutsche Wirtschaft, auch die deutsche Politik hat in der ersten Runde der Digitalisierung nicht gut ausgesehen. Ist doch noch alles »Neuland«, hatte die Kanzlerin im Jahr 2013 bei einer Pressekonferenz in Washington über das Internet gesagt; darüber lacht seitdem das Netz. Und manch einer denkt womöglich noch weiter zurück, an Helmut Kohl, der von der Einheit bis Europa alles im Blick hatte, aber die Frage nach dem Ausbau einer Datenautobahn mit einer Litanei über die Schwierigkeiten des Fernstraßenbaus im föderalen System beantwortete; zu der Zeit war der »Information Super-Highway« bereits Top-Thema im amerikanischen Präsidentenwahlkampf gewesen.

Kohl ist die Vergangenheit, und eigentlich ist Merkel damals in Washington auch missverstanden worden, denn ihr, der Physikerin, sind die Potenziale der Digitalisierung längst bekannt. In Wahrheit ist Merkel, die die Öffentlichkeit zeitweise fast nur noch als die Europa- oder die Flüchtlings-Kanzlerin erlebte, gerade beim Thema Digitalisierung stark involviert; sie redet nur nicht genauso viel darüber wie über die anderen, scheinbar drängenderen Themen. Immer wieder aber empfängt sie Vertreter aus der digitalen Wirtschaft im Kanzleramt, häufig vertraulich, ermutigt Projekte, verabredet Kooperationen. Drüben im Silicon Valley wissen sie mehr als im eigenen Land, wie sehr die deutsche Kanzlerin gewillt ist, auf diesem Gebiet Weichen zu stellen. Zur Eröffnung der Hannover Messe 2016 ging sie mit dem Thema auf die ganz große Bühne und sprach davon, dass wir uns »in einem ganz besonderen Moment« befinden, »in einem Moment, in dem die digitale Agenda mit der industriellen Produktion verschmilzt. Alle Gegenstände, alle Maschinen, alle Autos, alle Motoren, alle Ventile, alle Fahrstühle, alle möglichen Produkte liefern Daten. Aus diesen Daten entsteht ein Mehrwert, entstehen intelligente Systeme. Diese Systeme geben uns vollkommen neue Chancen.« In diesem Prozess vorne mit dabei zu sein, das müsse der Anspruch von Deutschland sein.

Den Deutschen ist diese neue Welt noch ziemlich fremd. Vom Internet der Dinge haben die meisten Bundesbürger noch nie etwas gehört, 88 Prozent zuckten ratlos die Schultern, als sie das Allensbach-Institut Anfang 2016 zu dem Schlagwort befragte. Klar, Fitnessarmbänder kennen sie, auch smarte Uhren. Aber – Internet der Dinge? Was soll das sein? Nicht sehr viel anders verhält es sich mit der Industrie 4.0, dem anderen großen Buzzword. Von diesem Begriff, erfunden auf der Hannover Messe im Jahr 2011, hatten fünf Jahre später 82 Prozent der Befragten noch nie etwas vernommen; und von denen, die Industrie 4.0 kannten, vermochten sehr viele nicht richtig zu erklären, was das denn sei.

Das industrielle Internet ist die entscheidende Stufe der digitalen Evolution, so entscheidend wie das Erlernen des aufrechten Gangs durch den Menschen: Denn was eine Wirtschaft leistet, was sie an Innovationen und Wertschöpfung hervorbringt, entscheidet sich eben nicht im Online-Handel, im Taxigeschäft oder in den sozialen Medien (zweifellos Domänen der amerikanischen Internetgiganten), sondern in der Industrie – diese ist und bleibt der produktive Kern der Wirtschaft; hier entstehen all die Produkte, die wir später kaufen; und eben auch all die Maschinen, die sie herstellen. Und dieser produktive Kern strahlt auch auf den Rest der Wirtschaft ab: Je größer er ist, umso mehr Dienstleistungen können sich drumherum entwickeln.

Obwohl die meisten Bundesbürger mit dieser neuen Welt noch fremdeln, steht Deutschland hier erstaunlich gut da. Denn nachdem die meisten Unternehmen bei der Digitalisierung anfangs gezögert haben, machen sie sich nun beherzt auf den Weg. Große Konzerne ebenso wie »Hidden Champions«, also heimliche Weltmarktführer vom Schlage Kukas, aber auch innovative Start-ups in Berlin, Hamburg oder München. Selbst im Mittelstand, der seit jeher als besonders zögerlich gilt, haben mittlerweile viele die Zeichen der Zeit erkannt, es wächst das heran, was wir in diesem Buch als Internet-Mittelstand bezeichnen.

Die Unternehmensberatung Boston Consulting Group (BCG)

hat im Frühjahr 2016 rund 600 Führungskräfte aus Deutschland und den USA befragt. Die Studie mit dem Titel »The Industry 4.0 Race« enthält durchaus überraschende Ergebnisse: In Deutschland hat bereits jedes fünfte, in den USA dagegen nur jedes siebte der befragten Unternehmen konkret damit begonnen, Maschinen und Produktionsprozesse digital zu vernetzen, die alten Maschinen also durch komplett neue, internetfähige Anlagen zu ersetzen; oder aber – dies ist der leichtere, schnellere Weg – sie mit intelligenten Ventilen und Steckern zu bestücken und so aufzurüsten. Mehr als 80 Prozent der deutschen Unternehmen sind überzeugt davon, dass sie auf die digitale Transformation gut vorbereitet sind; in den USA sind es dagegen nur 60 Prozent.

Denn die Deutschen sind, auch wenn Länder wie China massiv aufholen und ihrerseits zur führenden Technologienation aufsteigen wollen, nach wie vor Weltspitze in der Industrie; deren Anteil am Bruttoinlandsprodukt ist deutlich größer als in den USA, Großbritannien, Frankreich oder Japan (nur in China ist er noch größer).

Was aber bedeutet das konkret? Till Reuter präsentiert zwei Schaubilder. Das erste zeigt, analog zur Evolution des Menschen, die Evolution der Roboter: Angefangen mit den Maschinen, wie wir sie kennen, die es seit Jahrzehnten gibt, vollautomatisiert und doch dumm, eingepfercht hinter Schutzzäunen. Der zweite Schritt sind Roboter wie der LBR, ausgestattet mit Sensoren, die mit den Arbeitern am Band Hand in Hand arbeiten; im VW-Stammwerk in Wolfsburg verschrauben sie zum Beispiel seit Kurzem eine Pendelstütze, die unterhalb des Motors sitzt – diese anstrengende Routinetätigkeit erledigt nun der Roboter. Der dritte Schritt sind die mobilen Roboter, die sich eigenständig bewegen können – auch sie kommen bereits in den Fabriken zum Einsatz, aber das wird künftig noch sehr viel häufiger der Fall sein. Und der vierte schließlich sind intelligente Maschinen, die über künstliche Intelligenz verfügen – und sich lernend selbst verbessern. Diese Evolution wird gefördert, indem bald alle Roboter über die Cloud, die große Datenwolke, miteinander kommunizieren; dann kann man sie auch aus der Ferne steuern und kontrollieren, im Zweifel über eine Distanz von ein paar Tausend Kilometern.

Noch seien die meisten Roboter nicht so weit, sagt Reuter,»aber wir werden da in den nächsten Jahren eine gewaltige Entwicklung sehen«. Eine Ahnung davon kann man bei Kuka in Augsburg schon bekommen: Da surren Leichtbauroboter, wie von Geisterhand gelenkt, durch eine große Werkhalle, steuern ein Regal mit Dutzenden kleiner Kisten an, die mit Schrauben gefüllt sind. Mit ihrem Greifarm hieven sie diese oder jene Kiste auf ihre Ladefläche, sie erkennen dabei aufgrund des Gewichts exakt, wie viele Schrauben die Kisten enthalten, bringen diese zu den großen Robotern und füllen deren Schraubenvorrat auf, ohne dass auch nur ein Mensch eingreifen muss. Und wenn die mobilen Roboter auf ihrem Weg dorthin einem Menschen begegnen, dann weichen sie diesem einfach aus; die Sensoren erkennen alles.

Das zweite Schaubild, das Reuter auf den großen Konferenztisch in der Kuka-Zentrale legt, erläutert, was Kuka kann: die Entwicklung und Produktion von Robotern. Und es zeigt auch, was Kuka eben nicht kann: Das Unternehmen hat zum Beispiel keinerlei Erfahrung im Umgang mit der Cloud.»Dafür brauchen wir die Expertise von draußen«, sagt Reuter. Also im Zweifel von amerikanischen Internetfirmen. Das ist einerseits heikel, denn natürlich fürchtet man auch in Augsburg, dass Google und Co., die Herren der Daten, ihr Geschäft ausweiten und am Ende auch die deutsche Industrie attackieren könnten. Andererseits sagt Reuter selbstbewusst:»Wir haben mehr als 40 Jahre Expertise im Roboterbau. Dieses hochspezialisierte Wissen in der Mechatronik kann sich niemand so einfach aneignen, auch die Amerikaner nicht. Das ist unser Schatz.«

Anstatt auf den Angriff von Google und Co. zu warten, will Kuka stattdessen selber zum digitalen Angreifer werden und sein Geschäftsmodell radikal verändern. Denn wenn die Roboter über die Cloud miteinander kommunizieren, kann Kuka künftig nicht bloß einzelne Roboter liefern, sondern gleich komplette Fabriken steuern. Reuter will dazu eine flexible Lösung schaffen, eine Plattform, die für andere Anbieter offen ist, steuerbar auch über das Smartphone; mit Apps, die man sich nach Bedarf zusammenstellen kann. »Aber die Oberfläche wollen wir liefern, das ›look and feel‹ soll Kuka sein.« Die Marke, das Branding: Es ist auch in Augsburg entscheidend.

Man könnte es auch so formulieren: Reuter will die Prinzipien eines App-Stores auf den Maschinenbau übertragen. Und hier ist gleich mitgedacht, wie Kuka künftig Geld verdient. Bisher hat das Unternehmen seine schlauen Maschinen verkauft. Die Cloud aber ermöglicht es nun, die Anzahl der Roboterbewegungen über das Internet exakt zu messen; es wird dadurch erstmals möglich, Roboter nach Leistung zu bezahlen. Man werde die Maschinen deshalb künftig wohl nur noch vermieten und bekomme dann für jedes gefertigte Werkstück einen bestimmten Betrag, sagt Reuter; die Einnahmen fließen also nicht unmittelbar, wie beim Verkauf, sondern kommen über einen sehr viel längeren Zeitraum in der Firmenkasse an. Zugleich wird Kuka die Maschinen über die Cloud aus der Ferne warten. Zeigt sich, dass ein Bauteil bald defekt sein könnte, tauscht Kuka es rechtzeitig aus. Den Stillstand einer Fabrik werde es künftig nur noch ganz selten geben, verspricht Reuter.

Kuka ist kein Einzelfall. Wenn man sich umschaut, findet man in Deutschland immer mehr selbstbewusste Unternehmer, die zwar Respekt vor den Internetgiganten aus den USA haben (und deren umfassende Ambitionen auch gar nicht herunterspielen wollen), die aber zugleich dagegenhalten, auf ihre jahrzehntelange Erfahrung verweisen und angesichts der Digitalisierung sagen: Wir schaffen das!

Trumpf zum Beispiel, der Werkzeugmaschinen-Konzern aus Ditzingen in Baden-Württemberg, der Maschinen für die Automobilindustrie und die Medizintechnik liefert und diese nun alle miteinander vernetzt. Oder Electro Optical Systems GmbH, kurz EOS, aus Krailling bei München: Das Unternehmen ist der Weltmarktführer im industriellen 3D-Druck, mithin in einer Technologie, die manche für den Wachstumsmarkt schlechthin halten. Oder die deutschen Autobauer: BMW zum Beispiel entwickelt sich zum »Hightech-Mobilitätsanbieter«, wie es Konzernchef Harald Krüger nennt, und will in spätestens fünf Jahren das voll vernetzte, natürlich elektrisch betriebene Auto auf die Straße bringen. Auch VW und Daimler setzen, nach anfänglichem Zögern, nun voll auf die Digitalisierung. Sie wollen schneller sein als Apple und Google, die auch an Autos basteln.

Oder Festo: Der Mittelständler aus Esslingen am Neckar, gegründet 1925, mit rund 18 000 Mitarbeitern in 61 Ländern ist ein weltweit führender Anbieter in der Steuerungs- und Automatisierungstechnik. Dass das Adaptieren der immer neuesten Technologie entscheidend ist, um weltweit weiter mitzuspielen, gehört beim Maschinenbauer Festo sozusagen zur Firmen-DNA. »Wir müssen um das besser sein, was wir teurer sind«, war ein fester Satz im Repertoire von Eberhard Veit, lange Jahre Vorstandsvorsitzender bei Festo. Und Claus Jessen, sein Nachfolger, sagt offen, dass rein mechanische Produkte »keine rosige Zukunft« haben – genau das also, womit Festo zu einem Milliarden-Unternehmen gewachsen ist. Was kommt, nennt er die »automatisierte Automatisierung«, die allumfassende Digitalisierung von Produktion und Arbeitswelt.

Doch nicht nur etablierte Unternehmen, auch junge Start-ups aus Deutschland drängen in das Internet der Dinge; sie wollen das Feld ebenfalls nicht den Amerikanern überlassen. Schon wahr: Das Silicon Valley ist in vielen Bereichen viel weiter als wir, es befindet sich – bildlich gesprochen – in einer anderen Galaxie, wenn es um die Dichte an Gründern und Finanziers geht. Aber auch in Berlin, München und anderswo ballen sich immer mehr Start-ups, sie wachsen nicht so schnell wie die amerikanischen Internetbuden, ihre Gründer tönen meist nicht ganz so laut. Aber ein gesundes Selbstbewusstsein ist auch schon da; und es ist durchaus berechtigt, mit einem gewissen Stolz auf das eigene Umfeld zu schauen: Felix Reinshagen, einer der erfolgreichen deutschen Gründer, hat bis zum Jahr 2012 für die Unternehmensberatung McKinsey in Palo Alto gearbeitet, also im Herzen des Silicon Valley. Doch auch wenn er in den USA sehr viel Geld von Investoren hätte einsammeln können, gründete er sein Unternehmen NavVis, das eine Art Navi für Innenräume anbietet, lieber in der bayerischen Landeshauptstadt: »Das Valley ist deindustrialisierte Zone«, sagt er. München dagegen biete »den weltbesten Cluster für das Internet der Dinge«.

Auch Nikolaj Hviid sagt, es gebe für ihn keinen Grund, ins Silicon Valley zu gehen. Sein Unternehmen Bragi, das schnurlose, hochintelligente Ohrhörer herstellt, wächst schneller als beinahe jedes andere Start-up in Deutschland: »Wir würden im Valley gar nicht die Leute finden, die wir brauchen«, sagt Hviid, der mit den Minicomputern im Ohr irgendwann sogar das Smartphone überflüssig machen will. »Wir treten damit gegen Apple und Samsung an.«

Kesse Sprüche, gewiss. Und noch haben die deutschen Konzerne, Mittelständler und Start-ups die Aufholjagd nicht gewonnen; die zweite Runde der Digitalisierung hat gerade erst begonnen. Es ist ein Rennen um Ideen und Erfindungen, um Geld und Marktanteile, aber auch darum, die neuen Technologien, die diesseits und jenseits des Atlantiks erfunden werden, bestmöglich in Fabriken und Werkshallen, Produktionsprozessen und Lieferketten anzuwenden. Wem das in den nächsten Jahren am besten gelingt, wer es also schafft, den produktiven Kern seiner Wirtschaft am schnellsten zu modernisieren, der wird die höchsten Wohlstandsgewinne davontragen, die meisten neuen Jobs schaffen, die meisten neuen Unternehmen hervorbringen. Angela Merkel formuliert es so: »Wir haben die Möglichkeiten für ein digitales Wirtschaftswunder. Die Frage ist, ob es stattfindet.«

Tempo ist nicht alles

Wenn man mit Vishal Sikka über Deutschland redet, dann landet man ziemlich schnell bei Hermann Hesse. Er liebt den Literatur-Nobelpreisträger, seine kraftvolle Sprache, seine Wucht der Worte. Schon als Jugendlicher hat der Manager aus dem Silicon Valley in Indien, wo er geboren wurde und zur Schule ging, ein Buch von Hesse kennengelernt: *Siddhartha*, damals noch in der englischen Fassung. Er hat die Geschichte regelrecht verschlungen: vom jungen Brahmanen Siddhartha, dem Weltenwandler, der nach Weisheit strebt und nach Erleuchtung; der deswegen erst seinen Vater verlässt und später seinen treuen Freund Govinda; der zum Asketen wird, zum Bettler und in den Wäldern lebt; der dann in die Stadt zieht, Kaufmann wird und sich von der Kurtisane Kamala in die Kunst der Liebe einführen lässt; und der schließlich, angewidert von sich und dem Reichtum, die Stadt verlässt und als Fährmann arbeitet, seinen Sohn, von dem er nichts wusste, trifft und ihn dann verliert; und der als alter Mann am Fluss endlich seine Erleuchtung findet: Siddhartha schaut den Wellen zu, hört das Rauschen des Stroms, der so viel Leben spendet, und begreift, dass dieser Fluss sich zwar ständig wandelt, aber am Ende doch immer derselbe bleibt.

Damals entwickelte Sikka eine ganz besondere Beziehung zu diesem Buch, doch sie wurde noch intensiver, als er zwei Jahrzehnte später, 2002, als Innovationschef bei SAP in Walldorf anheuerte, im äußersten Norden von Baden-Württemberg; das Städtchen liegt nur gut eine Autostunde von Hesses Geburtsort Calw entfernt. Zum Amtsantritt bei SAP erklärte der damalige Vorstandschef Henning

Kagermann dem neuen Kollegen aus Indien: »Du versteht die deutsche Sprache nicht wirklich, solange du *Siddhartha* nicht im Original lesen kannst.« Also setzte Sikka sich hin und las beides parallel: *Siddhartha* auf Englisch – und auf Deutsch. Er kämpfte sich Satz für Satz, Seite für Seite durch die beiden Bücher; er lernte deutsche Wörter, die er vorher nie gehört hatte; und verstand noch besser, was für eine wunderbare Erzählung Hesse da zwischen 1919 und 1922 zu Papier gebracht hat.

Seither hat er das Buch immer wieder in die Hand genommen, er liest es mindestens einmal im Jahr, mal auf Deutsch, mal auf Englisch, und entdeckt immer wieder Neues. Es ist für Sikka eine Parabel auf das Leben, voll tiefer Erkenntnis und Inspiration, die ihm auch bei seiner Arbeit als Manager hilft. Wer weise sein will, der kann dies nicht erzwingen – das ist für ihn die wichtigste Botschaft. Jeder, so interpretiert er seinen *Siddhartha*, müsse seinen eigenen Weg gehen. Und sich dafür die notwendige Zeit nehmen. Auch in der digitalen Welt.

Deshalb lässt Sikka sich auch nicht verrückt machen vom amerikanischen Hype, von der Atemlosigkeit, den verrückten Ideen, die schnell auftauchen – und manchmal ebenso schnell wieder verschwinden, befeuert von viel zu viel Geld, das dort herumschwirrt. Er selber lebt seit 28 Jahren im Silicon Valley, hat in Kalifornien studiert und geforscht; hat zwei IT-Unternehmen gegründet, iBrain und Bodha.com, und diese verkauft; hat dann für Peregrine Systems gearbeitet, einen Hersteller für Unternehmenssoftware, der heute zu Hewlett-Packard gehört, und auch für SAP, das dort eine sehr große Niederlassung hat. Und nun führt er seit 2004 von Palo Alto aus Infosys, diesen riesigen indischen IT-Konzern mit mehr als 200 000 Mitarbeitern, die Tragflächen für die Flugzeugindustrie oder Teile von Autos entwerfen, die riesige Datencenter schaffen, Software für fast alle großen Banken liefern und zum Beispiel auch Unternehmen wie dem Roboterbauer Kuka bei der Digitalisierung helfen.

Es sei, sagt Sikka, für ihn einerseits sehr hilfreich, in diesem verrückten, innovativen Tal zu leben, weil dort eben sehr viele Internet-

Trends der Zukunft entwickelt werden – aber für ihn ist es andererseits genauso wichtig, einen gesunden Abstand zu halten zu all der Aufgeregtheit in der Tech-Industrie. »Im Silicon Valley gibt es eine unglaubliche Versuchung, einfach bloß schnell zu sein«, sagt Sikka, »aber in vielen Bereichen ist das eine nicht so gute Idee. Tempo ist auch im digitalen Zeitalter nicht der entscheidende Maßstab. Die Disziplin, die Entschlossenheit, die Präzision, mit der man die Dinge angeht, sind entscheidender.« Und dann fügt er einen Satz hinzu, der uns zunächst überrascht: »Diese Fähigkeiten sind in Deutschland in hohem Maße vorhanden – deshalb glaube ich, dass Deutschland im digitalen Zeitalter sehr gute Chancen hat.« Donnerwetter.

Meint er das ernst? Sind wir in Deutschland nicht viel zu spät dran? Haben die Amerikaner uns nicht längst abgehängt? EU-Digitalkommissar Günther Oettinger zum Beispiel warnt: »Die Amerikaner zielen in das Herz der deutschen Wirtschaft«, also mitten hinein in den Auto- und Maschinenbau, in den Mittelstand mit seinen Weltmarktführern. »In ein paar Jahren wird die Hälfte von ihnen verschwunden sein«, glaubt Oettinger.

Vishal Sikka dagegen kann mit solchen Weltuntergangsthesen wenig anfangen. Als wir mit ihm, dem Hermann-Hesse-Fan, darüber diskutieren, verweist er auf ein anderes Buch, es ist in gewisser Hinsicht die wissenschaftliche Ergänzung zu *Siddhartha* und heißt *Fast Thinking, Slow Thinking*. Der israelisch-amerikanische Wirtschaftspsychologe Daniel Kahneman fasst darin seine Forschung aus mehreren Jahrzehnten zusammen. Kahneman beschreibt, warum der Mensch in seinem Denken oft zu schnell ist, warum er zu voreiligen Entscheidungen neigt, seine Fähigkeiten oft überschätzt – und warum das zu Fehlern führt. Ein Phänomen, das Sikka in hohem Maße im Silicon Valley beobachtet: »Wir haben dort zu viel Fast Thinking. Wir brauchen mehr Slow Thinking.« Oder anders formuliert: Wer die digitalen Geschäftsmodelle der Zukunft entwickeln und den Markt beherrschen will, der gewinnt nicht allein deswegen, weil er als Erster losrennt; sondern man muss sich wie Siddhartha die notwendige Zeit nehmen.

Deshalb ist der Infosys-Chef auch fest davon überzeugt, dass Deutschland die allerbesten Voraussetzungen besitzt, um zu einer der führenden, wenn nicht gar *der* führenden Nation im Internet der Dinge und bei der Industrie 4.0 zu werden. »In Deutschland«, sagt Sikka, »gibt es eine großartige Industrie- und Ingenieurskultur. Die deutschen Unternehmen sind die besten bei Sensoren, sie sind führend bei Robotern.« Sie wissen, wie man Fabriken digitalisiert, wie man im Internet der Dinge all die Milliarden Dinge miteinander verbindet, die Maschinen, Mess- und Steuergeräte, Rechner und Sensoren. »Überall werden wir einen fundamentalen Wandel der Produktion und der Geschäftsmodelle sehen: im Autobau, im Maschinenbau, im Gesundheitssektor, in der Pharmaindustrie.« Wer, wenn nicht die führende Industrienation der Welt, habe hier bessere Startvoraussetzungen?

Seit Google und Apple an selbst fahrenden Autos basteln, ist hierzulande die Furcht vor den amerikanischen Internetgiganten groß. Am Ende aber, sagt Sikka, gehe es im Wettbewerb zwischen der deutschen Industrie und den amerikanischen Tech-Konzernen allein darum, wer sich das fehlende Wissen besser aneignen könne. Und für ihn fällt die Antwort eindeutig aus: »Es ist sehr viel leichter, sich die nötigen Computerkenntnisse anzueignen als das spezielle Fachwissen aus einer Industriebranche.« Die vollständige Digitalisierung der Industrie sei daher die große Chance, davon ist Sikka überzeugt: »Deutschland hat die Kraft, allen anderen zu zeigen, wie die Welt der Industrie digitalisiert wird.«

Auch als wir durch das Silicon Valley fahren, treffen wir immer wieder auf Menschen, die dieses Tal zwar für einen unglaublich innovativen Ort halten – aber eben nicht unbedingt für den Nabel der Welt; jedenfalls nicht für den einzigen. Einen von ihnen besuchen wir in einer wuchtigen, traditionell anmutenden Konzernzentrale in San José.

Chuck Robbins, blauer Anzug, Businesshemd und sehr fester Händedruck, ist zu diesem Zeitpunkt, im Februar 2015, schon einer der mächtigsten Männer bei Cisco Systems Inc., er könne, sagt man uns, mal die Macht übernehmen von John Chambers, der diesen Netzwerkausrüster seit zwanzig Jahren führt; und keine drei Monate später ist das dann auch der Fall.

Robbins empfängt in einem kleinen Raum ohne Fenster, er ist ein lockerer Typ, verzichtet auf alle Formalitäten und holt für seine Gäste zwei Flaschen Cola light aus dem Kühlschrank. Aber er liebt auch den Wein. Den französischen, den italienischen und natürlich auch den aus seiner Heimat, aus Kalifornien. Wenn man am Wochenende hinausfahren wolle, von San Francisco über die Golden Gate Bridge nach Norden, ins Nappa Valley oder ins Sonoma Valley – er habe da ein paar Tipps, verspricht er. Und liefert später prompt, per E-Mail. Ein paar nette Weingüter. Eines nennt sich sogar Château.

Robbins liebt aber auch Deutschland. Die Präzision der Unternehmen. Die hohe Kunst der Ingenieure, deren unglaubliche Innovationskraft. Deutschland, sagt Robbins – und dieser Satz klingt ziemlich seltsam, wenn man zuvor lauter Menschen begegnet ist, deren Referenzgröße sie selbst sind, ihr Unternehmen, »ihr« Valley und sonst nix – Deutschland also könne eine der zwei, drei führenden Kräfte im Internet der Dinge werden. Vielleicht sogar die führende Kraft. Und dann schwärmt er davon, wie Hamburg sich zu einer der führenen Smart Citys in der Welt entwickele, wie es auch seinen Hafen vernetze und dort irgendwann alles via Internet miteinander kommunizieren werde: Ladekräne, Frachter, Container.

Und er schwärmt – das klingt in den Ohren deutscher Besucher nun ganz besonders seltsam – von der Deutschen Bahn (»Die machen einen ungeheuren Job!«) und von der Deutschen Telekom. Der »Tim«, wie Telekom-Chef Timotheus Höttges im Valley genannt wird, weil er hier oft anzutreffen ist, der »Tim« also habe wirklich verstanden, worum es gehe. Und dann natürlich die Autoindustrie, der Maschinenbau. Da bewege sich gerade unglaublich viel, da sei »ganz viel Energie« vorhanden, »ganz viel Leidenschaft«. Sehr viele Unternehmer, bis tief in den Mittelstand hinein, hätten mittlerweile begriffen, »dass die Digitalisierung die Industrie auf eine Art und

Weise verändern wird, wie wir das noch nie zuvor erlebt haben«. Deshalb will Robbins – das verkündet er einige Monate später, als wir ihn das zweite Mal in San José besuchen – mit Cisco nun ganz viel in Deutschland investieren, in Gründerzentren, in Unternehmen, in die Infrastruktur.

Ganz ähnlich äußert sich neuerdings auch Jeffrey Immelt, der langjährige Vorstandschef von General Electric (GE), einem der größten Industriekonzerne der Welt, zu Hause an der amerikanischen Ostküste. Der Siemens-Rivale GE war lange davon überzeugt, dass die Musik vor allem daheim spielt: in den USA. Nun aber räumt der überaus selbstbewusste Immelt im Interview mit dem *Handelsblatt* ein:»In Deutschland könnten wir präsenter sein«, und kündigt im Sommer 2016 etwas an, was fast schon nach Paradigmenwechsel klingt:»Deutschland hat einen erstaunlichen Wandel vorgenommen. Es gibt hier mit dem Mittelstand oder der Autoindustrie einige der besten Unternehmen der Welt. Man muss einfach hier sein.«

Zugleich bestätigt Immelt die These, dass Deutschland und Europa insgesamt das private Internet verpasst haben.»Das Silicon Valley hat gewonnen, wenn es um Privatkunden und private Nutzung des Netzes geht, das holen Sie nicht mehr ein. Beim industriellen Internet ist das ganz anders. Das unterscheidet sich grundlegend vom Internet für Konsumenten. Und da hat Europa die besten Chancen, einen großen Teil des Wachstums abzubekommen. In der Industrie 4.0 liegt Europa, auch dank Deutschland, ganz klar vorne. Denn dort zählen die Maschinen, die Assets, mehr als der IT-Anteil.«

Auch ein weiterer wichtiger Amerikaner traut den Deutschen viel zu, wenn sie nun die richtigen Entscheidungen treffen: Marc Benioff, der Vorstandschef von Salesforce, dem mächtigsten Cloud-Computing-Unternehmen des Valley. Bei ihm klingt alles ein wenig verhaltener als bei Sikka, Robbins und Immelt, denn Benioff ist so sehr ein Gewächs des Valley, dass er an dessen Dominanz nicht zu zweifeln vermag. In San Francisco errichtet er das höchste Hochhaus der Stadt – ein selbstbewusstes Ausrufezeichen aus Stahl, Glas und Beton. Aber wenn es um die Digitalisierung von Fertigung und Produktion geht, dann setzt auch er auf »Good Old Germany«. Und präsentiert jedes Jahr in riesigen Messehallen seine Vision vom digitalen Deutschland vor 6 000, 7 000 Menschen aus der deutschen Wirtschaft.

Benioff lässt dann Unternehmer erzählen, wie sie zum Beispiel Maschinen mithilfe der Cloud vernetzen und aus der Ferne warten; und wer dem Mittelstand so viel Fortschritt nicht zutraut, bekommt es via Liveschaltung aus dem jeweiligen Werk vorgeführt.

Vorgestellt wird hier zum Beispiel der Druckmaschinenhersteller Koenig & Bauer aus Würzburg, gegründet 1817 und damit das weltweit älteste Unternehmen in dieser Branche, es hat innerhalb von eineinhalb Jahren seine Geschäftsabläufe vollständig digitalisiert. Die Mitarbeiter im Vertrieb haben nun über das Smartphone überall und jederzeit Zugriff auf alle benötigten Daten. Die Druckmaschinen von Koenig & Bauer wiederum wurden an das Internet der Dinge angeschlossen. Sensoren messen, ob alle Teile sauber laufen, sämtliche Daten fließen in Rechnern in Würzburg zusammen – und falls die Algorithmen ein mögliches Problem voraussagen, werden verschlissene Teile vor Ort rechtzeitig ausgetauscht. »Predictive maintenance« heißt das. Vorausschauende Wartung. Auf diese Weise kann das traditionsreiche Würzburger Unternehmen heute garantieren, dass die Maschinen praktisch nie ausfallen. Solche Präzision ist für die Kunden des Mittelständlers wichtig: 90 Prozent aller Geldnoten in der Welt werden auf Maschinen von Koenig & Bauer gedruckt. Diese stünden nun sehr viel seltener still als früher, sagt Ralf Sammeck, Vorstand des Unternehmens. Man sei schneller, agiler und sehr viel dichter dran am Kunden.

Dass ein so altes Unternehmen wie Koenig & Bauer den Wandel schafft und sich voll ins Internet der Dinge stürzt, beeindruckt selbst die Amerikaner. Er kenne keine Firma auf der Welt, die das derart konsequent umgesetzt habe, sagt Benioff bei seinem Besuch in München. Später zitiert ihn die Nachrichtenagentur Bloomberg mit der Aussage, Deutschland sei derzeit wohl der aufregendste Technologiemarkt der Welt. Sikka, Robbins, Immelt, Benioff: vier Amerikaner, die an Deutschland glauben. Warum trauen sie einer

Nation, die sich selber nicht vertraut, so viel zu? Die gesamte Wirtschaft wird digitalisiert, ein Bereich nach dem anderen; und Unternehmen wie Infosys, Cisco oder Salesforce, aber auch die anderen großen Internet- und Software-Unternehmen zielen mit ihren Produkten genau auf diesen Bereich, sie liefern die notwendige Soft- und Hardware und den Zugang zur Cloud – und damit all jene digitalen Hilfsmittel, die es den klassischen Unternehmen erlauben, effizienter und besser zu werden. Sie liefern, wenn man so will, das digitale Fließband des 21. Jahrhunderts.

Den Wettbewerb darum, dieses digitale Fließband zu erfinden, haben die Deutschen klar gegen das Silicon Valley verloren, keine Frage. Aber sollen sie sich deswegen geschlagen geben? Nein, meint Chuck Robbins, denn das Internet der Dinge sei ja nun mal eine offene Plattform, man könne daran an jedem Ort der Welt mitwirken. Man müsse dazu kein zweites Silicon Valley schaffen, stattdessen gehe es nun darum, »die Techniken aus dem Silicon Valley am besten anzuwenden« – also das digitale Fließband.

Es ist ähnlich wie beim Fließband des 20. Jahrhunderts, mit dem Henry Ford die Autoindustrie revolutionierte. Die »moving assembly line« stellte damals die Art und Weise, wie Autos produziert und Unternehmen organisiert werden, völlig auf den Kopf. Ford und ein Team um den Ingenieur Charles E. Sorensen hatten sich die Idee beim Autohersteller Ransom Old und in Chicagos Schlachthöfen abgeschaut, 1913 führten sie das Fließband auch in Detroit in der Autoproduktion ein. Sie steigerten damit die Produktivität des Werks um das Achtfache, die Zeit für die Herstellung eines T-Modells sank von zwölfeinhalb Stunden auf 93 Minuten – und die Autos verkauften sich bestens, weil sie nun viel preiswerter angeboten werden konnten. Heerscharen von Ingenieuren pilgerten an den Lake Michigan und wollten sehen, was die Amerikaner da Revolutionäres entwickelt hatten. Was heute das Silicon Valley ist, war damals Detroit.

Europäische Autohersteller wie Fiat, Renault oder Volvo übernahmen das Fließband schnell. Aber ausgerechnet die Deutschen zögerten – so wie bisher auch bei der Digitalisierung. Erst in den

1920er-Jahren führten Opel und Hanomag als Erste in Deutschland die Fließbandfertigung ein. Bei Daimler in Stuttgart, wo ja einst das Auto erfunden wurde, dauerte es sogar bis in die 1930er-Jahre, ehe man sich dieser neumodischen Technik zuwandte. Und heute? Detroit ist ein Schatten seiner selbst, während Deutschland immer noch, selbst im Angesicht des Diesel-Skandals, als die angesehenste Autobau-Nation der Welt gilt; und als die erfolgreichste sowieso. Dass man das Fließband erst spät übernahm: egal! Heute haben die deutschen Autobauer die Produktion perfektioniert, Tausende von Robotern montieren die Autos, die nötigen Teile werden »just in time« ans Band geliefert. Und ausgerechnet Daimler, das besonders spät dran war, baut die vielleicht besten Luxuskarossen der Welt, Hunderttausende davon sollen künftig Elektroautos sein, und mit den »Silberpfeilen« kommen auch die derzeit erfolgreichsten Formel-1-Rennwagen von Mercedes. Am Ende, zeigt die Geschichte des Fließbands, haben nicht diejenigen gewonnen, die es erfunden und eingeführt haben. Sondern diejenigen, die es am besten adaptiert haben.

Tempo war also auch früher schon nicht alles. Deshalb ist Vishal Sikka davon überzeugt, dass die Deutschen es diesmal wieder hinbekommen können – wenn sie in den nächsten Jahren die richtigen Entscheidungen treffen. Ganz ähnlich sieht das Chuck Robbins: Deutschland habe gute Chancen, müsse aber auch etwas dafür tun, um führend zu bleiben. Denn die digitale Revolution habe gerade erst begonnen, »und es ist noch ein sehr langer Weg zu gehen, bevor wir den Gewinner ausrufen können«.

Reisen wir also an jenen Ort, an dem die digitale Revolution ihren Anfang nahm. Denn nur wenn man den Erfolg des Silicon Valley versteht, kann man auch die richtige Antwort darauf finden. Oder wie es Siemens-Chef Joe Kaeser im November 2014 auf dem Wirtschaftsgipfel der *Süddeutschen Zeitung* gesagt hat: »Man muss das Silicon Valley nicht kopieren, aber man muss es kapieren.«

DER ANGRIFF AUS DEM SILICON VALLEY

Die neue Weltregierung

Die Garage. Sie existiert noch immer. Ein brauner Holzschuppen, eine grüne Holztür. Ein Verschlag am Ende eines blitzblanken Weges, hinter einem hohen Eisentor. Hier, in der Addison Avenue Nummer 367 in Palo Alto, haben Bill Hewlett und David Packard einst ihr erstes elektronisches Gerät zusammengeschraubt, einen Tonfrequenzgenerator. Diese Garage ist die Geburtsstätte des Silicon Valley. »The birthplace«, verkündet eine glänzende Tafel im vorderen Teil des Grundstücks.

Man schrieb das Jahr 1939, im fernen Europa marschierte die Wehrmacht, Nazi-Deutschland überfiel den Nachbarn Polen und begann den Zweiten Weltkrieg. Im friedlichen Kalifornien beschlossen zwei Elektronikstudenten, Absolventen der nur einen Katzensprung entfernten Stanford University, ihr dort erworbenes Wissen in eine Geschäftsidee umzusetzen, 538 US-Dollar Startkapital mussten reichen. Die beiden Mittzwanziger Hewlett und Packard legten damit den Grundstein für einen Weltkonzern, für das erste große Unternehmen des Valley, das später Computer und Drucker baute, Atomuhren und Taschenrechner.

Wie aber sieht es in der Garage aus, in der alles begann? Wir können das, als wir in der Addison Road stehen, nur aus der Ferne erahnen, denn das Eisentor ist versperrt. Privatbesitz. Wir googeln also auf unserem Smartphone und finden ein paar Fotos, die zeigen, dass es in der Garage so aussieht wie einst: Links und rechts öffnen sich die Flügel der Holztür, dazwischen blickt man in einen Raum mit Querbalken aus Holz unter der Decke. Rechts eine Werkbank, ganz hinten ein Schreibtisch, davor ein paar Hocker und Stühle, auf denen einst auch Hewlett und Packard an ihren Geräten schraubten.

Nur ein paar Straßenblocks entfernt stehen wir wenig später vor dem ehemaligen Wohnhaus von Steve Jobs, dem genialen Erfinder von Apple. Auch er hat bis zu seinem frühen Tod im Jahr 2011 in Palo Alto gelebt, in einem eigenwilligen Gebäude, das so gar nicht in diese Gegend passt: ohne Pomp, Protz und Säulen; stattdessen ein reetgedecktes Dach, Wände aus grobem Klinker, kleine Holzfenster, davor ein idyllischer Garten mit Obstbäumen; an einem hängt, mitten im Februar, ein einsamer Apfel.

Palo Alto, gelegen an den Highways 101 und 280, rund 50 Kilometer südlich von San Franciso, hat heute knapp 70 000 Einwohner. Aber was für welche: Mark Zuckerberg, der Gründer von Facebook, lebt hier; Marissa Mayer, die Chefin von Yahoo; und auch Larry Page und Sergey Brin, die beiden Gründer von Google. Das also ist der Ort, an dem die beispiellose Erfolgsgeschichte eines Tals begann, das in Wahrheit kein Tal ist, sondern eine Ebene, 70 Kilometer lang, 30 Kilometer breit, sie erstreckt sich zwischen der Bucht von San Francisco und den Hügeln entlang dem Pazifik; eine Ansammlung von Ortschaften, die damals völlig unbedeutend waren oder noch gar nicht existierten – und die heute unser Leben dominieren, unser Arbeiten und Denken und unsere Wirtschaft radikal verändern. Sie heißen Mountain View oder Menlo Park, Los Gatos oder Los Altos, Cupertino oder San José.

Hier in dieser Gegend wird das Morgen nicht bloß gedacht, sondern gelebt; verrückte Ideen nicht bloß geboren, sondern umgesetzt; Träume nicht nur geträumt, sondern wahr gemacht: Facebook und Oracle, Google und Uber, Twitter und Tesla, Alphabet und Apple – sie alle wurden in den vergangenen Jahrzehnten im Silicon Valley gegründet, oftmals als Garagenfirmen, und sie alle sind heute mächtige Weltkonzerne.

In Deutschland versucht man seit Jahren, von diesem Ort zu lernen. Natürlich ist auch die Kanzlerin hierhergereist, der Wirtschaftsminister, die Arbeitsministerin, der Chef des Deutschen Gewerkschaftsbundes, Konzernchefs, Gründer, unzählige Delegationen. Daimler zum Beispiel schickte gleich 110 Führungskräfte auf eine gemeinsame Tour durch das Silicon Valley. »Es werden immer mehr Besucher. Und es geht immer weiter in den Mittelstand hinein«, sagt Simone Lis, eine Deutsche, die seit Jahren in Kalifornien lebt und regelmäßig solche Entdeckungsreisen organisiert. Manche ihrer Kunden bleiben nur eine Woche, manche auch Monate. Sie alle fahren staunend durch dieses Tal. Sind fasziniert von dieser ungeheuren Dynamik, von der vibrierenden Aufgeregtheit, auch davon, wie dicht, wie nah hier alles beieinander liegt. Und sie suchen vor allem eines: eine deutsche Antwort auf das, was hier geschieht.

Die Garage. Man findet einen solchen Ort auch einige Meilen südlich, auf dem Gelände von Google in Mountain View, diesem riesigen Campus, der sich stetig ausdehnt. Mittendrin stehen wir in einem großzügigen Kreativlabor mit Glasfront, mit Tischen und Arbeitsflächen auf Rollen, die sich je nach Belieben zusammenschieben lassen und die jeder nutzen darf, Tag und Nacht, auch am Wochenende. Ein paar bunte Autoreifen hängen an der Wand, ein Auspuff, Kotflügel. »The Garage« heißt dieser Raum. Selbst wenn er nicht so aussieht.

Geschaffen hat ihn ausgerechnet ein Deutscher: Frederik Pferdt, ein freundlicher Mann von 38 Jahren, dunkle, nicht allzu lange Haare, die leicht nach hinten gekämmt sind, stets ein Lächeln auf den Lippen. Er ist einer von rund 50 000 gebürtigen Deutschen, die im Silicon Valley leben und die teils Großes vollbringen, in leitender Funktion bei einem Internetkonzern arbeiten, Firmen gründen oder viel Geld in Tech-Unternehmen investieren. Manche von ihnen sind Legenden: Andreas von Bechtolsheim zum Beispiel, geboren in Hängeberg am Ammersee, hat einst Sun Microsystems miterschaffen und war im Jahr 1998 auch einer der ersten Investoren von Google. Oder Peter Thiel, geboren in Frankfurt, aufgewachsen in den USA; er hat im Jahr 2004 als Allererster Geld in Facebook gesteckt. Oder Stephan Schambach, geboren in der damaligen DDR;

er hat in Jena Ende der 1990er-Jahre Intershop Communications groß gemacht, eines der bekanntesten deutschen Unternehmen in der New Economy, später im Valley die Cloud-Firma Demandware gegründet und sie im Juni 2016 für mehr als drei Milliarden Dollar verkauft.

Frederik Pferdt stammt aus Ravensburg unweit des Bodensees, ist gereift in internationalen Positionen, angekommen bei Google, wo er heute Head of Creativity and Innovation ist. Er hat sich diese Position selber erschaffen. Denn Pferdt war davon überzeugt: Google muss etwas tun, wenn der Konzern erfolgreich bleiben will. Und so arbeitet der Mann aus Baden-Württemberg nun daran, dass der Konzern mit seinen inzwischen über 60 000 Mitarbeitern nicht zu einer Behörde verkommt – sondern so alert, so kreativ, so erfindungsreich bleibt wie eh und je.

Und das gelingt am besten, wenn man Freiräume schafft und Dinge angeht, die auf den ersten Blick seltsam erscheinen. Hinter einem Vorhang in »The Garage« stehen zum Beispiel ein paar Nähmaschinen. Nähmaschinen? Bei Google? Wir sind irritiert. Klar doch, sagt Pferdt. Schließlich lässt Google auch riesige Ballons aufsteigen, um am Himmel ein weltumspannendes drahtloses Internet zu schaffen, »Loon« heißt dieses Projekt, was einerseits aus dem Begriff »Balloon« abgeleitet ist, andererseits aber als Silbe auch im englischen Wort für »verrückt« steckt, in »looney«.

Außerdem tue es gut, sagt Pferdt, wenn man nicht bloß am Computer sitze, sondern sich auch mal handwerklich betätige – und sei es zur Entspannung. Denn auf dem Google-Campus verschmilzt alles miteinander: das Leben und das Arbeiten, das Berufliche und das Private, die Firma und die Familie. Google-Busse bringen die Google-Mitarbeiter zur Arbeit, Friseure schneiden ihnen auf dem Campus die Haare, Google-Teams treffen sich hier zum Beach-Volleyball, zum Joggen, zum Mountainbiken. Und damit man gar nicht erst auf die Idee kommt, man müsse anderswo essen (oder frühzeitig nach Hause gehen), sind die Speisen in den vielen Restaurants, die sich über den Campus verteilen, natürlich kostenlos.

Und so erzählt uns Frederik Pferdt passenderweise beim Lunch auf dem Campus von einem Projekt, das ihm, dem Kreativdirektor, besonders wichtig ist und das zur DNS des Unternehmens gehört: 20/80 nennen sie es. Jeder Mitarbeiter darf sich, wenn er mag, ein Fünftel seiner Arbeitszeit, einen Tag pro Woche, aus der normalen Arbeit ausklinken, um eigene Ideen umzusetzen, ein Projekt voranzutreiben, etwas Neues zu entwickeln. Die Augen von Pferdt glänzen, wenn er von all den Entwicklern berichtet, die einen Teil ihrer Arbeitszeit (aber vermutlich auch einen gewaltigen Teil ihrer Freizeit) nutzen, um sich Neues auszudenken: eine kleine Verbesserung für eines der vielen Produkte, die unter dem Dach von Google erdacht wurden. Pferdt erzählt auch, dass jeder bei Google in den Terminkalender jedes anderen Mitarbeiters hineinschauen kann und die allermeisten Dokumente für alle zugänglich sind. Eine umfassende Transparenz, die einerseits faszinierend ist, andererseits auf Europäer verstörend wirkt; denn sie erlaubt natürlich auch vollständige Kontrolle.

All diese Maßnahmen dienen nur dem einen, dem großen Ziel: Am Ende kommt vielleicht etwas Neues heraus, etwas richtig Revolutionäres – ein »Moonshot Project«, wie sie das bei Google nennen: eine Idee, so groß, dass sie sich mit der ersten Reise zum Mond im Jahr 1969 vergleichen lässt. Neil Armstrong, der erste Mensch auf dem Mond, sagte damals den berühmten Satz: »Dies ist ein kleiner Schritt für einen Menschen, aber ein großer für die Menschheit.«

Die Menschheit weiterbringen wollen sie auch bei Google. Den einen Teil der Menschheit fasziniert das, weil Google unser Leben leichter macht, bequemer, unkomplizierter; dem anderen macht das Angst, weil hier ein Konzern entsteht, der unser Leben kontrolliert: eine gewaltige Daten-Krake, die bis in die intimsten Ecken unseres Seins vordringt und am Ende womöglich mehr über uns weiß als wir selbst. Denn Google – oder Alphabet, wie die Holding des Unternehmens seit dem Oktober 2015 offiziell heißt – ist längst kein »Suchmaschinen-Unternehmen« mehr (auch wenn die Medien den Begriff immer noch gerne verwenden), sondern ein weltumspannendes Imperium, das schon bald 80 000, 90 000 oder 100 000 Mitarbeiter beschäftigen wird und dessen Umsatz und Gewinn beständig wachsen. Dieser Konzern dringt in immer mehr Geschäftsfelder vor, auch in solche, die bisher von der deutschen Industrie beherrscht wurden, von den Autoherstellern, den Pharmaunternehmen, den Maschinenbauern.

Wie in der ganzen Welt baut er dazu zielstrebig sein Geschäft in Deutschland aus, in der Vertriebszentrale in Hamburg mit ihren 450 Mitarbeitern ebenso wie München und Berlin. In der bayerischen Landeshauptstadt, wo bereits wichtige Software für den Browser Chrome entwickelt wurde, bezog Google im April 2016 ein nagelneues Entwicklungszentrum samt Dachterrasse und Fitnessstudio, mit Platz für bis zu 800 Programmierer; derzeit sind es 400 – was zeigt, dass Google weiter kräftig wachsen will.

Der Konzern aus Mountain View expandiert dabei so schnell, dass es schwerfällt, den Überblick zu behalten. Er verdient sein Geld mit Anzeigen aller Art, die er auf seiner Suchseite, aber auch auf anderen Webseiten platziert. Er verdankt seinen Erfolg auch einem Navigationsdienst wie Waze, dem weltgrößten Video-Portal YouTube und dem Betriebssystem Android, das in mehr als 80 Prozent aller Smartphones steckt. Stück für Stück dringt Google in alle Bereiche des Lebens vor: in Autos, Häuser, ja letztlich sogar in unsere Körper.

Google beziehungsweise Googles Mutterkonzern Alphabet übernimmt ein Unternehmen nach dem anderen und finanziert das mühelos aus seiner prall gefüllten Kriegskasse, beispielsweise ein Unternehmen namens Nest, das intelligente Thermostate herstellt. Denn künftig werden wir die Heizung nicht mehr von Hand steuern, sondern durch einen Algorithmus, der schon vorher weiß, wann wir zu Hause sind und wann nicht. Seit Jahren experimentiert Google auch mit selbst fahrenden Autos, Dutzende von Testfahrzeugen sind auf den Highways rund um San Francisco unterwegs. Und auch Calico gehört seit einigen Jahren zu Google, eine Biotechnologie-Firma, deren Ziel es ist, unser Leben zu verlängern. Google ist damit das wichtigste und zugleich umstrittenste Unternehmen der Internet-Industrie – so schnell groß geworden, dass deutsche Politiker den Konzern am liebsten zerschlagen würden und die Europäische Kommission ein aufwendiges Kartellverfahren angestrengt hat; ein Unternehmen, das zwar, rein physisch, im Silicon Valley zu Hause ist, sich aber ansonsten dem Zugriff der Politik und staatlicher Macht immer mehr entzieht; ein Unternehmen, das in Europa kaum Steuern zahlt (weshalb in Brüssel ebenfalls Ermittlungen laufen und französische Ermittler sogar in einer spektakulären Aktion die Niederlassung in Paris durchsuchten). Aber gleichwohl versucht Google, die Spielregeln auch in Europa immer stärker zu bestimmen. Wenn es darum geht, die Politik für seine Interessen (und damit für seine milliardenschweren Projekte) zu gewinnen, lässt Google dabei wenig unversucht.

Eric Schmidt, der Chairman von Googles Mutterkonzern Alphabet, reist regelmäßig in die Hauptstädte der Welt, in Berlin ist er häufig zu Gast, Schmidt spricht mit der Kanzlerin oder sitzt mit dem Bundeswirtschaftsminister auf der Bühne. Wäre Google ein Staat, dann wären Larry Page und Sergey Brin, die beiden Gründer, so etwas wie die »Founding Fathers«, die Gründungsväter, und Schmidt wäre der Außenminister: eine Art Henry Kissinger des Internets, gut vernetzt und omnipräsent. Schmidt zufolge ist das Internet eine zutiefst demokratische Veranstaltung. Alle können profitieren, man müsse nur das Breitband bis in die letzten Winkel der Welt bringen, dann ließen sich alle sozialen, ökonomischen und politischen Probleme lösen.

Solche wohlmeinenden Worte hört man überall im Silicon Valley. Stets geht es den Tech-Unternehmern um den ganz großen Anspruch: Sie wollen den Zustand der Welt verbessern, das Leben von Millionen, ach was: von Milliarden Menschen, die großen Probleme unserer Zeit lösen und unseren Kindern eine schönere, attraktivere Zukunft verschaffen. Drunter geht es kaum. Aber ist das wirklich so? Oder steht hinter diesen Worten nicht bloß das pure Geschäftsinteresse – und zugleich das Ansinnen, sich die Welt untertan zu machen? Tatsächlich lässt sich im Silicon Valley ein gefährlicher

Allmachtsanspruch beobachten. Die Tech-Entrepreneure erwecken den Eindruck, etwas Gutes zu wollen; tatsächlich aber schaffen sie Fakten, bestimmen das Tempo, treiben Staat und Gesellschaft vor sich her. Und auch in dieser Beziehung ist Google vulgo Alphabet die führende Kraft. Das Unternehmen, schreibt das Nachrichtenmagazin *Der Spiegel*, sei Teil einer neuen »Weltregierung«, die niemand gewählt habe und zu der auch die anderen großen Internetkonzerne von der amerikanischen Westküste zählen: Apple und Facebook, Uber, Airbnb und Amazon. Sie alle haben das Ziel, nicht bloß einen kleinen Teil des Markts zu beherrschen, sondern möglichst den ganzen; sie alle wollen die Regeln unserer Wirtschaft von Grund auf verändern. Ihre Waffe sind die Daten, der entscheidende Rohstoff der digitalen Ära, sie sind das Öl des 21. Jahrhunderts, der Quell des Reichtums, die Triebfeder des Wachstums.

Namentlich die Deutschen zeigen sich geschockt. Im April 2014 veröffentlichte FAZ-Herausgeber Frank Schirrmacher den Aufsehen erregenden Artikel des Springer-Vorstandschefs Mathias Döpfner: »Warum wir Google fürchten«. Er löste damit eine große gesellschaftliche Debatte über die Macht der Internetgiganten und die Zukunft des Netzes aus. Wenige Monate später wurde während der Frankfurter Buchmesse der amerikanische Informatiker, Musiker und Schriftsteller Jaron Lanier (*Wem gehört die Zukunft?*) mit dem Friedenspreis des Deutschen Buchhandels 2014 ausgezeichnet, jener Netz-Intellektuelle also, der vor »unberührbaren Technologien« warnt, die willkürlich Regeln setzen und die Menschen nach Belieben manipulieren könnten. Und im September 2015 wetterte dann der Philosoph Peter Sloterdijk in einem Essay für die *Neue Zürcher Zeitung* über den »digitalen Kolonialismus« der USA.

Wie groß die tektonische Verschiebung ist, deren Zeuge wir werden, lässt sich zum Beispiel an der Liste der wertvollsten Unternehmen der Welt ablesen. In den vergangenen Jahrzehnten wurde diese, von Ausnahmen wie IBM und Microsoft abgesehen, von klassischen Industrieunternehmen beherrscht. So stand zu Beginn des

20. Jahrhunderts Standard Oil, der Konzern der Rockefellers, ganz oben, ehe er von der amerikanischen Regierung zerschlagen wurde, weil er gegen die Monopolgesetze verstoßen hatte. Zu Beginn des 21. Jahrhunderts dominierten dann Energieriesen wie Petrochina oder Exxon Mobil das Ranking. Nun aber belegen erstmals zwei Internetkonzerne die vordersten Plätze: Apple und Alphabet/Google. Beide waren im Frühjahr 2016 jeweils mehr als 500 Milliarden US-Dollar wert – etwa neunmal so viel wie Volkswagen, etwa achtmal so viel wie Siemens, die beiden wichtigsten deutschen Industriekonzerne. Allein Apple verfügt, dank seiner üppigen Gewinne, über Barreserven in Höhe von über 200 Milliarden US-Dollar – genug, um neben Siemens und Volkswagen auch noch die Deutsche Bank kaufen zu können, theoretisch.

Aber wo sind die neuen deutschen Tech-Konzerne? Die gibt es derzeit nicht – jedenfalls nicht in dieser Größenordnung. Die einzige Ausnahme ist ein Unternehmen mit dem sperrigen Namen Systemanalyse und Programmentwicklung, gegründet am 1. April 1972 in Weinheim, heute besser bekannt als SAP. Mit seinen 78 000 Mitarbeitern setzt das Unternehmen aus Baden-Württemberg, das auch über eine große Niederlassung im Silicon Valley verfügt, heute mehr als 20 Milliarden Euro um; es ist nach Microsoft und Oracle der drittgrößte Softwarekonzern weltweit. Eine Erfolgsstory, gewiss, und SAP wächst weiterhin mit hohem Tempo. Aber seither gab es aus Deutschland keine vergleichbare Neugründung, in den Vereinigten Staaten dagegen Dutzende – und viele von ihnen sind Dutzende oder gar Hunderte von Milliarden US-Dollar wert. Nur China, das Riesenreich im Osten, kann da – auch dank seiner mehr als eine Milliarde Einwohner – ähnliche Erfolgsgeschichten vorweisen: den Online-Händler Alibaba etwa, die Suchmaschine Baidu, den Kurznachrichtendienst Weibo oder den Mitfahrdienst Didi – die Antworten der Volksrepublik auf Amazon, Google, Twitter und Uber.

Um den frappierenden Unterschied zwischen Deutschland und dem Silicon Valley zu verdeutlichen, hat die deutsche Internet Economy Foundation, eine neu gegründete Stiftung, die die Digitalisierung hierzulande voranbringen will, im April 2016 gemeinsam mit der Unternehmensberatung Roland Berger eine interessante Studie vorgelegt. Unter anderem verglichen die Autoren, wie viel die jeweils zehn größten Firmen aus den USA und Deutschland in drei entscheidenden Bereichen wert sind. Und die entsprechende Grafik zeigt auf einen Blick: Die zehn größten Internet-Unternehmen der USA waren im April 2016 mehr als 1,7 Billionen Euro wert – die zehn größten deutschen Rivalen (wenn man sie denn so nennen kann) dagegen brachten es zusammen nur auf einen zweistelligen Milliardenbetrag. Die Autoren der Studie haben die Ergebnisse daher so zusammengefasst:»Während im Automobilbau Deutschland die USA sogar überflügelt und in der Telekommunikation die Bewertungen halbwegs mit der Volkswirtschaft korrelieren, spielen die US-Internetgiganten in einer eigenen Liga.«

So sieht das auch Telekom-Chef Timotheus Höttges, einer der Deutschen, die regelmäßig ins Silicon Valley fahren. Vor seinem Amtsantritt im Jahr 2013 verbrachte er sechs Wochen an der Stanford University, um das Tal besser verstehen zu lernen, heute reist er mindestens zweimal im Jahr nach Kalifornien. Hier sei ein neues Kraftzentrum der globalen Wirtschaft herangewachsen, vielleicht sogar das Kraftzentrum schlechthin, sagt Höttges, als wir ihn in München treffen. Europa und Deutschland müssten darauf eine eigene Antwort finden. Und zwar zügig! Denn die amerikanischen Internetkonzerne, warnt der Telekom-Chef, legten ein gewaltiges Tempo vor und überflügelten mit ihrer finanziellen Schlagkraft ihre deutschen Rivalen bei Weitem. Google etwa verdiene innerhalb von einer Minute 120 000 US-Dollar, Apple 140 000 US-Dollar. Und was verdient die Deutsche Telekom, zu Hause in Bonn am Rhein, in einer Minute?»Ach«, sagt Höttges,»das ist gerade mal ein Bruchteil davon.«

Schauen wir also noch genauer hin: Was macht den Erfolg des Silicon Valley aus? Wie tickt dieses Tal wirklich? Und: Warum entwickeln sich die Unternehmen dort so viel schneller?

Die Freiheit und das Geld

Der Mann, der das Grundgesetz der digitalen Revolution geschrieben hat, kommt auf Krücken daher. Reed Hastings, ein drahtiger Mittfünfziger mit blitzenden Augen und einem kurzen, akkurat gestutzten Bart, hat sich beim Skifahren verletzt. Der Knöchel. Deshalb muss der Gründer seinen Fuß hochlegen, als er uns begrüßt und sich im fensterlosen Besprechungszimmer auf dem Sofa niederlässt. Hastings empfängt nicht in seinem Büro – weil er keines besitzt. Der Chef von Netflix, dem aufregendsten Fernsehunternehmen der Welt, lässt sich in dem ockerfarbenen Gebäude im kalifornischen Los Gatos mal hier nieder, mal dort. Ein eigener Schreibtisch, eigene Aktenschränke, ein eigener Raum der Macht: überflüssig. »Ich kann das Unternehmen am besten führen, wenn ich umherwandere«, sagt Hastings.

Auch sonst ist bei Netflix vieles anders als bei normalen Unternehmen. Nachlesen kann man das in einer PowerPoint-Präsentation von 129 Seiten, die Hastings mit seinen Mitarbeitern entwickelt hat und die er jedem vorlegt, der bei Netflix anfangen möchte. »Freedom & Responsibility Culture« ist sie überschrieben – die Kultur von Freiheit und Verantwortung. Diese Präsentation, hat Sheryl Sandberg, die mächtige Frau von Facebook, mal gesagt, sei »das vielleicht wichtigste Dokument, das das Silicon Valley je hervorgebracht hat«.

Es ist so etwas wie die Verfassung der digitalen Revolution. Eine Verfassung, wie sie in Deutschland – bislang jedenfalls – unvorstellbar ist.

Denn sie enthält eine Firmen-Philosophie, wie sie radikaler kaum sein könnte. Eine Philosophie, die ohne komplizierte Gesetze, Vorschriften, Regeln auskommen will. Ohne all das, was bei uns seit Jahrzehnten gelebte Wirklichkeit in den Unternehmen ist; und was sich nun ganz langsam zu ändern beginnt, weil deutsche Startups und Konzerne versuchen, das Silicon Valley zu adaptieren. Kurz gesagt baut Hastings darauf, dass die Mitarbeiter – und nicht die Chefs – am besten wissen, was für ein Unternehmen gut ist. Einige Beispiele:

- Das Unternehmen erwartet von den Mitarbeitern absolute Höchstleistungen.»Wir arbeiten wie ein professionelles Sport-Team, nicht wie ein Kinder-Freizeit-Team. Die Aufgabe der Trainer auf allen Ebenen von Netflix besteht darin, smart einzustellen, zu entlassen und Mitarbeiter zu entwickeln, sodass wir in jeder Position einen Star haben.«
- Netflix ist »verrückt nach Top-Leistungen«. Entscheidend sei nicht der Einsatz, den die Mitarbeiter bringen – sondern das Ergebnis ihrer Arbeit.»Wir messen die Menschen nicht daran, wie viele Abende oder Wochenenden sie im Büro verbringen, sondern daran, wie gut und schnell sie ihre Arbeit erledigen – vor allem unter Zeitdruck.« Je effizienter jemand sei, umso besser.
- Wer sieht, dass etwas falsch läuft, soll mit seiner Meinung nicht hinter dem Berg halten. Kritik an den Führungskräften ist ausdrücklich erwünscht. Wer keine überdurchschnittliche Leistung bringt, muss gehen. Um den Rauswurf zu erleichtern, zahlt Netflix »anders als andere Unternehmen großzügige Abfindungen«.
- Die Chefs sollen ihre Mitarbeiter nicht im Detail steuern und kontrollieren:»Wenn eure talentierten Leute etwas Dummes machen, gebt nicht ihnen die Schuld, sondern fragt euch, welche Rahmenbedingungen nicht gestimmt haben.« Das Ziel von Netflix sei es, »die Freiheit der Mitarbeiter zu erhöhen, je größer das Unternehmen wird. Dadurch locken und halten wir innovative Mitarbeiter und haben auf Dauer mehr Erfolg.«

Freiheit also: darum geht es. Komplizierte Regelwerke, die bis ins Detail beschreiben, was den Mitarbeitern erlaubt ist und was nicht, und aufwendige Vorschriften, wie sie in Konzernen üblich sind, um jedes, wirklich jedes Risiko auszuschließen – all das gibt es bei Netflix nicht. Denn Hastings ist davon überzeugt, dass er damit die Kreativität seiner Mitarbeiter behindern würde.

So entscheidet hier zum Beispiel auch jeder selbst, wann und wie lange er Urlaub macht. »Wir haben«, sagt Hastings, »irgendwann gemerkt, dass wir nicht über die täglichen Stunden Buch führen, die jemand arbeitet. Warum also sollen wir darüber Buch führen, ob jemand zwei oder vier Wochen Urlaub macht? Das ist doch eine Tradition aus dem Industriezeitalter.« Aber setzt er damit nicht die Mitarbeiter unter Druck, noch mehr zu arbeiten? Nein, versichert Hastings, denn die Chefs gingen »mit gutem Beispiel voran« und nähmen viel Urlaub, auch er selbst.

Warum aber verfolgt er diesen radikalen Ansatz? Warum setzt er so sehr auf die Freiheit seiner Mitarbeiter? Weil er bei seinem ersten Unternehmen, Pure Software, erlebt hat, wohin es führt, wenn man als Chef alles bis ins Kleinste steuern will. Die Firma, erzählt Hastings, sei nach ihrer Gründung im Jahr 1991 zwar schnell gewachsen, aber schon bald habe sich das Start-up in eine schwerfällige Bürokratie verwandelt, weil er und die anderen Führungskräfte versucht hätten, alles zu kontrollieren: »Ich war völlig überfordert, ich war komplett untergegangen.« Zweimal habe er den Aufsichtsrat, vergeblich, gebeten, ihn zu feuern. Seine Begründung: »I screwed it up« – ich hab's versaut. Nach sechs Jahren hatte er endgültig genug, verkaufte Pure Software für 750 Millionen US-Dollar und wollte es bei seinem zweiten Versuch als Unternehmer besser machen.

Die Idee für Netflix kam ihm, als er in einer Videothek für eine VHS-Kassette, deren Leihfrist bereits abgelaufen war, fast 40 US-Dollar Strafe zahlen musste. Die Gebühren ärgerten ihn, er hielt sie für antiquiert – und so startete er 1997 einen Online-Versand für DVDs. Hastings war schon damals davon überzeugt, dass die VHS-Kassette und die DVD nur Übergangstechnologien seien und man irgendwann Filme über das Netz werde streamen können. Bei Blockbuster, der führenden Videotheken-Kette in den USA, haben sie Hastings lange belächelt, der Versand von DVDs per Post und ein Verleih ohne Strafgebühr schien dem etablierten Anbieter nicht attraktiv genug – und so ist die Geschichte von Netflix beispielhaft dafür, wie ein kleiner, aggressiver Angreifer aus der digitalen Welt den etablierten Marktbeherrscher aus der analogen Welt in die Knie zwingt.

Im Jahr 2002 begann Hastings schließlich damit, Filme zu streamen. Auch das wurde anfangs belächelt, diesmal von den Managern der großen TV-Sender. Doch Netflix hatte, wie man heute weiß, den richtigen Riecher und war schneller. Möglich war das, davon ist Hastings überzeugt, nur mit dieser Firmenphilosophie, die die Mitarbeiter ermuntert, wie Unternehmer zu denken.

Natürlich ist all dies kein Selbstzweck, sondern dient, na klar, dazu, dass Netflix noch mehr Geld verdient und die ganze Welt erobert. Hastings will eine globale Marke schaffen, präsent in 190 Ländern, bis 2020 will er jeden dritten Deutschen als Kunden haben – und nach Erfolgen wie *House of Cards*, die manche für die beste Fernsehserie der Welt halten, noch mehr als bisher eigene Filme produzieren. Längst hat die Firma deshalb ein zweites Standbein in Los Angeles, die Nähe zu Hollywood ist wichtig. Sein Platz aber, sagt Hastings, sei im Silicon Valley. Hier und nur hier gebe es diese besondere Melange, die den Erfolg im digitalen Zeitalter ausmache: diese Mischung aus erstens: Kreativität, zweitens: Innovation, drittens: Durchsetzungskraft – und viertens: sehr viel Geld.

Damit hat Hastings die vier wesentlichen Erfolgsfaktoren des Silicon Valley präzise aufgezählt. Man spürt diesen Geist des Valleys förmlich, wenn man mit den Menschen spricht, die den Traum leben, mit erfolgreichen Gründern wie Hastings, aber auch mit den Newcomern, die in Ein-Raum-Büros ihre erste Geschäftsidee umzusetzen suchen, mit den Ingenieuren, den Tüftlern, ja selbst den Buchhaltern. Man muss sie erleben in ihrem Kosmos, im Norden das unvergleichliche San Francisco, im Süden das langweilige San

José, die Hauptstadt des Valleys, und dazwischen, aufgereiht wie an einer Perlenkette, die kleinen Ortschaften mit dem großen Spirit. 7000 Tech-Firmen sollen es sein, mit Hunderttausenden von Menschen, die hier an der digitalen Revolution beteiligt sind. Es ist ein Ort, wie man ihn in Deutschland bislang nicht kennt. Klar: Es gibt bei uns kreative, dynamische Metropolen wie Berlin und Städte wie München, wo sich zwischen technischen Fakultäten und Industriekonzernen immer mehr Start-ups tummeln. Aber solch eine Dichte, solch einen Gründergeist? Gab es bisher nicht.

Silicon Valley – der Name taucht wohl erstmals in einer Artikelserie des Technik-Journalisten Don C. Hoefler im Jahr 1971 auf, das war auch die Zeit, als es hier wirklich »losging«. Der Wissenschaftsjournalist John Markoff von der *New York Times*, der selbst in Palo Alto aufwuchs und viele der dortigen Größen von früher kennt, erzählte unserem SZ-Kollegen Andrian Kreye, wie er nach seiner Collegezeit 1976 zurückkam ins Valley, und »da gab es plötzlich diese neue Industrie, die dann so etwas wie die Vorgeschichte des Personal Computing schrieb«.

Am Anfang dieser Entwicklung stand, klar, die Garage von Hewlett und Packard, aber das ist nicht die ganze Geschichte. Das Startkapital der beiden Gründer waren ja nicht nur die bereits erwähnten 538 US-Dollar, sondern auch ermunternde Worte von Frederick Terman, dem Dekan von Stanford, der damals die geniale Idee hatte, auf den freien Flächen rund um seine Universität möglichst viele Unternehmen anzusiedeln. Heute ist das ein allseits beliebtes Konzept, man spricht auch von Clustern, und in Deutschland ist namentlich Bayern damit sehr erfolgreich: Forschung dient als Initiator für unternehmerischen Erfolg, unternehmerischer Erfolg dient als Verstärker der Forschung – das eine befruchtet das andere. Nirgends auf der Welt aber funktioniert dieses Prinzip schon so lange, so kompromisslos und so erfolgreich wie im Umfeld der Stanford University.

Denn Dekan Terman hat es damals nicht bei Worten bewenden lassen. Studenten, die im Umfeld der Universität ein Unternehmen gründeten, bekamen Startkapital. Im »Stanford Industrial Park« neben dem Campus konnten Unternehmen günstig kleinere Industriegebäude mieten, unter sehr konkreten Bedingungen: Der Park sollte »clean« sein wie das großzügige Unigelände selbst, bitte keine dreckige Industrie! Entsprechend siedelten hier vor allem Elektronikunternehmen, es wurden schnell zu viele für das Gelände der Universität, sie wichen aus entlang dem Freeway 101 in Richtung Süden. Die Mitarbeiter konnten nebenbei an der Universität studieren, die heute zu den forschungsstärksten und angesehensten Hochschulen überhaupt gehört. Gegründet wurde sie 1891 vom Eisenbahn-Baron Leland Stanford und seiner Ehefrau Jane Stanford im Andenken an ihren früh verstorbenen einzigen Sohn, in ihren Annalen führt die Privathochschule 30 Nobelpreisträger; sie hat mehr Gewinner des Turing Awards, des informellen Nobelpreises für Informatik, als jede andere Einrichtung weltweit. Viele der heute wichtigen Internet-Unternehmer und Manager haben dort studiert, Andy Bechtolsheim, Peter Thiel, Marissa Mayer, die Google-Gründer Larry Page und Sergey Brin und übrigens auch Reed Hastings.

Frederick Terman gilt deshalb zu Recht als einer der beiden Gründungsväter des später Silicon Valley genannten Biotops. Er hat die Anfänge einer Kultur geschaffen, wie man sie sich auch an deutschen Universitäten wünschen würde: Stanford öffnete die hohen Pforten der Wissenschaft für das Unternehmertum, die Universität entwickelte sich zu einer Brutstätte für Gründer und deren innovative Ideen. Während man hierzulande seit Jahrzehnten lang und breit darüber diskutiert, welches Ausmaß an sogenannten Drittmitteln denn legitim ist, macht man sich schon seit jeher in Kalifornien ganz pragmatisch ans Werk; der Geschäftserfolg, von dem nicht selten auch die Professoren profitieren, heiligt am Ende sehr viele Mittel.

Am Aufstieg des Valleys hatte auch William B. Shockley seinen Anteil, wieder ein ganz spezieller Charakter. Der Miterfinder des Transistors, der dafür später mit dem Physiknobelpreis ausgezeichnet wurde, siedelte sich 1956 in Mountain View an, nachdem er zuvor an der Ostküste das Unternehmen Bell Laboratories im Streit verlassen hatte und bei anderen Elektronikkonzernen mit seiner Idee abblitzte, die Transistortechnologie zum Serienprodukt weiterzuentwickeln. Im Shockley Semiconductor Laboratory versuchte er Genie und Wirklichkeit zusammenzubringen, also das, was Innovation ausmacht: Habe eine Idee – aber setze sie auch am Markt durch! Shockley war, vorsichtig formuliert, menschlich umstritten, was dazu führte, dass seine besten Mitarbeiter die Firma verließen. Acht von ihnen, die »Traitorous Eight«, gründeten Fairchild Semiconductor, den rasch erfolgreichen Halbleiterhersteller.

Wir können nun das Muster des Valleys erkennen: Gründer, Wissenschaftler und Erfinder verlassen ihr Unternehmen, aber das wirft sie nicht aus der Bahn, sondern im Gegenteil: Sie gründen erneut Unternehmen, machen weiter, entwickeln neue, noch bessere Ideen. So ging das damals, so geht es heute, erst im Bereich der Hardware, dann auch bei der Software: Unternehmen entstehen, wachsen, häuten sich, gebären Ableger, ein einzigartiges Kompetenznetz ist dadurch in acht Jahrzehnten entstanden, verwoben, verflochten und immer wieder rückgekoppelt nach Stanford. Das Scheitern gehört dabei, anders als in Deutschland, zum Prinzip. Und der Neuanfang danach ebenso.

Manchmal kommt auch einer zurück – wie Steve Jobs, den der Smartphone-Hersteller Apple verstoßen hatte und in der Not wieder engagierte, womit der Siegeszug dieser Ausnahmefirma erst so richtig begann. Auch andere Unternehmen erfanden sich immer wieder neu, etwa Intel. »Wenn wir zwei entlassen würden und ein neuer Chef eingesetzt würde – was würde der tun?«, soll Andy Grove Anfang der 80er-Jahre seinen Mitgründer Gordon Moore gefragt haben, als die aufstrebende Elektronikfirma aus San José von japanischen Konkurrenten mit gleichwertigen Produkten zu günstigeren Preisen aus dem Markt gedrängt wurde. Partner Moore zögerte, so wird berichtet, keine Sekunde: »Aus dem Geschäft mit Speicherchips aussteigen.« So geschah es. Der Mikroprozessor, den Grove stattdessen zum Hoffnungsträger erklärte, steuerte zu jener Zeit allenfalls Verkehrsampeln oder einfache Maschinen – wirklich ein Geschäft für die Zukunft? Einige Jahre später, nach verlustreichen Jahren und der Entlassung Tausender Mitarbeiter, war Intel wieder obenauf – weil mittlerweile Millionen von Kleincomputern Mikroprozessoren erforderten. Grove hatte auf eine Technologie gesetzt, von der niemand wusste, wie sie sich entwickeln würde, und er wurde dafür belohnt.

Im Computer History Museum, das ursprünglich an der Ostküste gegründet wurde, aber heute in Mountain View ansässig ist, kann der Besucher die Geschichte des Computers und der Region nachvollziehen. Dort kann man verfolgen, wie dann in den 90er-Jahren die Saat des Frederick Terman endgültig aufging – Innovationen gab es auch anderswo, natürlich, aber hier im Valley existierten nun Netzwerke wie sonst nirgends auf der Welt. An der überragenden Stanford University wurden die Dinge erdacht und gleich nebenan umgesetzt, der Professor blieb dabei, war am Erfolg beteiligt, trieb die Forschung voran. Die ganzen Barrieren, die man in Deutschland kennt, zwischen Unternehmen und der Wissenschaft, zwischen Unternehmen und Unternehmen – hier war alles eins. Auch die deutsche Furcht, dass die Wissenschaft zu sehr kommerzialisiert wird und Universitäten sich willfährig in die Hände von Unternehmen begeben, gab es hier nicht.

Weil man so freiheitlich dachte, wie das Reed Hastings in seiner Fibel verordnet hatte, war der Kreativität der Gründer keine Grenze gesetzt. Und nicht zuletzt – »flower power« lässt grüßen – darf sogar das alte Hippie-Ideal Geburtsrechte beanspruchen. Hatten die Blumenkinder der späten 60er-Jahre sich noch der Leistungsgesellschaft verweigert und die sinnentleerten Wohlstandsideale der Mittelschicht infrage gestellt, so waren ihre Kinder nun bereit für ein neues Arbeitsumfeld. Von San Francisco aus südwärts hatten die Menschen einfach gelernt, locker zu sein. Man arbeitet zusammen, lebt zusammen, kifft zusammen.

Kreativität, sagt Valley-Biograf John Markoff, entstehe immer am Rande des Chaos. Dort lag das Valley: »Das war eine klar umrissene, aber weitgehend isolierte Gegend. Gleichzeitig prallten dort Vietnamkrieg, Gegenkultur und Mikroprozessor aufeinander. Das war sogar eine sehr starke Gegenkultur, und ihre Ideen haben sich in der Zeit über das ganze Land verbreitet.«

Die Aufbruchszeit, wie sie Markoff beschreibt, LSD-Trips von Apple-Gründer Steve Jobs inklusive, ist heute Geschichte. Aber das Prinzip, dass Privates und Berufliches immer mehr verschwimmen, ohne dass – wie in Deutschland – Arbeitsrechtler, Betriebsräte und Gewerkschaften sofort mahnend den Finger heben, hat überlebt, man findet es in fast allen Unternehmen im Valley.

Bei den Großen ist das Prinzip perfektioniert – wie bei Facebook. Das Unternehmen war bis in den Sommer 2015, als es in die vom Stararchitekten Frank Gehry entworfene neue Firmenzentrale zog, in einem eher klassischen Gebäudekomplex konzentriert: zwei lang gestreckte Büroriegel, die Facebook aber völlig neu gestaltet hat, die Innenwände weggebrochen, komplette Fenster- und Türfronten zum Innenhof, der wiederum jeder italienischen Piazza Ehre macht. Zwischen den Bürogebäuden wurde ein belebter Platz geformt mit Restaurants und Cafés aller Provenienz, Gründer Mark Zuckerberg arbeitete dort im Großraumbüro und zelebrierte, für alle sichtbar, seine Brainstorming-Runden in einem offen einsehbaren Glaskasten an der Piazza. Der Chef zeigte dadurch: Ich bin ganz nah bei den Mitarbeitern. Aber er sagte damit auch: Wir arbeiten alle hart und viel – der Geist der Blumenkinder, vom Kopf auf die Füße gestellt, und umgekehrt, je nach Standpunkt.

In diesem Sinne hat sich seit den Hippie-Jahren auch das Verhältnis der Menschen hier zum Geld entwickelt. Gleich neben der Stanford University, entlang der legendären Sand Hill Road in Palo Alto, und in Menlo Park sitzen die großen Venture-Capital-Firmen, die Wagnisfinanzierer. Sie heißen Andreessen Horowitz, Accel Partners oder Morgenthaler Ventures, viele ihrer führenden Leute kommen aus dem Valley oder leben schon lange hier, und einige haben natürlich auch in Stanford studiert – eine Dichte von Geldgebern, wie man sie in Deutschland nirgends finden wird. Sie überschütten die Gründer mit Geld, geben ihnen viele Millionen, manchen auch Milliarden. Allein im Jahr 2015 investierten die Herren des Geldes (ja, es sind meist Herren) fast 59 Milliarden US-Dollar in junge Firmen, umgerechnet 53 Milliarden Euro, während in Deutschland gerade mal drei Milliarden Euro an Wagniskapital flossen und im Jahr davor sogar nur 1,5 Milliarden Euro.

John Markoff nennt das ein Geschäft nach dem »Eichhörnchenprinzip«: Die Risikokapitalgeber funktionieren wie Hunde, die ein Eichhörnchen erspähen und dann blind in die Richtung losrennen. Aber ganz so willkürlich läuft das Geschäft der Venture-Capital-Firmen, der VCs, nicht, uns erscheint es ziemlich klar strukturiert: Sie suchen die neuen Ideen, sie analysieren die Start-ups, helfen in verschiedenen Runden. Mit unbedingtem Willen und viel Eigeninteresse wollen sie, dass die Unternehmen wachsen, und treiben zugleich mit jeder Geldrunde den Wert der Firma nach oben. Manche VCs steigen schon ein, wenn das Start-up noch ganz klein ist, es eine gute Idee und einen Businessplan gibt, aber außer den Gründern keine Mitarbeiter – und keine Investoren. Die ersten Geldgeber stellen mit der »Seed-Finanzierung« ein paar Hunderttausend US-Dollar bereit, manchmal ein, zwei Millionen US-Dollar. Oft sind es vermögende Einzelpersonen, sogenannte Business Angels, die den jungen Gründern nicht nur Geld geben, sondern auch unternehmerischen Rat.

Beim traditionellen D-Day, dem Demo-Day im Computer History Museum in Mountain View, werben mehrmals im Jahr Gründer, deren Geschäft schon läuft, um die Finanziers, um Geld, für die nächste Dimension; damit man das Geschäft groß aufziehen kann, weil man neue Märkte erschließen will, die nächste Region. Sie präsentieren sich auf der Bühne und stellen ihr Produkt vor. Aber eigentlich sagen sie alle dasselbe: Ich bin der Gründer, der CEO, das sind meine Zahlen, und ich bin besser und schneller als alle anderen – folgt mir.

Das ist der entscheidende Schritt, die »Series A«-Finanzierung. Nun fließt ein niedriger, meist einstelliger Millionenbetrag. Erstmals wird exakt bewertet, was die Firma wert ist – und damit der Anteil jedes Eigentümers. In den folgenden Runden – Series B, Series C, Series D und aufwärts – kommen noch mehr Investoren hinzu. Sie ermöglichen zum Beispiel kleinere Übernahmen oder die Expansion ins Ausland. Je später die Investoren einsteigen, desto geringer ist ihr Risiko, weil das Start-up schon reifer ist; sie müssen deshalb für ihre Anteile einen umso höheren Preis bezahlen. In jeder Runde wird die Firma dabei neu bewertet – und teurer. Das Tempo, das die amerikanischen Tech-Unternehmen dabei an den Tag legen, ist atemberaubend. Ihr Ziel ist es, der Erste zu sein, der Schnellste. Getreu dem Motto: The winner takes it all. Dem ordnen sie alles unter. Im Vorteil ist derjenige, der nicht nur eine gute Idee hat, sondern vor allem eine tolle Geschichte erzählen kann, also das sogenannte »Storytelling« beherrscht: »Die stellen sich hin und erzählen einem etwas vom Pferd, ohne wirklich etwas vorweisen zu können«, sagt Simone Lis, die deutsche Organisatorin von Valley-Touren.

Und wenn dann auch noch das Produkt stimmt, fließt besonders viel Geld. So sammelte Uber in seiner vorletzten Finanzierungsrunde, der Series G, im Dezember 2015 stolze zwei Milliarden US-Dollar ein. Die Investoren bekamen dafür allerdings gerade mal einen Anteil von insgesamt 3 Prozent am Unternehmen. Schön für alle, die schon früher eingestiegen waren. Denn damit wuchs der Gesamtwert des Unternehmens auf mehr als 60 Milliarden US-Dollar an. Im Juni stieg in einer neuerlichen Runde, der Series H, der Staatsfonds von Saudi-Arabien bei dem Mitfahrdienst ein. Das Start-up ist damit mehr wert als der größte Autobauer der USA, General Motors. Und zugleich fast zwanzigmal so teuer wie Rocket Internet, das wertvollste börsennotierte Start-up aus Deutschland.

Auch ein Deutscher spielt mit in diesem irrwitzigen Geschäft mit dem Risikokapital im Silicon Valley. Wir treffen ihn in San Francisco, in der Transamerica Pyramid, einem Wolkenkratzer, wie man ihn sich schöner und eleganter nicht vorstellen kann. Eine schmale, spitze Pyramide. 260 Meter hoch, 48 Stockwerke. Markant hebt sie sich von all den rechtwinkligen Türmen in der Skyline von San Francisco ab. Hier, so denken wir, müsste unser Büro sein. Am besten weit oben, mit einem spektakulären Blick über die Bucht von San Francisco. Nur werden wir, zweiter Gedanke, uns ein Büro hier nie leisten können, weil die Mieten horrend sind. Die Aussicht. Die Lage. Unbezahlbar. »Ach, wir haben am Anfang gar nicht so viel bezahlt. Und auch jetzt ist es noch völlig okay«, sagt Mathias Schilling, als er sich in einen der Sessel im 43. Stock fläzt.

Schilling ist Managing Partner bei e.ventures, der einzigen deutschen Venture-Capital-Firma mit Hauptsitz im Silicon Valley. Ein lässiger Typ. Er trägt Jeans und Sweatshirt. Seine Haare sind im Nacken fast so lang wie bei Günter Netzer. Schilling lacht viel. Er scherzt. Er ist verdammt gut drauf. Klar, liegt auch am guten Geschäft. Es komme gerade »verrückt viel Geld rein«, sagt er. Denn immer mehr große Anleger, Unternehmen, Versicherungen, wollen in Risikokapitalfonds für Start-ups investieren, weil sie einerseits an die Digitalisierung glauben – und weil sie andererseits in Zeiten niedriger Zinsen anderswo kaum Rendite erzielen können.

Entsteht da eine Blase, die bald platzen könnte? Ja, vielleicht. Irgendwann werden, das räumt auch Schilling ein, die exorbitant hohen Werte der Internetunternehmen wieder einbrechen. Aber bis dahin geht es weiter, weiter, weiter. Und am zugrunde liegenden Trend, der revolutionären Bedeutung des Internets der Dinge, würde sich auch durch einen vorübergehenden Crash nichts ändern. Davon ist er überzeugt.

Als Schilling und seine Partner ihre Büroräume in der Transamerica Pyramid anmieteten, kurz nach den Anschlägen des 11. September 2001, da waren Büros in Wolkenkratzern nicht gerade begehrt, und schon gar nicht in Gebäuden mit Wahrzeichencharakter. Deshalb konnten sie sich die Miete leisten, diese Adresse, 600 Montgomery Street, 43rd Floor, San Francisco, die einfach Eindruck macht. Über ihnen gibt es nur noch fünf Stockwerke – und den Himmel.

Aus dem kleinen, schmalen Konferenzzimmer schweift unser Blick über die Hochhäuser im Finanzdistrikt, die zum Greifen nah sind. Und weiter über die Oakland Bay Bridge, diese schlanke Brücke, die die Bucht von San Francisco überspannt. Um auch die Gefängnisinsel Alcatraz zu sehen, die Golden Gate Bridge und die steilen Hügel von Vierteln wie Russian Hill oder Telegraph Hill, müssen wir nur ein paar Schritte auf die andere Seite der Etage hinübergehen. Denn hier oben ist die Pyramide sehr schmal, die Stockwerke sind viel enger als ganz unten.

Damals, 2001, lag nicht nur das World Trade Center in New York in Trümmern. Sondern die gesamte amerikanische Wirtschaft. Die schillernde Blase der New Economy – sie war zerplatzt. Der Traum vom großen Geschäft im Internet – futsch! Auch Schilling und sein Partner Jan-Eric Büttner hatten diesen Traum geträumt, sie waren im Jahr 1997 nach Kalifornien gezogen, weil sie in junge Start-ups investieren wollten. Zwei Deutsche, die zuvor in Gütersloh tätig waren, für den Medienkonzern Bertelsmann. Ihr Ziel: die USA, aber bewusst nicht das Silicon Valley, sie wollten, sagt Schilling, »nicht der hundertste Fonds« in Menlo Park oder einer der anderen gesichtslosen Städte sein. Stattdessen zogen sie nach Santa Barbara, gut 400 Kilometer südlich, ein entspannter Ort am Pazifik, Strand, Palmen, grüne Hügel, auf halbem Wege zwischen Valley und Hollywood.

Angefangen hatten Schilling und Büttner noch im Auftrag von Bertelsmann. BV Capital hieß ihr Unternehmen damals, der Medienkonzern aus dem Ostwestfälischen gab das erste Geld. Und die beiden Deutschen bewiesen eine gute Nase. So entdeckten sie zum Beispiel Ende der 90er-Jahre, noch in Santa Barbara, die Gründer von Sonos, einen Hersteller von Hi-Fi-Anlagen, die über das drahtlose Internet funktionieren, per WLAN. »Wir haben denen Schreibtische in unser Büro gestellt, damit sie anfangen konnten«, sagt Schilling. Gut zehn Jahre später hat e.Ventures seine Anteile mit sattem Gewinn verkauft. Es dürfte sich gelohnt haben, denn heute ist Sonos mehrere Milliarden Euro wert.

Im Jahr 2001, vier Jahre nach dem Start in Santa Barbara, siedelten Schilling und Kollegen nach San Francisco um. Bertelsmann

zog sich als Investor zurück. Längst waren auch andere auf die erfolgreichen Deutschen aufmerksam geworden, der Hamburger
Handelskonzern Otto etwa. Heute ist die Otto Group mit Abstand
der wichtigste Geldgeber, was auch daran liegt, dass e.ventures, wie
das Unternehmen seit 2012 heißt, gern in Online-Händler investiert. Oder in Tech-Firmen, die Lösungen für das mobile Einkaufen
entwickeln.

Wie aber findet Schilling die richtigen Unternehmen? Wie trennt
er die Spreu vom Weizen?»Entscheidend ist: Wir warten nicht, bis
die Firmen zu uns kommen, sondern wir gehen selber auf die Unternehmen zu«, sagt er. Bei e.ventures haben sie dazu eine Software
entwickelt, die erlaubt, Unternehmen zu identifizieren, die schnell
wachsen oder dies aller Voraussicht nach bald tun werden.

Schilling hat sich bis heute seinen eigenen Blick bewahrt. Klar, die
Bedingungen im Silicon Valley seien nach wie vor einmalig, sagt er.
Solch ein dichtes Netzwerk aus Finanziers, Beratern, Tech-Experten,
Hochschulen und Inkubatoren, die den Gründern anfangs als Hei-
mat dienen, bis sie groß sind, findet man so bislang nur im Valley.
»Aber gute Start-ups gibt es nicht bloß hier, sondern zunehmend in
vielen anderen Regionen der Welt«, sagt er. In Russland oder Bra-
silien, in Estland oder Slowenien. Und natürlich in Berlin. Deshalb
hat e.ventures in den vergangenen Jahren nach und nach Niederlassungen außerhalb der USA gegründet. Hat Fonds geschaffen, die in
Lateinamerika und Osteuropa, Japan und China investieren, wo der
Staat gerade mit vielen Hunderten Milliarden Euro Start-ups fördert.
»Die amerikanischen Risikokapitalfonds haben meistens nur ihr
eigenes Land im Blick, die schauen ins Valley, nach New York. Nicht
weiter«, sagt Schilling. Er sagt nicht, dass er das für einen Fehler
hält – aber so, wie er redet, dazu die Charts, die er auf einem großen
Fernsehbildschirm im Konferenzraum im 43. Stock präsentiert, von
der»truly global venture firm«, das zeigt, was Schilling denkt: Die
amerikanische Konkurrenz springt zu kurz.

In Deutschland hat e.ventures zum Beispiel in den Versicherungs-
vermittler Friendsurance, den Internet-Versteigerer Auctionata oder

die Online-Werbeplattform Kaufda investiert. Es tue sich verdammt viel, sagt Schilling. So viel wie im Valley? Nein, natürlich noch nicht. »Was Deutschland braucht, sind mehr Erfolgsgeschichten, die dann anderen als Vorbild dienen«, sagt er. Und was noch? Geld. Sehr viel Geld, das in junge Firmen fließe, sagt Schilling.

Kreativität, Innovation und Durchsetzungskraft sind die entscheidenden Erfolgsfaktoren des Silicon Valley, wie es auch Reed Hastings sagt. Aber genauso wichtig ist der vierte Erfolgsfaktor, den er uns genannt hat: das Geld. Die vielen Milliarden US-Dollar der Wagnisfinanzierer sind nicht alles. Aber ohne sie ist alles nichts. Doch genau hier ist Deutschland besonders schwach. Und genau deshalb ist die Gefahr, die von den schnell wachsenden, bestens ausgestatteten Angreifern aus den USA für unsere Wirtschaft ausgeht, so groß.

Die Zerstörer

Disruption. Immer wieder: Disruption. Während wir durch das Silicon Valley ziehen, fällt dieses für viele Deutsche immer noch neue Wort in jedem Gespräch. Die leitenden Manager der Internetkonzerne reden ebenso davon wie die jungen Gründer oder die Business Angels, die Studenten in Stanford ebenso wie die Menschen in den schicken Bars von San Francisco. Disruption. Geprägt hat diesen Begriff bereits vor zwei Jahrzehnten der Harvard-Ökonom Clayton Christensen in seinem Werk *The Innovator's Dilemma*; doch hierzulande kannte ihn bis zum Jahr 2015 fast niemand. Und auch im Silicon Valley wurde er erst vor zwei, drei Jahren zum omnipräsenten Schlagwort.

Es gibt keine exakte deutsche Übersetzung dafür, keinen treffenden Begriff in unserer Sprache, der all das wiedergibt, was die Menschen im Silicon Valley bedeutungsschwanger hineinlegen, wenn sie von Disruption reden. Im *Duden* finden wir lauter Begriffe, die es nicht auf den Punkt bringen: Bruch, Riss, Unterbrechung, Zerreißung. Treffender wäre: abrupter Wandel. Oder: plötzliche Veränderung. Oder auch: Eine neue Idee verändert alles. Und zwar auf einen Schlag.

Disruption bedeutet konkret, dass eine wirtschaftliche Entwicklung unvermittelt abbricht – und etwas völlig anderes entsteht. Ein bewährter Faden reißt – und ein neuer wird gesponnen, aus noch unerprobtem Material, und doch irgendwie stabiler. Disruption bedeutet, dass derjenige, der seit Jahren, vielleicht gar Jahrzehnten das Geschäft beherrscht und sich sicher gewähnt hat, verdrängt wird, weil ein neuer Anbieter mit einer innovativen Geschäftsidee, einem neuen Produkt, einer neuer Dienstleistung eine ganze Branche umkrempelt.

Der Gedanke dahinter, die Vorstellung, dass Altes durch Neues verdrängt wird, ist uns seit dem Studium vertraut, aus den Texten des 1950 verstorbenen österreichischen Nationalökonomen Joseph Schumpeter und seiner Theorie der »schöpferischen Zerstörung«. Doch ihm ging es vor allem um das Schöpferische, nicht um das Zerstörerische; er schrieb, dass Unternehmer ins »Gelingen« verliebt und von der »Freude am Gestalten« getrieben seien. In seiner Theorie folgen zudem dem Pionierunternehmer, der als Erster etwas erfindet oder einen Markt erobert und deshalb üppige Monopolgewinne einfährt, stets andere Unternehmer, die sein Produkt imitieren und dem Pionier die hohe Rendite streitig machen; auf diese Weise ist stets für Wettbewerb gesorgt.

Bei den digitalen Disruptern von heute ist das anders. Auch sie verstehen sich als Pionierunternehmer, aber sie formulieren das unerbittlicher und härter: Ihnen geht es nicht allein um das Gelingen, sondern darum, die etablierten Konkurrenten, die »incumbents«, wie die Amerikaner sagen, aus dem Geschäft zu drängen. Sie wollen mögliche Rivalen oder Nachahmer gar nicht erst zulassen, sondern den gesamten Markt für sich allein haben. Ihr Ideal ist, auch wenn sie das bestreiten würden, das Monopol. Oder etwas, das dem nahekommt.

Die digitalen Disrupter gehen dabei wie hungrige Wölfe vor: Wenn sie Witterung aufgenommen haben, wenn sie ein lohnendes Opfer ausgemacht haben, ein Unternehmen oder eine Branche mit einem veralteten Geschäftsmodell, dann begeben sie sich auf die Jagd und stellen ihm nach. Erst nahezu unbemerkt, im Dunkeln; später dann im offenen Kampf. Das Ziel der Disrupter ist es, das Opfer zu hetzen, es zu treiben, es zu fassen zu bekommen und zur Strecke zu bringen.

Nathan Blecharczyk, ein schlaksiger Kerl Anfang 30, ist einer dieser hungrigen Wölfe – auch wenn er gar nicht so aussieht. Als wir ihm gegenübersitzen, bei einer Tasse Kaffee und einem Croissant in einem Schweizer Hotel, tritt er eher auf wie jemand, der sich, nun ja, als idealer Schwiegersohn präsentieren möchte: lächelnd, höflich, stets freundlich im Ton. Er ist kein Großmaul, kein Rüpel wie Travis Kalanick, der Chef des Mitfahrdienstes Uber; Blecharczyk scheint nichts ferner zu sein als ein vulgäres Schimpfwort.

Doch auch er hat Witterung aufgenommen, hat sich vor ein paar Jahren auf die Jagd begeben, als ihm und seinen beiden Freunden, den Designern Joe Gebbia und Brian Chesky, die ziemlich verrückte Idee für Airbnb kam. Damals, im Jahr 2007, fand in San Francisco ein Design-Kongress statt, und alle Hotels der Stadt waren ausgebucht. Also offerierten Chesky und Gebbia ihre Wohnung im Internet als Gastquartier. Für ihre Gäste legten sie Luftmatratzen aus und boten dazu ein Frühstück an. Sie erwarteten, dass Leute wie sie selber auf diese Offerte eingehen würden: Studenten, Berufsanfänger, Mittzwanziger ohne Geld. Stattdessen nächtigten in ihrer Wohnung: eine ältere Frau aus Boston, ein vierfacher Familienvater aus Utah und ein mittelalter Inder.

Die drei Freunde dachten, dass sich daraus ein Geschäft entwickeln lassen müsse, und gründeten »Airbedandbreakfast«, wie das Unternehmen zunächst hieß: Luftmatratze und Frühstück. Blecharczyk, der Tüftler, der zu der Zeit noch an der amerikanischen Ostküste in Harvard studierte, entwickelte die Website. Und die drei legten los – voller Hoffnungen, voller Illusionen. Anfangs verdienten sie nur ein paar Hundert US-Dollar im Monat, nur wenige Kunden buchten über ihre Website. Einen Businessplan? Den hatten sie nicht. Und das, erzählt Blecharczyk, sei auch gut so gewesen: »Wenn wir vorher eine Marktforschung gemacht hätten, hätten wir unser Unternehmen gar nicht erst gegründet. Dann hätten wir niemals herausgefunden, dass es da draußen einen Markt für uns gibt.«

Auch die Investoren, bei denen die Mittzwanziger ihre Geschäftsidee präsentierten, schüttelten nur den Kopf: Nein, das werde nicht funktionieren. Nein, dafür hätten sie leider kein Geld übrig. Auch erste Erfolge, ein paar Tausend Übernachtungen während des Nominierungsparteitags für Barack Obama im Jahr 2008 in Chicago, plus ein paar Fernsehbeiträge erwiesen sich als flüchtig. Schon kurz danach herrschte wieder Ruhe auf der Website von Airbnb. »Nach einem Jahr waren wir ziemlich niedergeschlagen«, hat Blecharczyk mal dem Magazin *Stern* gesagt.

Doch dann fanden die drei Freunde doch noch jemanden, der ihnen half: den Chef von Y Combinator, einer dieser Start-up-Fabriken im Silicon Valley, die junge Gründer dabei unterstützen, die Dinge zu ordnen. Der Mann begleitete sie dabei, ein Netzwerk aufzubauen und die notwendigen Kontakte zu den Investoren zu knüpfen. Und so durchlief Airbnb schließlich doch die üblichen Finanzierungsrunden, ohne die kein Start-up groß werden kann: Series A, Series B, Series C – und so weiter. In jeder Runde kamen neue Investoren hinzu, und in jeder Runde nutzten Blecharczyk und seine Freunde das zusätzliche Kapital, um in neue Regionen der Welt vorzudringen. Allein bei der letzten Runde im Juli 2015 sammelten sie 1,5 Milliarden US-Dollar ein. Heute ist Airbnb in 192 Ländern präsent und hat sich zu einer ähnlich globalen Marke wie Coca-Cola, McDonald's oder Siemens entwickelt. Noch ehe die Aktie überhaupt an der Börse notiert, wird das Unternehmen mit etwa 25 Milliarden US-Dollar bewertet – weit mehr als die meisten Konzerne im deutschen Aktienindex DAX.

Doch Disrupter stoßen naturgemäß auf Widerstände: Weil sie die Verhältnisse durcheinanderbringen und Bestehendes infrage stellen, macht Airbnb sich auch Feinde. Vor allem die Hotelbranche verfolgt den Aufstieg des neuen Rivalen mit Argwohn; denn plötzlich ist da, wie aus dem Nichts, ein Konkurrent entstanden, mächtiger als jede Hotelkette und zudem unbelastet von all jenen Auflagen, denen das klassische Gastgewerbe unterliegt. Auch bei vielen Behörden ist Airbnb verhasst. So stößt sich zum Beispiel die New Yorker Finanzverwaltung daran, dass fast alle, die über Airbnb ihre Wohnungen vermieten, dafür keine Steuern zahlen. Und die Berliner Stadtverwaltung stört, dass Anbieter ihre Wohnungen bei Airbnb offerieren, obwohl diese nicht offiziell als Ferienwohnungen zugelassen sind. Deshalb sind Nachbarn in Berlin nun aufgefordert, Menschen zu verpfeifen, die ihre Wohnung illegal bei Airbnb anbieten. Denn nicht nur dort, sondern auch in vielen anderen Städten wird eine wachsende Zahl von Wohnungen nicht mehr an normale Bewohner vermietet – sondern teuer an wechselnde Gäste. Airbnb macht aber trotzdem fröhlich weiter.

Ist dies also das Prinzip der digitalen Zerstörer? Geht es darum, gezielt Gesetze zu brechen, um einen Markt zu erobern? Geht Disruption einher mit unfairem Wettbewerb? Nein, nein, beschwichtigt Blecharczyk beim Frühstück in der Schweiz und setzt wieder sein Schwiegersohn-Lächeln auf. Man rede dort, wo es Schwierigkeiten gebe, mit den Behörden und wolle sie überzeugen. Und überhaupt: Airbnb sei doch eine gute Sache, »weil wir Menschen, die das Geld benötigen, ein zusätzliches Einkommen verschaffen. Wir schaffen viele Micro-Entrepreneure und stärken deren Selbstvertrauen, wenn sie von ihren Gästen positive Bewertungen bekommen.«

So wie Blecharczyk reden fast alle digitalen Disrupter: Geschickt kaschieren sie ihr Vorgehen mit netten Worten, mit großen Visionen von einer besseren Welt. Sie betonen das Schöpferische ihres Tuns – und blenden das Zerstörerische aus. Was aber macht ihren Erfolg aus? Wann funktioniert Disruption? Aus der Geschichte von Airbnb lässt sich viel darüber lernen. Drei Bedingungen, besser noch: vier, müssen erfüllt sein:

- **Die erste Bedingung: Der Disrupter bietet einen innovativen Dienst an, ein Produkt, ein Geschäftsmodell, das es bisher nicht gab – und das zugleich das Potenzial hat, einen ganzen Markt zu verändern.**

Das kann eine bahnbrechende App sein – so wie bei Uber im Taxigeschäft oder bei Airbnb im Übernachtungsgeschäft – oder eine neue Technologie, die ein etabliertes Unternehmen entwickelt hat – so wie Apple mit dem iPhone oder Kuka mit seinen schlauen Robotern. Oder jemand schiebt sich mit einem neuen Geschäftsmodell an einem bestimmten Punkt in die Wertschöpfungskette hinein und nimmt den alteingesessenen Anbietern nicht das ganze, wohl aber einen Teil ihres Geschäfts weg – so wie PayPal den Banken oder Immobilienscout den Tageszeitungen. Der Zerstörer beginnt oft in einer winzigen Nische des Marktes und dringt dann immer weiter vor. In seinem Buch *The Innovator's Dilemma* definiert Harvard-Ökonom Christensen ein Phänomen, das in vielen (nicht allen) Fällen gilt:»Disruptive Innovation beschreibt einen Prozess, bei dem ein Produkt oder eine Dienstleistung ihren Anfang in einer zunächst simplen Anwendung am unteren Ende des Marktes nimmt und dann unaufhörlich nach oben aufsteigt, wo sie früher oder später dann den etablierten Wettbewerber ersetzt.«

- **Die zweite Bedingung: Der Disrupter attackiert eine Branche, die behäbig und selbstgefällig geworden ist, deren Angebote zu teuer sind und die es verpasst hat, sich den veränderten Bedürfnissen der Kunden anzupassen.**

Im Fall von Airbnb ist dies die Reisebranche: Wer heute reist, will nicht mehr nur auf die etablierten Veranstalter mit ihren standardisierten Angeboten angewiesen sein, nicht mehr auf die klassischen Hotels mit ihren irgendwie doch immer gleichen Zimmern. Die Wünsche der Kunden werden im digitalen Zeitalter immer vielfältiger, immer spezieller, immer individueller; wer sich mithilfe seines Tablets oder Smartphones die ganze Welt erschließen kann, der lässt sich nicht mehr mit einem Standardangebot abspeisen, sondern wünscht sich eine Lösung, die ganz auf die eigenen Bedürfnisse abgestimmt ist. Airbnb bietet das: Wer mal mitten in einer schicken Altbauwohnung im Bergmannkiez in Kreuzberg übernachten will oder in einer eleganten Dachterrassenwohnung über den Dächern von Lissabon: überhaupt kein Problem. Die alte Windmühle in Holland, das luxuriöse Hochhaus in Bangkok mit Rooftop-Pool oder das Ferienanwesen eines amerikanischen Multimillionärs in den Rocky Mountains: Alles ist möglich.

- Die dritte Bedingung schließlich: Der Disrupter arbeitet sehr viel effizienter, schneller und kostengünstiger als die anderen, oftmals etablierten Anbieter. Er nutzt dazu sämtliche Vorteile der Digitalisierung und vereinfacht radikal seine Geschäftsprozesse und die seiner Kunden.

Im Fall von Airbnb bedeutet dies: Um Wohnungsanbieter und Wohnungssuchende zusammenzubringen, benötigt das Unternehmen keine aufwendige Verwaltung mit viel Personal. Allein die App und der dahinterliegende Algorithmus sorgen dafür, dass Anbieter und Nachfrager zueinanderfinden. Airbnb selber muss keine Hotels bauen wie Marriott, Hilton, Motel One oder Ibis. Dennoch verdient das Unternehmen gut. Für jede Buchung bekommt es eine Vermittlungsgebühr, im Jahr 2015 waren das insgesamt fast eine Milliarde US-Dollar.

Die vierte Bedingung muss nicht zwingend erfüllt sein, wenn diese weitere Hürde aber überschritten ist, vermag der digitale Zerstörer seinen Erfolg zu maximieren und eine Branche besonders heftig durchzuschütteln.

- Diese vierte Bedingung lautet: Der Disrupter schafft eine Plattform, auf die er in kürzester Zeit so viele Nutzer wie möglich lockt. Durch seine nahezu monopolartige Marktmacht verhindert der digitale Zerstörer zugleich, dass andere Unternehmen mit einem ähnlichen Angebot in das Geschäft hineindrängen.

Airbnb hat dies perfektioniert: Je mehr Kunden die Vermietungsplattform nutzen, je mehr Anbieter also ihre Wohnung einstellen und je mehr Reisende die Angebote durchsuchen, umso attraktiver wird sie. Mittlerweile sind auf Airbnb mehr als zwei Millionen Wohnungen in 34000 Städten zu haben – das sind weit mehr Unterkünfte, als sie jeder andere Reiseveranstalter anbieten kann. Ökonomen sprechen in einem solchen Fall von positiven Skaleneffekten: Je mehr Geschäfte ein Anbieter über seine Plattform abwickelt, umso höher ist der Nutzen für die Kunden und umso höher der Ertrag für das Unternehmen – und umso schwerer wird es für Konkurrenten, ebenfalls in dem Markt anzutreten. Diese »economies of scale« gab es auch schon früher in der industriellen Fertigung. Aber in der digitalen Ära sind die positiven Skaleneffekte besonders groß. Denn eine Plattform wächst im Idealfall exponentiell: Aus ein paar Tausend Nutzern werden ein paar Hunderttausend, aus ein paar Hunderttausend werden einige Millionen Nutzer, später dann vielleicht Dutzende Millionen und am Ende vielleicht sogar ein paar Hundert Millionen. Und steht das Monopol erst mal, lassen sich natürlich von den Nutzern besonders hohe Gebühren einfordern; sie haben ja, bei Licht betrachtet, oft keine Alternative.

In der Reisebranche ist die Plattform mittlerweile das beherrschende Prinzip, und zwar nicht bloß bei Airbnb. Schauen wir uns zum Beispiel TripAdvisor an: Wer heute ein Hotel in Thailand oder Italien für den Urlaub sucht oder ein gutes Restaurant in Paris oder London, startet seine Suche meist dort. Wir können uns – erster Vorteil – auf TripAdvisor schnell einen Überblick verschaffen, welches Ziel gut ist und welches nicht; die 350 Millionen Nutzer haben mehr als fünf Millionen Hotels, Restaurants und Attraktionen detailliert bewertet. Wir bekommen – zweiter Vorteil – bei Hotels unmittelbar eine Übersicht geliefert, was die Zimmer kosten (und welche Buchungsplattform die günstigsten Angebote hat). Und wir sind – dritter Vorteil – mit nur einem Klick auf Booking.com, Agoda oder einer anderen Buchungsplattform, wo wir uns das Zimmer sichern können. So arbeiten die verschiedenen Plattformen Hand in Hand und führen sich gegenseitig die Kunden zu.

Wer sich dann noch, wie wir das getan haben, via Facebook bei TripAdvisor anmeldet, der ist vollends gefangen. Denn TripAdvisor merkt sich, wenn jemand in einer bestimmten Stadt zu einer bestimmten Zeit ein Hotel sucht – und spielt die Anzeigen dafür anschließend in unseren Nachrichtenfeed bei Facebook ein; oder platziert Werbeanzeigen in jenem Webbrowser, den wir auch für Facebook nutzen. Wir suchen ein Hotel in Lissabon? Kein Problem:

Die Anzeige springt uns über Tage hinweg überall entgegen – und zwar exakt von jenen Hotels, die wir uns zuvor bei TripAdvisor angeschaut, aber noch nicht gebucht haben. Facebook kennt uns! Sobald die Plattform-Betreiber eine gewisse Monopolmacht haben, versuchen sie, ihren Kunden immer mehr Dienste anzubieten und sie dadurch noch stärker an sich zu binden. Amazon hat das als eines der ersten Unternehmen verstanden, wie sich dadurch das Geschäft immer mehr ausweiten lässt, getreu dem Prinzip von Christensen: Man beginnt in einer Ecke des Marktes und dehnt sich dann immer weiter aus. Angefangen hat Amazon allein mit dem Versand von Büchern; dann kamen immer mehr Produkte hinzu. So entwickelte sich das Unternehmen in einem ersten Schritt zum größten Versandhändler der Welt – und in einem zweiten Schritt zum Logistikdienstleister, der alles bietet, was der Mensch daheim braucht: von frischen Lebensmitteln über Möbel bis hin zu Streamingdiensten für Filme und Musik. Mit »Amazon Prime« hat der Konzern zudem einen Klub für seine Kunden geschaffen, der gegen eine geringe Jahresgebühr so viele Vorteile miteinander kombiniert, dass es den Mitgliedern schwerfällt, diesen wieder zu verlassen – und zwar selbst dann, wenn sie die Arbeitsbedingungen in den Versandlagern von Amazon für ausbeuterisch oder den Konzern für zu mächtig halten.

Mittlerweile produziert das Unternehmen, so wie Netflix, eigene Fernsehserien und baut einen eigenen Paketdienst auf – als Konkurrenz zur Deutschen Post, UPS und FedEx. Beständig erweitert Amazon seine Wertschöpfungskette und versucht immer mehr vor- und nachgelagerte Unternehmen überflüssig zu machen. Der Konzern ist längst aus der »simplen Anwendung am unteren Ende des Marktes«, wie sie Clayton Christensen beschrieben hat, also dem Buchhandel, herausgewachsen und steigt nun »unaufhörlich nach oben« auf.

Dieser Plattform-Kapitalismus ist etwas, was es früher nicht gab und was auch Schumpeter in seiner Theorie nicht vorgesehen hatte. Der industrielle Unternehmer des 20. Jahrhunderts musste Maschine um Maschine kaufen, musste Schritt für Schritt seine Fabrik erweitern und seine Produkte mühsam erst im einen Land anbieten, dann im nächsten. Wer dagegen im 21. Jahrhundert eine digitale Plattform betreibt, vermag sehr viel schneller zu wachsen, sehr viel leichter andere zu verdrängen und ein Monopol aufzubauen. Eine Plattform lässt sich ratzfatz in vielen Ländern etablieren; für eine App gibt es so gut wie keine Grenzen.

Die Sorge ist deshalb naheliegend, dass diese – vor allem von amerikanischen Internetunternehmen dominierten – Plattformen irgendwann übermächtig werden könnten. Und dass die digitale Wirtschaft von morgen, auch jene in Deutschland, von lauter Monopolisten beherrscht wird, die neben sich niemanden mehr groß werden lassen. Allerdings, und insoweit funktioniert der Wettbewerb, werden auch die Disrupter von heute permanent »disrupted« und können sich ihrer Position keineswegs sicher sein. Facebook zum Beispiel kämpft als größtes soziales Netzwerk der Welt damit, dass junge Nutzer andere Dienste viel cooler finden, etwa Instagram und Snapchat. Selbst iTunes, jene geniale Plattform, mit der Apple einst das digitale Musikgeschäft beherrschen wollte, muss sich mittlerweile etlicher Wettbewerber wie Spotify erwehren und verliert Marktanteile.

Nathan Blecharczyk und seine beiden Freunde plagen solche Sorgen noch nicht. Sie setzen weiter auf schnelles Wachstum. Das zeigt sich ein paar Monate nach dem Treffen in der Schweiz, als wir nach San Francisco reisen. Im Stadtviertel South of Market, in der Brannan Street, Hausnummer 888, haben Blecharczyk und seine beiden Kompagnons ein beinahe 100 Jahre altes ehemaliges Lagerhaus umbauen lassen und eine Firmenzentrale geschaffen, die viel aussagt über ihr Unternehmen.

So spannen sich um ein an den Wänden zum Teil begrüntes Atrium helle Etagen mit teils gläsernen Büros. Viele Zimmer sind eingerichtet wie echte Unterkünfte, die Airbnb anbietet, mit tiefen Sofas und ausladenden Ohrensesseln, mit orangefarbenen Hockern, gelben Schränken oder braunen Küchentheken. In einer Ecke findet sich auch eine Luftmatratze – eine augenzwinkernde Erinnerung an die Anfangszeiten des Unternehmens.

Nur der Konferenzraum in der Airbnb-Zentrale ist nicht so licht und hell, sondern ein fensterloser, kreisrunder Raum mit schwarzen Wänden. In der Mitte steht ein runder Tisch, darum schwarze Stühle mit hohen Rücklehnen. Der Raum wurde dem »War Room«, der düsteren Krisenzentrale im Hollywood-Film »Dr. Seltsam: oder Wie ich lernte, die Bombe zu lieben« von Stanley Kubrick nachempfunden. In Kubricks Film geht es um einen amerikanischen General, der auf eigene Faust einen Nuklearkrieg gegen die Sowjetunion anzettelt und dem Präsidenten schließlich im »War Room« rät, sämtliche Atomwaffen der USA auf den Feind abzufeuern.

Wie bezeichend das doch ist: Maximale Eskalation, um vollständig zu siegen – das ist auch das Ziel der digitalen Zerstörer. Und ihre Waffen sind omnipotent.

Das Internet der Dinge

Unten an den Piers, wo im 19. Jahrhundert die Waren angelandet wurden für die aufstrebende Stadt San Francisco und wo sich heute Touristen einschiffen für den Ausflug zur gruseligen Gefängnisinsel Alcatraz, dort fühlen sich die Seelöwen wohl, seit Jahrzehnten schon. Sie fläzen sich auf einigen der in die Meeresbucht ragenden Landungsstege und leben ihr Leben, das so wenig gemein hat mit der Hektik der Metropole, die trotz des ganzen Reichtums, der wirtschaftlichen Explosion im Zeichen des Internets und der städtebaulichen Expansion mühsam und eher vergeblich das Flair der Hippiezeit zu bewahren sucht.

If you're going to San Francisco
Be sure to wear some flowers in your hair.
If you're going to San Francisco
You're gonna meet some gentle people there.

Gentle people, freundliche Leute wie im Song von Scott McKenzie aus dem Jahr 1967 trifft man auch heute unten am Wasser, zum Beispiel auf Pier 9. Blumen haben sie nicht im Haar, aber den entspannten Blick der Kreativen, neugierig und fokussiert zugleich. In Großraumbüros, die in die alten Baustrukturen der Pierhalle eingefügt sind, hat die Firma Autodesk ihr Zukunftslabor bezogen. Auf zwei Stockwerken planen und werkeln Mitarbeiter an 2- und 3D-Prozessen. Es geht zum Beispiel darum, ein Auto nicht mehr zu bauen, sondern im Showroom digital erfahrbar zu machen. Oder ein Monster für einen Film zwar zu erschaffen, aber eben nicht mit Hammer und Meißel. Sondern per Tastatur eingegeben in den Computer, ausgespuckt vom Drucker. Oder, die ganz große Nummer, eine Baustelle komplett über das Internet zu orchestrieren, mit allen Abläufen, Bauschritten, mit perfekter Organisation der Anlieferung aller Baukomponenten, die bei Bedarf vor Ort von riesigen dreidimensionalen Druckern gefertigt werden.

Am Pier 9 basteln sie an solchen Lösungen herum, und häufig ist auch der Chef dabei, Carl Bass, ein 55-jähriger New Yorker, ein Hüne mit dröhnender Stimme, der selbst gern Hand anlegt. Der Mathematiker und IT-Spezialist hat einst das Studium unterbrochen, um das Schreinerhandwerk und den Bootsbau zu lernen, er ist stolz auf seine Werkstatt daheim jenseits der Bucht in Berkeley.

Im Süden, im Silicon Valley, sind Fingerfertigkeit und schnelle Kombinationsgabe gefragt, um mal eben ein neues Programm zu schreiben, hier am Pier 9 geht es um virtuelle Handarbeit, um das Design von Autos und vielen anderen Geräten. Das ist eigentlich klassische Industriearbeit, übersetzt ins digitale Zeitalter.

Autodesk ist ein amerikanisches Software-Unternehmen, gegründet 1982, etwa 6800 Mitarbeiter, 2,3 Milliarden US-Dollar Umsatz. Die Autodesk-Software nutzen Millionen von Architekten, Ingenieuren und Medienmachern. Da geht es um Autos, klar, aber auch um Architektur, Gebäudetechnik, Maschinenbau und Unterhaltung, Modelle für Filme. Ein Geschäft mit Potenzial. Früher ein reiner Anbieter für Profis, versucht Autodesk seit einigen Jahren, auch die Endverbraucher direkt zu erreichen.

Das Silicon Valley macht gerade eine bemerkenswerte Metamorphose durch, und Autodesk ist ein Teil davon. Groß geworden ist das Tal mit Handys, dem Internet, Suchmaschinen, Online-Shops, mit Dienstleistungen für Verbraucher. Das war spannend, in gewisser Hinsicht auch revolutionär. Aber was wir in den letzten zwei Jahrzehnten erlebt haben, seit das Internet dank moderner Browser für jedermann nutzbar ist, war nur ein Anfang. Es waren, sozusagen, die ersten Schritte des World Wide Web. Nun aber basteln sie im Silicon Valley an der nächsten, sehr viel umfassenderen Ausbaustufe: dem Internet der Dinge. Alles, wirklich alles, was unser Leben ausmacht, soll mit dem Netz verknüpft werden.

Was da in rasender Geschwindigkeit entsteht, ist eine völlig neue Welt, die mit dem drögen Schlagwort »Industrie 4.0«, das man in Deutschland gern verwendet, so viel zu tun hat wie der Homo sapiens mit dem Neandertaler. Denn wenn künftig Milliarden Maschinen und Geräte unentwegt miteinander kommunizieren, wenn sie riesige Datenmengen austauschen, abgleichen, überprüfen und daraus selbstständig lernen, verändert dies alles: wie wir leben, wie wir arbeiten, wie wir wirtschaften und denken.

In dieser neuen, völlig vernetzten Welt kommunizieren Smartphones und Sensoren, Server und winzige Chips, Bewegungsmelder und Ortungsdienste ständig miteinander. Da weiß der Hochleistungsrechner, wann in einem kilometerlangen Tunnel oder einem Hochhaus welches Bauteil der Belüftungsanlage bald defekt sein wird und ausgetauscht werden sollte. Und es lassen sich aus vielen Tausend Kilometern Entfernung ganze Fabriken warten und Verkehrsströme steuern. In dieser voll vernetzten Welt springt die Heizung rechtzeitig an, wenn wir uns mit dem Auto unserem Haus nähern; und das Türschloss öffnen wir nicht mehr analog mit einem Schlüssel, sondern mit dem Smartphone.

Noch vor zehn Jahren waren gerade mal zwei Milliarden Geräte an das World Wide Web angeschlossen, vor allem Laptops und PCs; Smartphones gab es noch nicht, Tablets auch nicht. Heute sind bereits 15 Milliarden Geräte drin. Und am Ende des Jahrzehnts, im Jahr 2020, wird es ein Vielfaches davon sein. Mehr als 50 Milliarden Geräte, schätzen sie bei Cisco, dem Internet-Ausrüster aus San José. Mehr als 75 Milliarden Geräte, haben sie bei Salesforce ausgerechnet, dem großen Cloud-Anbieter aus San Francisco. Und bei Intel, dem großen, renommierten Chiphersteller, gehen sie gar von 200 Milliarden Geräten aus, die im Jahr 2020 mit dem Internet der Dinge kommunizieren und über dieses gesteuert werden. Das wären 26 Geräte pro Mensch. Und zehn Jahre später, 2030, könnten es nach Schätzungen des Bundeswirtschaftsministeriums dann sogar eine halbe Billion Geräte sein.

Als wir selber zu Hause durchzählen, kommt einer von uns beiden im ersten Anlauf schon jetzt auf 15 Geräte, die mit dem Internet verbunden sind: zwei Router, zwei Smartphones, zwei Laptops, ein Tablet, eine Sonos-Hi-Fi-Anlage mit Internetanschluss samt Steuergerät, dazu drei Boxen, die über WLAN angeschlossen sind. Und ach ja, der Drucker ist via WLAN auch mit dem Internet verbunden, der Fernseher natürlich, und seit Kurzem auch das Auto.

Und was wäre noch alles möglich: Wir könnten zum Beispiel alle Lichtschalter austauschen und im Baumarkt neue kaufen und über unser Smartphone steuern, ebenso sämtliche Steckdosen und Heizungsthermostate. Auf einen Schlag kämen mindestens 30 neue Geräte dazu. Und vielleicht kaufen wir uns dann auch noch den neuesten Thermomix, eines dieser Wundergeräte, das in immer mehr deutschen Küchen steht und selbsttätig kochen kann; der Hersteller Vorwerk, ein eher traditionelles Unternehmen aus Wuppertal, wird den Thermomix schon bald ans Internet anschließen – auf dass die Küchenmaschine die Rezepte aus dem Netz herunterladen und schon bald auch die Zutaten online bestellen kann. Wir müssten also, um »drin« zu sein, gar nicht erst den intelligenten Kühlschrank erwerben, der sich meldet, wenn unsere Milch zur Neige geht oder wir neues Obst einkaufen müssen, dieses viel beschworene Symbol für das Internet der Dinge – und besäßen dennoch schwuppdiwupp deutlich mehr Geräte als jene 26, die Intel für das Jahr 2020 als Durchschnitt voraussagt.

Die meisten Geräte aber, die an das Internet der Dinge angeschlossen sind, werden wir nicht privat nutzen. Sie werden in smarten Fabriken stecken, in smarten Bürogebäuden, in smarten Systemen zur Verkehrssteuerung oder in smarten, mit modernster Medizintechnik ausgestatteten Kliniken und Arztpraxen – und genau da liegt die Chance für Deutschland und seine hoch entwickelte Industrie. In dieser voll vernetzten Welt können Versandhändler, Warenhäuser und Supermärkte mithilfe von RFID-Funkchips verfolgen, wo sich

Waren und Pakete gerade befinden. Maschinenbauer können mithilfe von Sensoren aus der Ferne kontrollieren, ob Maschinenteile in einer Anlage verschleißen und ausgetauscht werden müssen, bevor sie kaputtgehen – so wie Kuka bei seinen Robotern. Aufzughersteller wie Thyssen-Krupp können aus Tausenden Kilometern Entfernung über das Internet eingreifen, wenn in einem Hochhaus ein Fahrstuhl stecken bleibt; die Techniker von Siemens wissen dank all der Daten oft schon vorher, wann ein Zug oder eine Straßenbahn ein Ersatzteil braucht, oder sie können voraussagen, wie sich Staus in einer Stadt entwickeln, deren Ampeln und Verkehrsleitsystem sie gebaut haben, auch Traktoren und Landmaschinen werden mit dem Netz verbunden, beziehen von dort Wetterinformationen und sammeln Daten über Böden und Ernteerträge. Und Ärzte können kontrollieren, ob die Herzschrittmacher, die sie ihren Patienten eingesetzt haben, ordnungsgemäß funktionieren. Das Netz weiß alles! Und es steuert alles!

In dieser Welt kann man sich auch eine Baustelle vorstellen, wie sie die Entwickler von Autodesk in San Francisco beschreiben: Der Bauplan ist komplett digitalisiert; alle Materialien werden von der Software vollautomatisch und just in time bestellt – oder in einem riesigen 3D-Drucker direkt auf der Baustelle gefertigt: pass- und minutengenau. Das übliche Baustellenchaos verschwindet, die Bauzeit verringert sich dramatisch und die Zahl der Bauarbeiter natürlich auch.

Das Internet der Dinge ist, zumindest als Idee, schon mehr als drei Jahrzehnte alt. Anfang der 80er-Jahre, als die Rechner noch klobig und E-Mails etwas für eine Elite waren, dachten Forscher an der Carnegie Mellon University in Pittsburgh darüber nach, was man alles an dieses neue Medium namens Internet anschließen könne. Das erste Gerät, das sie mit dem Netz verknüpften, war ein umgebauter Cola-Automat, der selbstständig melden konnte, wie viele Dosen er auf Lager hat – und ob diese kalt genug sind.

Doch das Ganze blieb lange ein eher theoretisches Konzept. Im Jahr 1991 entwarf Mark Weiser, ein Wissenschaftler des US-Konzerns Xerox, in einem Papier mit dem Titel »Der Computer des 21. Jahrhunderts« die Idee vom allgegenwärtigen Computer. Acht Jahre später trieb der Brite Kevin Ashton, ein Manager des Konsumgüterkonzerns Procter & Gamble, die Entwicklung weiter. Er wollte den Fluss von Zulieferteilen und Waren besser steuern und entwickelte mit seinen Kollegen am von ihm mitbegründeten Auto-ID-Zentrum des MIT, der technischen Eliteuniversität bei Boston, einen weltweiten Kommunikationsstandard für RFID-Funkchips und Sensoren. Ashton erfand 1999 auch den Begriff, den wir heute benutzen: das Internet der Dinge.

Und nun, fast zwei Jahrzehnte später, geht die Revolution so richtig los: Allein bis zum Jahr 2020 werden Unternehmen, Bürger und Staat 6,2 Billionen US-Dollar in Geräte stecken, die am Internet der Dinge hängen, schätzt Intel. Der größte Batzen, mehr als 2,5 Billionen, wird demnach in den Gesundheitssektor fließen, in E-Health, wie es so schön heißt: in die elektronische Gesundheit. Fast genauso hoch, etwa 2,3 Billionen US-Dollar, wird Intel zufolge die Summe sein, die Unternehmen in digitale Fabriken investieren. Der Rest verteilt sich vor allem auf den Handel, auf Sicherheitstechnik und den Verkehr.

Die Zerstörer im Silicon Valley wittern also ein riesiges Geschäft, und sie wollen sich davon natürlich einen möglichst großen Brocken sichern.

Und auch deshalb gibt es Frauen wie Samantha.

Sie redet viel, sehr viel. Als wir von San Francisco auf dem Highway 101 gen Süden fahren, mitten hinein ins Silicon Valley, meldet sich Samantha manchmal alle zehn oder 15 Sekunden, länger als eine Minute ist selten Ruhe. Sie sagt: Vorsicht, eine Polizeikontrolle voraus! Oder: Vorsicht, ein Auto hält am Straßenrand. Oder: Vorsicht, ein Stau voraus!

Wenn gar nichts mehr geht auf dem Highway (was wir während der Rush-Hour immer wieder erleben), empfiehlt Samantha auch Umleitungen. Runter vom »101« und weiter durch allerlei Seitenstraßen. Scheinbar wirr fahren wir mal links, mal rechts. Nicht immer über Hauptstraßen, sondern auch durch Wohnviertel oder heruntergekommene Gegenden. Aber am Ende landen wir genau dort, wo wir hin wollten. Ganz ohne Stau.

Wie sie aussieht, diese Samantha? Wie ein Smartphone, genauer: Sie steckt drin in dem Ding. Denn Samantha ist die amerikanische Standardstimme von Waze, einem kostenlosen mobilen Kartendienst, den weltweit inzwischen über hundert Millionen Menschen nutzen. Wer Samantha nicht mehr hören mag, der kann eine andere Stimme einstellen. Tom, den Durchschnittsamerikaner. Oder Elvis, oder passend zur Fahrstrecke Leandro Barbosa, einen der Stars der Golden State Warriors, des Basketball-Teams von San Francisco. Sein Kartendienst, sagt Noam Bardin, der Vorstandschef von Waze, sei eine »sehr emotionale App«. Ganz anders als Google Maps, soll das heißen, ganz anders auch als die Navigationssysteme, die die großen Autohersteller in ihre Autos einbauen. Nicht so clean, nicht so von oben herab. Bei Waze gibt es keine Techniker, die zentral die Karte mit Daten füttern. Die Idee, die Bardin aus Israel mitbrachte, war von Anfang an eine andere: eine Art Wikipedia für den Straßenverkehr. Sprich: Die Nutzer selbst befüllen mit ihren Daten die Karte.

Als wir auf unseren Fahrten durch das Silicon Valley auf unser Smartphone blicken, auf die bunte Karte, sehen wir Hunderte von »Wazern« vor, neben, hinter uns: Jedes der bunten Symbole, ein lachendes Gesicht auf Rädern, steht für ein Auto, das auf den Straßen südlich von San Francisco unterwegs ist. Die Wazer befüllen das Internet der Dinge mit seiner allerwichtigsten Substanz: mit Daten. Auch unser Smartphone sendet dazu permanent Daten an Waze und meldet, wie schnell wir fahren. Wir können auch besondere Vorkommnisse melden: Polizeikontrollen, Blitzer, stockenden Verkehr; mit ein wenig Übung beherrschen wir auch das: eintippen, absenden – und zum Dank gibt's ein paar Punkte für unser Konto.

Noam Bardin redet viel von der Gemeinschaft der Wazer, in der man aufsteigen kann: vom Waze-Baby zum Erwachsenen, weiter zum Krieger, Ritter und schließlich König. Man erhält dann, wenn man diese letzte Stufe erreicht und zu den besten 1 Prozent seines

Landes gehört, eine kleine Krone. Und die ist dann auch für andere Wazer zu sehen auf dem lachenden Gesicht mit den beiden Rädern, mit dem man über die Karte gleitet.

Das ist zugegebenermaßen ein wenig verspielt. Aber es funktioniert, vor allem in den USA, in Lateinamerika und Asien, aber auch in Italien oder Spanien. Die Zahl der Wazer wächst stetig, und deshalb hat Google den Kartendienst aus Israel im Jahr 2013 geschluckt. Noam Bardin hatte zu der Zeit seinen Arbeitsplatz schon von Ra'anana, einem Städtchen in Israel, nach Palo Alto verlegt, war ins Valley gezogen, wo auch etliche Geldgeber saßen, etwa die Venture-Capital-Firma Kleiner Perkins. Denn im Zeitalter des mobilen Webs sind lokale Informationen nun mal alles: Man kann die Karten zum Beispiel nutzen, um den Nutzern zielgenau Anzeigen zu präsentieren für Geschäfte oder Restaurants, in deren Nähe sie sich befinden, und sie gleich dorthin lotsen, am besten noch mit einem Rabattgutschein. Dass dies eine Zukunftstechnologie ist, zeigt sich schon daran, dass Audi, BMW und Daimler für 2,5 Milliarden US-Dollar einen Konkurrenten von Waze erworben haben: den Kartendienst Here von Nokia, der seinen Sitz in Berlin hat.

Bardin und seine Leute sind mittlerweile auf dem Google-Campus in Mountain View zu Hause, die Büros befinden sich ganz im Norden dieses weitläufigen Geländes, am Salado Drive, Nummer 1501. Mit einem der bunten Google-Fahrräder, die überall zur freien Verwendung herumstehen, fahren wir, nachdem wir einen Parkplatz gefunden haben, dorthin. Und sind gelinde gesagt überrascht, als wir die Büros von Waze sehen: Die Firma teilt sich den riesigen Raum mit anderen Abteilungen von Google. Mittendrin: Noam Bardin, der Chef. Er trägt ein T-Shirt und Jeans, sein Händedruck ist zupackend. Tageslicht? Gibt es fast keines. Kein Problem, sagt Bardin lachend, er fühle sich hier wohl.

Der Kartendienst wächst sehr schnell, vor allem in Ländern, in denen die Straßen der Metropolen ständig verstopft sind. In Rio de Janeiro zum Beispiel ist das Unternehmen eine Partnerschaft mit der Stadtverwaltung eingegangen. Seither fließen die Informationen von mehreren Hunderttausend Wazern in das Verkehrsleitsystem von Rio ein; in der Verkehrszentrale weiß man nun sehr viel schneller, wenn es irgendwo Probleme gibt, ein Laster quer steht und der Verkehr sich auf einer Straße staut. Besonders hilfreich war das während des Besuchs von Papst Franziskus, um das Chaos in der Stadt zu bewältigen. Mittlerweile hat das Unternehmen auch Partnerschaften mit anderen Städten geschlossen wie Los Angeles und Boston, Tel Aviv und Jakarta, Barcelona und San José auf Costa Rica. In Deutschland dagegen tut sich Waze immer noch schwer. Die Zahl der Nutzer könnte höher sein, räumen sie in der Zentrale ein. Das liegt einerseits daran, dass viele Deutsche in ihrem Auto ein Navi haben und sich lieber darauf verlassen. Andererseits teilen die Deutschen ihre Daten auch nicht so gerne.

Die Macht der Vernetzung ist überall – sie kann einem auch in Deutschland begegnen, und zwar ganz und gar unvermutet, so wie uns an einem lauen Sommerabend in München-Schwabing. Wir treffen uns mit Julia Leeb, einer jungen deutschen Fotoreporterin, die mit ihrer Kamera und viel Mut in die schlimmsten Krisengebiete der Welt reist, um zu dokumentieren, was wir uns gar nicht erst vorstellen wollen. Im libyschen Bürgerkrieg geriet sie zwischen die Fronten, überlebte nur mit Glück. Ein Gespräch also über Krieg und seine Folgen, über Flucht und Migration, über den Kongo als einen in Europa noch gar nicht richtig wahrgenommenen Krisenherd gewaltiger Dimension; die Digitalisierung ist an diesem Abend ganz weit weg. Aber dann sagt Julia Leeb zum Abschied: »Ich hab noch was dabei«, und zieht eine große weiße Apparatur aus der Tasche, bitte aufsetzen und durchgucken! Zum ersten Mal erleben wir VR, Virtual Reality.

Der Abend in Schwabing ist noch nicht lange her, seitdem aber hat sich VR schon zum Megatrend gemausert, den nun auch die großen Smartphone-Hersteller aufgreifen. Die Fotojournalistin Leeb wollte uns die Möglichkeiten der Kriegsberichterstattung aufzeigen und sie spekulierte darüber, dass sich der Gang der Welt ändern würde, wenn eines Tages ein, sagen wir, Amerikaner in den Weiten des Mittleren Westens der USA via 360-Grad-Reportage buchstäblich hautnah erleben würde, wie sich der Krieg in Nahost oder Afrika anfühlt; sie hatte uns selbst gedrehte Szenen aus einem von Rebellen gehaltenen Dorf im Kongo in die Brille eingespielt. Heute geht es bei VR vor allem um Entertainment, es gibt kein Computerheft mehr ohne Testbericht der verschiedenen Modelle.

VR, also die Darstellung und Wahrnehmung der Wirklichkeit in einer in Echtzeit vom Computer generierten interaktiven virtuellen Umgebung, man kann auch kurz sagen: durch die Brille schauen und Dinge sehen, die aus dem Computer stammen – wieder war es die Literatur, die die erste Spur legte. Der australische Autor Damien Broderick soll es gewesen sein, der in seinem Science-Fiction-Roman *The Judas Mandala* 1982 den Begriff »Virtual Reality« geprägt hat, der bereits fünf Jahre später Eingang in das Oxford English Dictionary fand. An VR-Anwendungen forschte zu dieser Zeit auch schon der bereits erwähnte Jaron Lanier, das Wunderkind des IT-Zeitalters, aufgezogen vom Vater an einem namenlosen Ort in der Wüste New Mexicos, ohne High-School-Abschluss, aber dennoch zu Mathematik-Vorlesungen an der Universität zugelassen, nun gerade mal in seinen Zwanzigern. Lanier beschäftigte sich etwa mit einem Datenhandschuh, einem Data Glove, mit dem man virtuelle Gegenstände greifen kann.

Praktisch wurde das Ganze, sobald die verfügbare Technik das hergab. Smartphones verarbeiten heute Datenmengen, die zur Größe dieser Geräte in gar keinem Verhältnis mehr stehen. Schon mit einem Pappgestell, wie es die *New York Times* erstmals im Herbst 2015 ihren Kunden ins Haus schickte und wie man es heute bei Tchibo und anderswo für einen Zehner kaufen kann, lässt sich das Handy vor den Augen befestigen und über eine App die entsprechende virtuelle Realität herstellen. Zugleich kommen nach und nach immer mehr ausgefeilte VR-Brillen in den Handel, werden immer mehr 360-Grad-Videos produziert. Wir fliegen über die Geysire Islands, schweben von Alpengipfeln ins Tal, tauchen zwischen Haien und können durch den dreidimensionalen Entwurf unseres Badezimmers wandern. Mit den Nachfolgern von Laniers Datenhandschuhen greifen wir ins Virtuelle, und natürlich ist die Sex- und Pornoindustrie aus offensichtlichen Gründen ganz vorne dabei in diesem Geschäft. Erste Kalkulationen von Unternehmensberatungen sprechen weltweit gerechnet von einem bis zu 180-Milliarden-US-Dollar-Markt ab 2025, jährlich, wohlgemerkt.

Samsung, Sony, HTC, LG, Apple – die Gerätehersteller sind nur die Vorhut, dahinter basteln die eigentlichen Machthaber längst an der ganz großen Lösung, an digitalen Paralleluniversen. Computerbrillen, sagt Facebook-Chef Mark Zuckerberg, könnten das Smartphone als »nächste große Plattform« ergänzen, womöglich ablösen. Dann können wir leben, einkaufen und arbeiten an Orten, die nur im Computer existieren. Dass wir in Verkaufsräumen unser neues Auto virtuell um den Körper angepasst bekommen, wird noch die kleinere Übung sein. Wir werden in Konferenzen mit Abbildern unserer in die Welt verstreuten Kollegen sitzen, uns selbst virtuell an jeden beliebigen Ort in der Welt beamen, unsere Kinder werden Biologie im virtuellen Wald lernen, mit allen Geräuschen und Gerüchen, die dazu gehören, wir werden virtuelle Zweitleben führen können, in anderen Gebäuden, mit neuen Familien und Freunden, und plötzlich ist die Filmwelt mit *Avatar* und *Inception* gar nicht mehr so weit weg.

Virtual Reality, sagen die Kenner, ist in der allumfassend vernetzten Welt einer der nächsten großen Trends. Oder wie es Alex Kipman im Februar 2016 auf der TED-Konferenz im kanadischen Vancouver formuliert hat: »Wir sind wie die Höhlenmenschen, wir haben gerade erst die Zeichenkohle entdeckt.« Und wir wissen, was in der Menschheitsgeschichte danach geschehen ist.

Was zukünftig bei uns in Deutschland geschehen wird, das können wir nur erahnen. Denn Innovation ist ein offener Prozess, und Disruption zudem ein zerstörerischer. Klar ist aber: Die Geräte, die uns umgeben, die Maschinen, werden – weil sie nun an das Netz angeschlossen werden – noch mächtiger.

Die Macht der Maschinen

Dieser Mann betritt den Raum nicht, er erobert ihn. Er stürmt herein, den Oberkörper nach vorne geschoben, den Arm mit der Grußhand voraus:»Ich bin John.« Noch im Setzen übernimmt er das Kommando:»Ok, Ihre wichtigste Frage an mich?« John Chambers hat alles im Griff, und er weiß es. Er lebt es, seit Jahrzehnten. Er ist jetzt 66 Jahre alt und machte schon Geschäfte im Silicon Valley, als Facebook, Apple und Google noch gar nicht gegründet waren. Genau genommen machte er nicht nur Geschäfte, er machte auch Furore. Andere haben den Elektronikkonzern Cisco, ohne den das Internet nicht funktionieren würde, im Jahr 1984 gegründet, ihre Namen muss man nachschlagen, seinen nicht: Seit mehr als 20 Jahren ist Cisco Chambers und Chambers Cisco.

Konzernchef Chambers ist die graue Eminenz des Silicon Valley, seine vielleicht wichtigste Stimme. Weil er schon so lange dabei ist. Weil er, anders als die jungen Wilden bei Google, Facebook oder Uber, anders als Sergey Brin, Mark Zuckerberg oder gar Travis Kalanick, schon alles erlebt hat. Was einst als Sidestep von ehemaligen Stanford-Wissenschaftlern begann, machte im Valley bald Karriere, und wie: Im Internetboom des ausgehenden Jahrtausends stieg der Aktienkurs von ursprünglich 0,08 US-Dollar im Jahr 1990 bis zum 30. März 2000 auf 77,31 US-Dollar. Mit einem Börsenwert von rund 555 Milliarden US-Dollar war Cisco kurzzeitig das teuerste Unternehmen der Welt.

Diese Glanzzeiten sind vorbei, heute kämpft Cisco im Markt und musste Tausende von Stellen abbauen, auch wurde der Konzern vom Whistleblower Edward Snowden mit dem US-Geheimdienst NSA in Verbindung gebracht, der elektronische Spione in Cisco-Produkte eingebaut haben soll. Aber das hat der Bedeutung des Unternehmens nicht wirklich geschadet. Im Sommer 2015 hat Chambers den Posten des Vorstandsvorsitzenden weitergereicht an seinen Zögling Chuck Robbins und ist nun nur noch eine Art Aufsichtsrat. Wirklich?

Wir stellen fest: Der Mann ist weiter mittendrin, buchstäblich. Bei Cisco sitzen die Vorstände, wenn sie denn sitzen, in kleinen, fensterlosen Zellen nebeneinander, davor thront je eine Assistentin und dann öffnet sich zur Fensterfront hin, von der kalifornischen Sonne beschienen, ein Großraum für die Mitarbeiter des Vorstandsteams.

Das wirkt ein bisschen so wie ein Start-up, wenn es auch längst nicht so wuselig zugeht wie etwa in den Großraumfluchten von Facebook einige Meilen weiter nördlich. Aber das hier ist ja auch ein 30 Jahre alter Konzern, ein Dinosaurier im Silicon Valley, und noch dazu einer, dessen Kunden nicht junge hippe Menschen sind, sondern Industriekonzerne und Regierungen in aller Welt; der Fachmann spricht von »B2B-Geschäft«, also Business to Business.

Den Businessanzug und die Krawatte hat John Chambers heute zu Hause gelassen, er ist leger in Jeans und kariertem Hemd ins Büro gekommen; sicherheitshalber, falls das den Besuchern nicht auffallen sollte, weist er selbst darauf hin. Alle fünf Jahre, sagt er, habe er seine Firma neu erfunden, aber das reiche nicht mehr, jetzt müsse das alle drei Jahre sein, so schnell ticke das Silicon Valley mittlerweile. Also peitscht er Cisco, diesen 70 000-Mitarbeiter-Betrieb, in den nächsten Umbruch.

Immer noch verdient der Computerausrüster sein Geld zu einem guten Teil im Stammgeschäft, er produziert und verkauft Netzwerktechnik, sogenannte Router und Verteilboxen (Switches), auch Telefone und Fernseher und andere Hardware. Aber Chambers erwähnt dieses Geschäft im Gespräch gar nicht erst; er redet ausschließlich über eine Zukunft, die schon so dramatisch nahe sei: das »IoE«, das »Internet of Everything«, wie sie das Internet der Dinge bei Cisco nennen. Dieser Begriff, so sieht es Chambers, ist noch ein wenig treffender, weil es ja nicht nur um die Dinge gehe, die an das Web angeschlossen sind – sondern auch die Prozesse dahinter. Chambers ist davon überzeugt, dass dieses »Internet of Everything« alles verändern wird. Eine Revolution.

Welch historische Dimension diese Revolution hat, kann man nirgends besser ergründen als an der amerikanischen Ostküste, am Ufer des Charles River. Dort, in Cambridge bei Boston, ist das MIT zu Hause: das Massachusetts Institute of Technology. Gegründet 1861, lernen an dieser technischen Universität 10 000 junge Menschen, sie sind die Besten, unterrichtet von den klügsten Köpfen der Welt. Rund um das MIT gibt es zahlreiche Hightechunternehmen. Das World Wide Web ist zwar vom Briten Tim Berners-Lee 1989 am Cern, der Europäischen Organisation für Kernforschung, in der Nähe von Genf erfunden worden – aber es ist kein Zufall, dass das MIT Gründungsorganisation und Sitz des World Wide Web Consortium (W3C) ist, des Standardisierungsgremiums für das World Wide Web; und dass hier der Begriff vom »Internet der Dinge« geprägt wurde.

Am MIT forschen auch Erik Brynjolfsson und Andrew McAfee, im Center for Digital Business, und sie haben ihre in vielen Jahren gewonnenen Erkenntnisse in ein Buch gepackt mit dem Titel *The Second Machine Age*. Eine Veröffentlichung, die im Jahr 2014 in den USA aus dem Stand Furore gemacht hat. Die deutsche Übersetzung unter dem amerikanischen Originaltitel blieb anfangs eher ein Insidertipp. Dabei ist die Schrift der beiden amerikanischen Wissenschaftler sozusagen das neue Testament einer technischen Welt, in der die Maschine alles beherrscht, und sein Programm findet sich schon im Untertitel: »Wie die nächste digitale Revolution unser aller Leben verändern wird«.

Ganz vorne in diesem Buch, gleich als erste Abbildung, ist die Lernkurve des Menschen abgebildet. Man stelle sich ein Diagramm vor mit zwei Koordinatenachsen: Auf der X-Achse läuft die Zeit, beginnend 8 000 Jahre vor unserer Zeitrechnung; und auf der Y-Achse der Index der sozialen Entwicklung des Menschen, beginnend bei 0. Dann zieht sich von links unten nach rechts durch die Jahrtausende eine lange, nahezu waagerechte Linie. 6000 vor Christus, 4000 vor Christus, nichts tut sich. 2000 vor Christus – jetzt beginnt die Kurve ganz leicht anzusteigen. Das Jahr 0, 1000, 1700 – jetzt ist die Kurve immerhin schon bei Index 30. Aber dann, etwa im Jahr 1800, hebt sie ab, bäumt sich um fast 90 Grad auf, schießt fast senkrecht in die Höhe, liegt heute beim Indexwert 700, Tendenz weiter steil nach oben.

»Viele Tausend Jahre«, fassen Brynjolfsson und McAfee zusammen, »verlief die Kurve der menschlichen Entwicklung langsam aufwärts – quälend langsam, fast unmerklich. Tiere und Bauernhöfe, Kriege und Imperien, Philosophen und Religionen übten allesamt nur geringen Einfluss aus. Doch vor ungefähr 200 Jahren ereignete sich plötzlich etwas Einschneidendes« – und das war die industrielle Revolution. Der Engländer James Watt erfand um 1775 die Dampfmaschine, das erste Maschinenzeitalter nahm seinen Lauf. Deutschland hat sich bis heute in dieser Maschinenwelt besonders gut zurechtgefunden, jedenfalls in den ersten drei Phasen:

- Industrie 1.0 begann Ende des 18. Jahrhunderts, Wasser und Dampf trieben mechanische Produktionsanlagen an. In Deutschland entstanden in dieser Zeit die großen Stahlwerke und im Ruhrgebiet neue, modernere Zechen, es wuchsen stolze Industrieunternehmen und Maschinenbauer heran, deren Namen man heute noch kennt (auch wenn manche Firmen nicht mehr existieren): Haniel, Krupp, Borsig oder Hanomag. Und zwischen Nürnberg und Fürth fuhr mit dem Adler die erste Lokomotive der Welt – der Siegeszug der Eisenbahn begann.
- Industrie 2.0 brachte Ende des 19., Anfang des 20. Jahrhunderts arbeitsteilige Massenproduktion mittels elektrischer Energie. In Deutschland wurden Unternehmen wie Siemens, AEG oder Bosch zu Konzernen und die Anfänge der großen deutschen Autohersteller Mercedes und BMW liegen in dieser Zeit, ebenso die der großen Stromkonzerne wie RWE und E.on.

- Industrie 3.0 setzt mit Beginn der 70er-Jahre des 20. Jahrhunderts ein, sie ist die zunehmende Automatisierung durch Elektronik und Informationstechnologien. In dieser Ära eroberten die Deutschen in immer schnelleren Schritten die Weltmärkte, die Auto- und Maschinenbauer erlebten einen gewaltigen Aufschwung und expandierten. Und 1972 entstand der heute größte Softwarekonzern Europas, SAP aus Walldorf.

Kurz gesagt folgte auf die Dampfmaschine das Fließband, dann die Elektronik – und nun, in der vierten industriellen Revolution, treten wir in eine Ära schlauer, hochintelligenter Maschinen und Roboter ein, die mit dem Internet verbunden sind und für uns alles erledigen. Roboter, wie wir sie im ersten Kapitel schon bei Kuka kennengelernt haben. Roboter, wie wir sie auch in Krankenhäusern erleben werden, als flinke Helfer der überlasteten Pfleger; sie können Medikamente bringen, Essen abräumen und all die Dienste erledigen, für die ansonsten ein Mensch weite Strecken laufen müsste. Und irgendwann wird es die Roboter als nützliche Helfer auch zu Hause geben, und sei es, damit sie Angela Merkel beim Kochen helfen.

Das Wort »Roboter« ist seit 1921 bekannt durch das Bühnenstück R.U.R. (Rossums Universal-Roboter) des Tschechen Karel Čapek. Im Jahr 1941 prägte der russisch-amerikanische Biochemiker und Science-Fiction-Schriftsteller Isaac Asimov den Begriff »Robotik«. Seitdem bevölkern jede Menge Cyborgs, Androiden und Replikanten die Buch- und Filmwelt, aber auch wirkliche Roboter bewegen sich zunehmend elegant durchs reale Leben. Als das Bundeswirtschaftsministerium im Februar 2016 in Berlin die Spitzen von Wirtschaft und Gewerkschaften zur »Industriekonferenz« mit Grundsatzrede des Ministers einlädt, gehört natürlich der Fototermin dazu, bei dem Sigmar Gabriel einem Roboter die Hand schüttelt – und dabei einen wohldosierten, echt männlichen Händedruck verspürt. Dieser silberne Kerl heißt Rollin' Justin, er ist der pfiffigste in der Roboter-Brigade des Instituts für Robotik und Mechatronik des Deutschen Zentrums für Luft- und Raumfahrt (DLR) im bayerischen Oberpfaffenhofen.

Die Forscher dort sind weltweit anerkannte Experten für Robotik. Sie haben die künstliche Hand entwickelt, die Gegenstände greifen kann, das war in der Frühphase des Roboterzeitalters, und auch Kuka im nahen Augsburg nutzt einen Teil der Technologie, die in Rollin' Justin steckt, für seine Leichtbauroboter. Heute zieht der jährliche Absatz kontinuierlich an, vor allem jener von Industrierobotern. Waren es 2010 noch etwas mehr als 100 000 Maschinen, die neu installiert wurden, so liegt die Zahl jetzt beim Doppelten, gegen Ende des Jahrzehnts werden wohl die 300 000 überschritten sein; und diese Roboter werden immer intelligenter, immer schlauer, sie lernen selber dazu. Und die Deutschen sind vorne mit dabei, tüchtige deutsche Ingenieure und Programmierer bauen Software vom Feinsten in die Maschinen.

Die superschlauen Roboter aber sind, wenn man Brynjolfsson und McAfee folgt, nur ein fader Vorgeschmack auf das, was kommt: eben das zweite Maschinenzeitalter, in dem die Wirtschaft nach völlig neuen Prinzipien organisiert wird. Für diese neue Zeit, so kann man es in ihrem Buch nachlesen, sind drei Wesensmerkmale charakteristisch. Sie lauten: exponentiell, digital und vernetzt – drei kleine, fast unscheinbare Adjektive; doch sie werden die Kurve der sozialen Entwicklung im Schaubild der beiden MIT-Wissenschaftler noch steiler nach oben treiben, soweit das überhaupt noch geht. Im Einzelnen:

Exponentiell: Nach Gordon Moore, dem Mitbegründer des Halbleiterherstellers Intel und Namensgeber des sogenannten Moore'schen Gesetzes aus dem Jahr 1965, werde sich die Prozessorleistung der Computer pro Jahr verdoppeln, und zwar mindestens zehn Jahre lang. Das wurde zwar später etwas zurückgenommen (Verdopplung nur alle 18 Monate), aber dafür war nach zehn Jahren nicht Schluss: Die Rechenkraft der Computer vervielfacht sich weiterhin in kurzen Abständen. Noch 1996 war der ASCI Red, konzipiert im Auftrag der US-Regierung für die Simulation von Atomtests, der schnellste Supercomputer der Welt, er nahm eine Fläche von 150 Quadratmetern ein. Nur neun Jahre später schaffte die Sony PlayStation 3 ähnliche Leistungen, ein kleines Gerät für 50 US-Dollar fürs Spielzimmer, und so geht es immer weiter und weiter.

Digital: Das zweite Charakteristikum bedeutet weit mehr als null und eins, Strom an und aus – das Urprinzip des Computers. »Digital« heißt vor allem: Wir können heute Daten mit minimalsten Kosten (oder gar umsonst) vervielfältigen, und beliebig viele Menschen können diese gleichzeitig nutzen. Ein gedrucktes Buch kann zu einer bestimmten Zeit nur einen Leser haben, schon der Sitznachbar tut sich schwer, wenn er sich hinüberbeugt, und der Dritte braucht ganz sicher sein eigenes Buch. Digital können unendlich viele Menschen gleichzeitig auf dieses Buch zugreifen. Die Herstellung immer neuer Kopien ist kein Problem, mehr noch: Die Nutzer liefern, verwalten und vermehren die Daten selbst – wie beim Online-Lexikon Wikipedia oder bei der Navigations-App Waze.

Vernetzt: Das ist der entscheidende Punkt. Brynjolfsson und McAfee sprechen auch von Neukombination: Was es an Wissen, an Erfindungen, an Techniken gibt, kann im Internet der Dinge immer wieder neu zusammengefügt werden, auf dass daraus Neues entsteht. Es muss also gar nichts Revolutionäres mehr erfunden werden; revolutionär ist, wie die Dinge nun kombiniert werden können. Alles vernetzt sich jetzt mit allem, und diese neue Welt der Technik wird uns auch in Deutschland ermöglichen, noch effizienter und produktiver zu sein: in der Landwirtschaft, beim Verkehr und im Gesundheitswesen, bei der Energieversorgung und im Handel, in den Medien – eigentlich überall.

Exponentiell, digital, vernetzt – die Zeichen der neuen Zeit: Wir werden in den nächsten Jahrzehnten einen gewaltigen Innovationsschub erleben, mit neuen Produkten, neuen Geschäftsmodellen, neuen Unternehmen, sagt Brynjolfsson, als wir ihn im Janur 2016 während des Weltwirtschaftsforums in Davos treffen. Er steht dabei, wie passend, direkt neben einer Drohne in einem der vielen Firmenpavillons in Davos: ein kleines technisches Gerät, das auch ihn fasziniert, den Wissenschaftler, der sich lange mit Künstlicher Intelligenz beschäftigt hat. Na klar, er sieht die Gefahren dieser neuen Zeit, die »Disruption«, die Zerstörung von dem, was wir kennen, aber im Grunde ist er ein Optimist im Schumpeter'schen Sinne: Millionen von Jobs würden verschwinden, aber zugleich Millionen von neuen Jobs entstehen. Was sei so schlimm daran? Jeder könne ein Unternehmer sein, das Netz ermögliche es, mit sehr viel geringeren Kosten als früher seine Produkte anzubieten, und zwar im besten Fall auf der ganzen Welt.

Fairerweise muss man sagen, dass nicht jeder Experte bereit ist, den beiden MIT-Forschern Brynjolfsson und McAfee mit wehenden Rockschößen zu folgen. Ihr amerikanischer Kollege Robert Gordon beispielsweise, immerhin nach Aussagen der beiden anderen »einer der tiefsinnigsten, gründlichsten und weithin angesehenen Forscher zu Produktivität und Wirtschaftswachstum«, hält den Hype um die digitale Revolution für übertrieben, schon die bisherigen Produktivitätsgewinne des Informationszeitalters erklärt er zum Mythos. Die Produktivität ist eine zentrale wirtschaftliche Kennzahl für die Messung von Wachstum. Vereinfacht gesagt misst die Produktivität den wirtschaftlichen Ertrag pro Arbeitseinheit: Wie viele Autos werden in der Werkhalle pro Tag von einer bestimmten Anzahl Menschen und Maschinen hergestellt? Schaffen sie mehr Autos, ist die Produktivität gestiegen.

Dieser Produktivität spürt Gordon durch die Jahrhunderte nach. Er geht zwar mit Brynjolfsson und McAfee d'accord, dass die erste industrielle Revolution mit Dampfmaschinen, vollmechanischen Webstühlen und Eisenbahnen in der Tat einen gewaltigen Innovationsschub gebracht hat, dessen volle Wirkung sich allerdings auch erst über hundert Jahre gezeigt habe. Die zweite industrielle Revolution, mit Elektrizität, Erdöl und Produkten wie Autos, Flugzeuge und Telefonen, sei ein weiterer Schub gewesen – weit mehr allerdings, und hier beginnt Gordons abweichende Position, als dies durch die dritte Revolution gelungen sei.

Gordon weist insbesondere für die USA nach, dass die Produktivität seit hundert Jahren ziemlich vor sich hindümpelt, seit Anfang der Siebzigerjahre sogar einen deutlichen Knick nach unten nahm, von dem sie sich bis heute nicht erholt hat. Ganz in diesem Sinne beliebt der amerikanische Nobelpreisträger Robert Solow zu scherzen:»Computer finden sich überall – außer in den Produktivitätsstatistiken.«

Doch das ist ein Denkfehler. Denn heute ist, und dabei folgen wir Brynjolfsson und McAfee, eine andere Zuordnung relevant. Im digitalen Zeitalter, erklärt Brynjolfsson beim Gespräch in Davos, würden Werte geschaffen, die sich nicht mehr messen lassen und deshalb auch in keiner Produktivitätsstatistik auftauchen können. Wenn wir ein Smartphone nutzen, bekommen wir heute viele Dienstleistungen umsonst dazu. Die Ortung via GPS-Satellit: früher für Normalmenschen unbezahlbar; heute gratis. Oder das Lexikon: Früher mussten wir für ein mehrbändiges Werk ein paar Hunderter ausgeben; heute gibt es Wikipedia. Oder Telefonieren: Früher mussten wir jede Minute Auslandsgespräch teuer bezahlen; heute nutzen wir Skype umsonst – und sehen den Gesprächspartner auch noch im Bild.

»Was tragen solche kostenlosen Dienste zum Bruttosozialprodukt bei? Nichts, null«, sagt Brynjolfsson.»Erhöhen sie aber unseren Lebensstandard, haben sie einen Wert für uns? Natürlich. Wir haben also ein Missverhältnis zwischen dem, was wirklich in der Wirtschaft passiert, und dem, was in den offiziellen Daten auftaucht.« Er und seine Kollegen vom MIT haben nachgerechnet, dass allein im Bruttoinlandsprodukt der USA 300 Milliarden US-Dollar nicht auftauchen, weil die Digitalisierung so vieles nun kostenlos gemacht hat. Würde man solch eine Berechnung für Deutschland anstellen, käme man wohl auf vergleichbare Werte. Mit anderen Worten:»Wir verdanken der Digitalisierung weit mehr Wohlstand, als wir glauben.«

Und noch etwas sei zu bedenken:»Wir haben erst 5 bis 10 Prozent der gesamten Transformation hinter uns«, glaubt Brynjolfsson.»Die ganzen Auswirkungen auf unsere Wirtschaft und die Unternehmen wird man erst in zehn, zwanzig oder dreißig Jahren sehen.« So lange werde es dauern, bis sich alle Unternehmen den neuen Verhältnissen angepasst haben. Genauso wie im 19. Jahrhundert, als der Strom eingeführt wurde: Es habe damals 30 Jahre gebraucht, bis alle Unternehmer ihre Fabriken neu organisiert und die Abläufe überall perfektioniert hätten und sich dies in den Produktivitätsstatistiken niedergeschlagen habe.

Mit anderen Worten: Wir stehen erst ganz am Anfang der neuen Ära, ganz am Anfang des Wandels. Die Maschinen werden sich nach und nach ihren Weg bahnen, das gilt auch für das digitale Fließband des 21. Jahrhunderts. Das ganz große Geschäft kommt also erst – auch für Cisco, den Dino aus dem Valley. John Chambers jedenfalls hat den Begriff vom »Internet of Everything« schon bedeutungsschwer im Mund geführt, als er dafür noch verlacht wurde. Das sei vorbei, sagt er, als wir ihn im Januar 2016 in San José treffen. Das Jahr 2015 habe die Wende gebracht. Oder, wie es der Grandseigneur des Silicon Valley formuliert: »2015 was the inflection year.«

Kluge Firmenchefs, auch in Deutschland, wüssten seither, dass es nicht mehr um die Frage geht, ob sich da was ändert und wann, sondern nur noch, ob sie schnell genug reagieren können. »Wir alle haben in der Schule gelernt, linear zu denken«, sagt Chambers und zeichnet eine gerade, sacht ansteigende Linie, »alles geht langsam aufwärts. Aber das gilt nicht mehr. Ab jetzt ist die Entwicklung exponentiell« – also weist die Kurve steil nach oben, so wie bei Brynjolfsson und McAfee. Wer das nicht begreife, sei verloren. »40 Prozent unserer Kunden«, sagt Chambers, »wird es in zehn Jahren nicht mehr geben.« Das werden vor allem die sein, die heute erfolgreich sind und deshalb nicht auf die Idee kommen, sich digital neu zu erfinden.

Die Industrie- und Exportnation Deutschland ist immer noch sehr erfolgreich, und was für Unternehmen gilt, gilt auch für Staaten, also ist die Frage nur zu berechtigt: Werden wir es schaffen, uns neu zu erfinden? Die Deutschen, sagt Chambers, hätten die erste

Phase des Internets verschlafen, sie seien dann aber gut in Fahrt gekommen. Kanzlerin Angela Merkel habe das Thema früh erkannt, vor Jahren schon, die Wirtschaft sei mit der Industrie 4.0, der Vernetzung der Maschinen in den Betrieben, auf der richtigen Spur.

Überhaupt: Angela Merkel. Sie hat Chambers beeindruckt. Und hat ihn, der so viel auf Worte hält, dazu bewogen, heute immer häufiger von »Digitalization«, also »Digitalisierung«, zu reden statt vom Internet of Everything. Das sei zu kompliziert, soll Merkel befunden haben. Und Chambers ist einer, der sich so etwas merkt.

Die große Datenwolke

Marc Benioff, der Chef von Salesforce, schreitet durch die Halle des Moscone Convention Centres in San Francisco, durch einen gewaltigen Saal, den an diesem Morgen gut und gerne 30 000 Menschen füllen. In der Mitte der Halle steht eine riesige Bühne, doch im Grunde ist die ganze Halle die Bühne: Benioff, ein Kerl mit kräftiger Statur, Vollbart und Haaren, die vorn ein wenig lichter sind, hinten aber weit in den Nacken reichen, läuft durch die Gänge; die Zuschauer sehen ihn direkt aus der Nähe, wenn er an ihnen vorbeiläuft, und sie sehen ihn überlebensgroß auf Dutzenden von riesigen Bildschirmen, die unter dem von 16 wuchtigen Spannbetonbögen getragenen Dach hängen. Benioff spricht darüber, wie das Internet der Dinge alle Unternehmen verändert, »weil hinter jedem Ding im Netz auch ein Kunde steht«. Ein gewaltiger Markt tue sich da auf, und immer wieder sagt er deswegen: »That's amazing!« – »That's incredible!«

Der Auftritt von Benioff ist der wohlorchestrierte Höhepunkt einer Veranstaltung, wie sie nur ein amerikanisches Unternehmen hinlegen kann: voller Pathos, voller Euphorie. Stets im Spätsommer lädt Salesforce zur Dreamforce nach San Francisco, in jene Stadt, in der der mittlerweile viertgrößte Softwarekonzern der Welt (hinter Microsoft, Oracle und SAP) seinen Sitz hat. 175 000 Menschen reisten im September 2015 aus aller Welt dazu an, für eine Mischung aus großer Show, Produktpräsentation, Party und Rockkonzert. Die Foo Fighters spielen, und Schauspielerinnen wie Jessica Alba und Goldie Hawn geben sich die Ehre, um ein vergleichsweise langweiliges Produkt zu feiern: eine Software für Unternehmen. Und auch Stevie Wonder setzt sich zu Beginn von Benioffs großer Show ans Keyboard und spielt »You Are the Sunshine of My Life« – woraus dann beim dritten oder vierten Refrain ein Satz wird, den Werber nicht besser erfinden können: »Dreamforce Is the Sunshine of My Life«.

Die Dreamforce, dieses gewaltige Spektakel, ist die Hausmesse von Salesforce – und zwar im doppelten Sinne des Wortes. Sie ist zum einen eine klassische Firmenmesse, bei der das Unternehmen seine Produkte und seine wichtigsten Kunden präsentiert; und sie ist zum anderen auch eine Messe im religiösen Sinne, eine Erweckungsveranstaltung, bei der Benioff diejenigen, die an Salesforce glauben, um sich herum versammelt. Die Gottheit, der alle huldigen, befindet sich dabei in gewisser Hinsicht im Himmel: Es ist die Cloud, die virtuelle Datenwolke.

In die Cloud fließt alles, was wir im Internet der Dinge an Daten produzieren; es wird dort gespeichert, miteinander verwoben und kommerziell nutzbar gemacht. Ohne die Cloud würde das Internet der Dinge nicht wirklich funktionieren, weil sie die vielen Milliarden Geräte miteinander verbindet und ein großes virtuelles Gedächtnis für diese vernetzte Welt schafft. Ein Abbild unserer Erde, unseres Lebens, das irgendwann größer und mächtiger sein wird als die reale Welt. Eine Art digitales Über-Ich.

Salesforce ist der dynamischste, der aggressivste Anbieter in diesem Geschäft – das am schnellsten wachsende Software-Unternehmen der Welt. Und Benioff, einer der beiden Gründer, verkauft dieses Geschäft mit Verve. Er will die größte, die wichtigste Plattform in diesem Markt schaffen. Für die Dreamforce mit ihren 1 600 Einzelveranstaltungen besetzen er und seine Truppen eine Woche lang weite Teile der Innenstadt von San Francisco. Ganze Straßenzüge werden für den Autoverkehr gesperrt, um die Besuchermassen zu bewältigen. Überall in den Hallen und an den Außenwänden des Kongresszentrums hängen riesige Plakate, auf denen prominente Kunden von Salesforce erklären, warum die Cloud alles verändere – und was das das für ihr Geschäft bedeute.

Doch auch wenn man all das Pathos beiseiteschiebt, bleibt am Ende die Erkenntnis: Die Cloud, dieser gigantische Datenspeicher im Netz, verändert auf fundamentale Art und Weise, wie Unternehmen funktionieren. Denn sämtliche Informationen, die man früher in einem Betrieb auf zahllose Rechner und Server verteilt hat, werden nun hier zusammengeführt; Datenbanken, die bisher nichts miteinander zu tun hatten, können in der großen Datenwolke miteinander vernetzt werden – und die Mitarbeiter können darauf von überall her zugreifen: von ihrem Büro-Schreibtisch aus, vom Home-Office, über ihr Smartphone oder das Tablet. Wenn zum Beispiel ein Verkäufer seine Kunden besucht, kann er unterwegs alle notwendigen Informationen abrufen, Tabellen, Statistiken, Charts; er muss all dies nicht vorher auf seinen Rechner laden oder gar ausdrucken – sondern muss nur ein paar Mal mit dem Finger auf sein Display tippen, um es direkt verfügbar zu haben.

Noch vor drei, vier Jahren war die Cloud vor allem eine Sache für Eingeweihte, heute ist sie allgegenwärtig: Nicht mehr im Keller der Firma, sondern irgendwo da draußen stehen gewaltige Server, riesige Computer, zu denen man seine Daten schickt oder von denen man Daten beziehen kann. Diese Server gehören amerikanischen Großanbietern wie Salesforce, Microsoft oder Amazon Webservices, aber auch deutschen Konzernen wie SAP und Telekom. Sie orchestrieren das gewaltige Geschäft mit der Cloud, halten die Rechner bereit und vermieten deren Dienste nach Bedarf. Das nützt allen, insbesondere den Kunden: Wer zusätzliche Rechnerleistung benötigt, der muss nicht mehr mühselig in eigene Hardware, Rechner oder Festplatten investieren, sondern bucht die nötigen Leistungen flexibel dazu.

Die Cloud ist also eine bequeme Sache, und eine praktische dazu – auch im privaten Alltag. Wer einmal sein iPhone kaputtgemacht und all die schönen Erinnerungen im Postfach und dem Foto-Ordner verloren hat, erinnert sich mit Schmerzen daran, dass ihm die Firma Apple beizeiten angeboten hatte, die Daten auf einer »iCloud« zu speichern: Dann wären sie nämlich jetzt noch da. Und auch wenn wir eine App auf unserem Smartphone nutzen, greifen wir fast immer auf Daten aus der Cloud zurück – sei es beim Musik-Streamingdienst Spotify, der Kartenfunktion von Google Maps oder bei einer Sport-App, mit der wir unsere Leistungen beim Joggen oder Mountainbiken messen. Die Datenwolke schwebt also ständig im Hintergrund, auch wenn wir das in den meisten Fällen nicht merken: Denn der besondere Charme des Internets der Dinge besteht ja darin, dass all die Dinge, die daran angeschlossen sind, selbsttätig miteinander kommunizieren – und dass viele Anwendungen umso besser funktionieren, je mehr man sie mit großen Datensätzen abgleicht. Dafür brauchen wir die Cloud.

Von der Cloud profitieren aber nicht nur die großen Anbieter wie Salesforce, SAP oder die Telekom, sondern auch Unternehmen, die ihre Miet-Software über die Datenwolke anbieten, einfach abrufbar übers Internet. »Software as a Service«, kurz SaaS, heißt dieses schnell wachsende Geschäft: Programme zum gelegentlichen Ausleihen gegen Gebühr statt zum Kauf für immer. Die Unternehmen teilen sich Software, so wie sich Verbraucher Wohnungen oder das Auto teilen. Die Share Economy – übertragen in die Datenwolke.

Und immer mehr deutsche Unternehmer drängen in dieses Geschäft, einen von ihnen, Markus »Mäx« Ament, lernen wir in San Francisco, beim Abendessen in einem Fischrestaurant, dem Farallon, unweit des Union Square kennen. Ament, die charakteristische Sprachfärbung seiner pfälzischen Heimat hat er sich bewahrt, hat gemeinsam mit drei anderen Deutschen Taulia gegründet. Er ist ein freundlicher Nerd in den frühen Vierzigern, mit langem schwarzem Rauschebart, und betreibt ein Unternehmen, das manche schon als mögliches »Einhorn« sehen, als eines von etwa 230 Start-up-»Einhörnern« weltweit, die mehr als eine Milliarde US-Dollar wert sind.

Von solchen eher virtuellen Zahlenspielen hält Ament wenig, er sagt: »Wichtig ist für uns das reale Geschäft.« Das bedeutet in dem Fall: Taulia vermietet über die Cloud eine Software, die anderen Firmen dabei hilft, ausstehende Rechnungsbeträge schneller einzutreiben und ihre Barreserven besser zu managen. Coca-Cola, John Deere oder Pfizer zählen zu den Kunden. Bisher ist das Start-up mit deutschen Wurzeln vor allem im Silicon Valley zu Hause. Dort seien sie vor sechs, sieben Jahren leichter an Geld gekommen als in Deutschland, erzählt Ament uns. Deshalb verlegten er und seine Mitgründer den Sitz ihrer Fintech-Firma von Frankfurt, wo sie angefangen hatten, hierher. Nun aber expandieren sie nach Asien, Europa, Deutschland. Denn da sitzen viele mögliche Kunden, und auch denen bietet Taulia nun an, die Software über die Cloud zu mieten, anstatt sie gleich zu kaufen. Die Vorteile der neuen Technik sind also unmittelbar einsichtig. Die Cloud sprengt alle Grenzen, bietet alle Möglichkeiten – für große Unternehmen ebenso wie für kleine. Wenn sie keinen teuren Server mehr kaufen müssen, ihn nicht mehr ständig warten und nicht ständig neue Software erwerben müssen, sondern all dies nun mieten können: die besten Rechner, die neuesten Programme – dann erleichtert dies gerade auch jungen Gründern den Einstieg ins digitale Geschäft.

Die Möglichkeiten, neue Geschäftsmodelle zu entwickeln, sind dabei immens. Wenn Unternehmen wie zum Beispiel der amerikanische Spielzeughersteller Mattel ihre Kunden registrieren und deren Daten systematisch sammeln, dann können sie diesen gezielt neue Produkte anbieten – ganz nach deren Wünschen und dem (gespeicherten) Alter der Kinder entsprechend. Die Cloud ermöglicht es den Unternehmen, sogenannte »Customer Journeys« zu gestalten, wie Marketingexperten das nennen. Sie können ihren Kunden per Mail, per App oder per SMS immer wieder Produktinformationen oder einen Gutschein schicken und nachverfolgen, wie diese darauf reagieren. Besonders dienlich ist, wenn sich der Kunde auch noch via Facebook auf der Kundenplattform des Unternehmens einloggt; viele Kunden machen das aus reiner Bequemlichkeit, anstatt von Hand ihre Anmeldedaten einzugeben und sich ein Passwort auszudenken – doch die meisten ahnen nicht, dass sie dafür mit ihren Daten bezahlen: Denn anschließend weiß das Unternehmen noch sehr viel mehr über sie, über ihr Freundesnetzwerk, ihre »Likes« und Lieblingsseiten, im Grunde über all das, was sie bei Facebook an Spuren hinterlassen haben.»Das Wichtigste dabei ist: Der Kunde soll sich warm und sicher fühlen«, sagt ein Mattel-Manager. Mit anderen Worten: Er darf auf keinen Fall das Gefühl bekommen, dass das Unternehmen ihn zu seinem Nachteil ausforscht – allenfalls zu seinem Vorteil.

Auch der deutsche Softwarekonzern SAP setzt, nachdem er anfangs zögerlich war, nun voll auf das Geschäft mit der Cloud. Das Software-Unternehmen aus Walldorf macht dabei weit weniger Rummel als Salesforce, obwohl das Unternehmen erstaunliche Zahlen vorweisen kann: Über sein SAP Business Network, eine cloudbasierte Handelsplattform für Unternehmen, wird zum Beispiel siebenmal so viel umgesetzt wie bei Amazon. Statt viel Tamtam zu machen, vertraut das Unternehmen auf typisch deutsche Tugenden wie Gründlichkeit und Verlässlichkeit. SAP wächst in diesem Bereich rasant, bis zum Jahr 2020 will Vorstandschef Bill McDermott den Umsatz im Cloud-Geschäft gegenüber dem Jahr 2015 verfünffachen.

Für SAP, gegründet 1972 von fünf ehemaligen IBM-Managern, bedeutet das eine kleine Revolution. Das Unternehmen ist mit dem Verkauf von Programmen groß geworden, die die Lohnabrechnung und Buchhaltung per Großrechner ermöglichten. Statt die Daten mechanisch auf Lochkarten zu speichern wie bei ihrem Ex-Arbeitgeber IBM, perfektionierte SAP die Verwaltung und die Analyse am Bildschirm. Der Vertrieb der Software, die recht spröde R/2 oder R/3 hieß, lief über viele Jahrzehnte hinweg sehr einträglich, weshalb man sich in Walldorf natürlich erst mal mit der Idee schwertat, Software in der Cloud nur noch zu vermieten.

Doch mittlerweile hat man bei SAP verstanden: In der Cloud-Welt bekämen die Kunden, so McDermott im Interview mit *Bilanz*,»die neuesten Anwendungen, müssen keine Aktualisierung mehr vornehmen, brauchen keine eigenen Festplatten, müssen ihr Personal nicht mehr schulen. Sie brauchen sich nicht mehr an eine komplizierte Software-Architektur zu binden, sondern können Programme wie eine Dienstleistung mieten. Das ist das Konsummodell des 21. Jahrhunderts.« In den letzten Jahren kaufte der Konzern etliche Start-ups aus diesem Bereich und schuf eigene Angebote. Eine zentrale Rolle beim Aufbau einer eigenen Cloud-Plattform spielt dabei die Datenbank Hana, die in der Branche als »State of the Art« gilt; entwickelt wurde sie von Hasso Plattner, dem 72-jährigen Gründer und jetzigen Aufsichtsratschef von SAP, und dessen Experten am Hasso Plattner Institut in Potsdam. Diese Datenbank lässt sich in der Industrie ebenso einsetzen wie in der Medizin.

Mithilfe der Cloud, erzählte Plattner in einem Interview mit dem *Handelsblatt*, lasse sich etwa die Behandlung von Krebs verbessern. So arbeitet SAP mit der amerikanischen Onkologenvereinigung zusammen, 35 000 Mediziner übertragen die Daten von einer Million Krebspatienten in die Datenbank Hana, um sie anschließend zu analysieren. Im Idealfall hilft das den Ärzten ebenso wie den Patienten. »Wenn man alle Daten zusammenführt«, sagt Plattner, Sohn eines Arztes, »kann man Erkrankungen besser einschätzen. Und man kann Vorhersagen treffen, frühzeitig behandeln und so viel Geld sparen. Die OECD-Länder geben 11 bis 17 Prozent ihres Bruttoinlandsprodukts für Gesundheitskosten aus. Stellen Sie sich vor, man könnte diese um 30 Prozent senken. Weil man einfach mit großer Wahrscheinlichkeit bestimmte Erkrankungen vorhersagen kann.«

Wenn die Kunden es wollen, können sie schon heute 90 Prozent der Dienste, die SAP anbietet, aus der Cloud beziehen. Das Problem: In Deutschland wollten das in den letzten Jahren längst nicht alle. Viele IT-Chefs trieb die Sorge: Sind unsere Unternehmensdaten in der Cloud so sicher wie auf unseren eigenen Servern? Nach all den Enthüllungen über den Zugriff der Geheimdienste, vor allem der NSA, auf Datenleitungen und Internet-Knoten kann man die Zweifel nachvollziehen.

SAP-Chef McDermott, geboren in den USA, aber mittlerweile bei Heidelberg daheim, weiß um diese Ängste und hat darauf reagiert: »Wir sind darauf vorbereitet, die Daten unserer Kunden dort zu verwalten, wo sie das wollen.« Aber auch andere Anbieter garantieren ihren Kunden mittlerweile, dass deren Daten nur in Deutschland gespeichert werden. Denn Umfragen unter deutschen Unternehmen zeigen: Zwei Drittel nutzen die Cloud oder stehen kurz davor;

aber vier von fünf Betrieben erwarten, dass die Rechenzentren in Deutschland liegen – und nicht in den USA.

Aus diesem Grund kooperiert der US-Konzern Microsoft, einer der ganz Großen im Cloud-Geschäft, zum Beispiel mit der Telekom: Diese verwaltet vom Sommer 2016 an als »Treuhänder« in zwei Rechenzentren bei Frankfurt und Magdeburg die deutsche Cloud von Microsoft. Weil die Rechenzentren nach deutschem Recht betrieben werden, sind die Daten dort – anders als Daten auf Servern in den USA – vor dem Zugriff von US-Behörden und Geheimdiensten sicher. Auch Microsoft hat auf die Rechner, die hinter meterhohen Stacheldrahtzäunen stehen, überwacht von Hunderten von Kameras, dann keinen Zugriff mehr.

Der Konzern gibt die Daten also bewusst aus der Hand. Diese Strategie hat mit der dunklen Seite der Cloud zu tun, die manche in den USA übersehen, die den Deutschen aber umso bedrohlicher erscheint. Die Strategie von Microsoft hat aber – und das ist wiederum eine helle Seite der Cloud – auch damit zu tun, dass viele amerikanische Software-Unternehmen davon überzeugt sind, dass »Good Old Germany« in der digitalen Welt sehr große Chancen hat, und zwar größere, als die meisten Menschen hierzulande glauben. Microsoft-Chef Satya Nadella formuliert es bei einem Besuch in Berlin so: »Deutschland ist einer unserer wichtigsten Märkte, er ist entscheidend für unseren Erfolg.«

Kehren wir jetzt also zurück in die Heimat. Fragen wir: Was hat Deutschland zu bieten in dieser stürmischen digitalen Zeitenwende? Wo liegen unsere Chancen? Wo stehen unsere Unternehmen? Und welches könnte am Ende zu den Gewinnern gehören? Die Reise durch das digitale Deutschland führt uns vor allem und immer wieder nach München, Hamburg und Berlin, aber auch zu Unternehmen aus Krailling und Duisburg, Stuttgart und Tübingen. Sie ist Ausdruck der Vielfalt in Deutschland, wo sich eben nicht alle Macht und Kraft in einer Großstadt ballt – oder in einem Tal.

DEUTSCHLANDS CHANCEN

Den Wandel meistern

Berlin. Berlin! Das ist die Stadt, deren Namen wir im Silicon Valley und an anderen digitalen Hotspots der Welt immer wieder gehört haben, wenn wir nach Deutschland gefragt haben. Berlin! Wir fahren also in die Hauptstadt und treffen Gisbert Rühl, den Stahl-Manager. Rühl ist lange vor uns im Valley gewesen, er hat auch andere Gegenden der USA besucht, hat sich Industriebetriebe angeschaut, manche davon tief in der Provinz – und war danach weit weniger beeindruckt. Denn während im Silicon Valley die Digitalisierung mit hohem Tempo voranschreitet, geht es anderswo in den Vereinigten Staaten oft langsam voran. »Das ist nicht immer doll«, fasst Rühl seine Eindrücke zusammen. Und folgert daraus: »Wir stehen in Deutschland gar nicht so schlecht da.«

Das hat auch mit Menschen wie Rühl selber zu tun: Der gebürtige Westfale führt ein – jedenfalls bis vor ein paar Jahren – ziemlich langweiliges Unternehmen in einer ziemlich traditionellen Branche: Klöckner & Co, kommt aus Duisburg, tiefstes Ruhrgebiet also, handelt mit Stahl jeglicher Form, mehr als 200 000 Produkte hat das Unternehmen mit seinen rund 10 000 Mitarbeitern im Angebot, es beliefert die Autoindustrie ebenso wie den mittelständischen Baubetrieb oder den Handwerker mit ein, zwei Mitarbeitern.

Klöckner & Co ist (oder besser: war) ein Kind der Industrie 2.0: gegründet im Jahr 1906 von Peter Klöckner, einem umtriebigen Großindustriellen; groß geworden mit dem Aufkommen der industriellen Massenproduktion. Klöckner besaß ein Imperium aus Stahlhütten, Drahtwerken und Eisenfabriken; ein Reich, aus dem auch weitere Unternehmen hervorgingen wie der Anlagenbauer Klöckner-Werke AG und der Motorenbauer Klöckner-Humboldt-Deutz AG.

Rühls Unternehmen war bis vor Kurzem zwar erfolgreich, aber rückständig, was die Digitalisierung betraf. Abgewickelt wurde der Stahlhandel so, wie man es seit Jahrzehnten gewohnt war: per Telefon oder Fax. Wenn ein Kunde bei Klöckner & Co bestellte, dann quoll ein Blatt Papier aus dem Faxgerät oder der Kunde griff zum Hörer. Doch Rühl war klar: So kann es nicht weitergehen – schon gar nicht, wenn man bei Amazon und Zalando längst per Mausklick bestellen kann und der E-Commerce, der Handel über das Netz, alles verändert. Wie aber dann?

Rühl reiste also ins Silicon Valley, sprach mit Menschen bei Google und anderen Internetkonzernen, mit Venture-Capital-Gebern und Inkubatoren, mit Experten an der Stanford University und jungen Gründern. Einer von ihnen, gerade 17 Jahre alt, beeindruckte ihn besonders: Ob Klöckner & Co denn Wetterdaten nutze, wollte der Teenager wissen. Nein, entgegnete Rühl, wieso? Die Antwort: Weil die Nachfrage nach Stahl auf Baustellen auch vom Wetter abhängig sei, von Sturm, Regen, Schnee. Rühl war perplex, denn in seinem Unternehmen hatte noch niemand daran gedacht, Logistik und Planung auf diese Weise zu optimieren.

Zurück in Deutschland mietete er sich deshalb für eine Woche im Betahaus in Berlin-Kreuzberg ein, einem der führenden Gründerzentren in Deutschland, er verlegte sogar sein Vorstandsbüro für diese Zeit dorthin. »Werte werden nicht mehr in traditionellen Büros geschaffen«, lautet der Wahlspruch des Betahauses. Und so saß Rühl, der Mittfünfziger, plötzlich in einer ehemaligen Fabriketage, die vor allem von jungen Start-up-Unternehmern bevölkert wird. Rühl saugte, wie schon im Valley, so viele neue Ideen auf wie möglich. Er sprach mit Gründern und Beratern, die sonst Start-up-Firmen helfen, aber auch mit Firmen wie etventure, die Traditionsbetriebe bei der Digitalisierung unterstützen.

Und wieder war Rühl überrascht, wie gut die jungen Digitalexperten das Stahlgeschäft verstanden: Einige hatten bereits etliche Kunden des Stahlhändlers angerufen und diese intensiv befragt. »Die wussten schon vor unserem Gespräch ziemlich genau, was wir brauchen«, sagt Rühl. Am Ende seiner Entdeckungstour war dem Klöckner-Chef klar: »Wenn wir uns nicht selbst verändern, dann werden wir verändert.« Oder im Jargon der Tech-Branche: »Wenn wir uns selber nicht disrupten, dann werden wir disrupted.«

Da ist es also wieder, das Schlagwort: Disruption! Den meisten deutschen Unternehmern hat es anfangs Angst eingeflößt; und Angst prägte auch die Debatte in Deutschland. Man verstand sich als Verlierer, machte sich klein und fürchtete, von den digitalen Angreifern hinweggefegt zu werden.

Aber mittlerweile begreifen immer mehr deutsche Firmenlenker, bis hinein in den Mittelstand, Disruption auch als Chance, als Denkmodell, um ihre Unternehmen zu modernisieren und auf die neue Zeit vorzubereiten. Sie wissen: Disruption wird Branche um Branche erfassen, auch ihre; und es drängen ja nicht nur die amerikanischen Internetgiganten nach Europa, sondern es dräut fern am Horizont noch ein Wettbewerber: China. Die Volksrepublik investiert gewaltige Summen in die Internet Economy, sie will dadurch das Wachstum anfachen und verhindern, dass mit dem absehbaren Ende des Immobilien- und Börsenbooms auch die chinesische Volkswirtschaft insgesamt zusammenbricht; und deshalb setzt die Regierung in Peking auch bei der Digitalisierung auf Expansion: mit großen Konzernen, die im Westen Know-how abgraben, mit Investitionen in die Infrastruktur und einer sehr lebendigen Start-up-Szene in Peking und Shanghai.

Gisbert Rühl war einer der Ersten, die hierzulande nicht nur über Disruption sprachen – sondern diese Philosophie auch lebten. Er schuf in einem Hinterhof in der Berliner Brunnenstraße, fern der Zentrale von Klöckner & Co in Duisburg, eine digitale Einheit, die den Wandel im ganzen Konzern vorantreiben soll. Klöckner.i – der Name ist Programm. Am Ende, so lautet das Ziel, will Rühl sein gesamtes Geschäft digital abwickeln: die Bestellungen, die Verträge, einfach alles. Der Handwerker muss also nicht mehr morgens vom Büro aus ein Fax schicken, sondern kann vor Ort auf der Baustelle per Smartphone blitzschnell die nötigen Teile ordern. Auch bei Klöckner wollen sie davon profitieren und die gewaltigen Lagerbestände abbauen. Deren Wert summiert sich derzeit auf einen Milliardenbetrag und bindet damit viel Kapital; manche Stahlträger werden auch immer wieder umgelagert. »Wenn man so einen Träger drei-, viermal anpackt, kostet das richtig Geld. Dann kann man ihn aus betriebswirtschaftlicher Sicht eigentlich gleich verschrotten«, sagt Rühl. Künftig soll die Ware direkt an den Kunden geliefert werden, die kostenintensiven Lager könnten größtenteils verschwinden.

Ob er eine Art Amazon für den Stahlhandel schaffen wolle, wird Rühl immer wieder gefragt. Ja, warum nicht, antwortet er dann und fügt stolz hinzu, dass Klöckner & Co bei der Digitalisierung weiter sei als alle Konkurrenten; und zwar so weit, dass junge Programmierer den alten Stahlhändler mittlerweile als ziemlich hip empfinden: ein gewachsenes Traditionsunternehmen, das nun, der Plattform-Strategie von Airbnb oder Uber folgend, zur zentralen Plattform im modernen Stahlhandel aufsteigen will.

Der Wandel bei Klöckner & Co zeigt exemplarisch, wo die Chancen Deutschlands im digitalen Zeitalter liegen – und wo nicht. Wir werden eben kein zweites Google schaffen, kein zweites Facebook, Cisco oder Microsoft, und auch kein zweites Airbnb oder Amazon. Die US-Amerikaner haben diese Märkte besetzt und werden – jedenfalls bis auf Weiteres – keinen Raum lassen für einen halbwegs ebenbürtigen Rivalen aus Europa. Neben Amazon mag es Zalando geben. Aber einen zweiten Handelsriesen wie jenen aus Seattle? Niemals. Und es mag deutsche Hotelbuchungsportale wie HRS geben. Aber ein zweites Airbnb? Ziemlich unwahrscheinlich. Und ein zweites Google, ein zweites Facebook? Noch unwahrscheinlicher. Denn wenn eine Plattform erst mal mächtig genug ist, dann bleibt neben dem Quasi-Monopolisten wenig Platz. Oder allenfalls eine Nische.

Aber ist es wirklich so schlimm? Wir haben bereits erklärt, dass es nun, in der zweiten Runde der Digitalisierung, vor allem darum geht, jene Technik, die an der amerikanischen Westküste geschaffen wurde, bestmöglich anzuwenden und das digitale Fließband in bestehende Unternehmen zu integrieren oder neue damit aufzubauen. So, wie es Klöckner & Co vormacht. Der Stahlhändler verändert damit sein Geschäftsmodell und wird selber zu einem digitalen, hochinnovativen Unternehmen, Und das in einem Bereich der Wirtschaft, auf den die Deutschen sich seit jeher verstehen: in der Industrie, im Geschäft nicht mit dem Verbraucher, sondern zwischen Unternehmen. B2B heißt dies: Business to Business. Auch hier kann man Plattformen schaffen – nach dem Vorbild des Silicon Valley.

Klar, B2B ist nicht so schillernd wie ein soziales Netzwerk, nicht so sexy wie Instagram, Snapchat oder Facebook. B2B ist nicht so greifbar wie Amazon, der größte Versandhändler der Welt, der allein in Deutschland jeden Monat 25 Millionen Kunden auf seiner Website hat. Aber Amazon ist eben nicht alles – und selbst im Versandhandel, dem Kerngeschäft von Amazon, haben deutsche Online-Händler ihren Platz gefunden. Für Deutschland geht es nun darum, in all jenen Branchen, in denen wir ohnehin schon stark sind, den digitalen Wandel voranzutreiben (und damit die zweite Runde der Digitalisierung zu gewinnen). Also im Auto- und Maschinenbau, in der Pharma- und Gesundheitsindustrie, im Stahl- und Energiegeschäft oder bei den Banken und Versicherungen.

Wie aber ist dieser Wandel zu schaffen? Was muss sich in den Konzernen und im Mittelstand, diesen beiden Standbeinen unserer Wirtschaft, ändern, damit die digitale Transformation gelingt?

Vor allem ist dies eine Frage der Kultur, der Offenheit und des Veränderungswillens, und die Kultur eines Unternehmens wird nicht zuletzt durch dessen Führungsmannschaft geprägt: »Wichtig ist, dass solche Veränderungen von oben kommen«, sagt Gisbert Rühl, »der Chef selbst muss sie vorantreiben, sonst wird das nichts.« Denn natürlich seien die Beharrungskräfte oft übergroß. Disruption:

Das mag kaum einer. Alles ändern? Nicht mit mir! Es sei extrem schwierig, »sein eigenes Geschäftsmodell infrage zu stellen«, weiß der Chef von Klöckner & Co. »Das gilt vor allem dann, wenn das Geschäftsmodell noch funktioniert. Besonders schwierig wird es, wenn man mit der Veränderung vielleicht erst mal Einbußen im Geschäft hinnehmen muss. Daran scheitern die meisten Unternehmen.«

Deshalb ist Gisbert Rühl selber ins Betahaus gezogen und hat außerdem einen ganzen Schwung von Mitarbeitern mitgenommen, auch den Betriebsrat; deshalb treffen er und seine Leute sich bis heute mit schrägen, aber klugen Vögeln aus der Start-up-Szene; und deshalb schickt der Vorstandschef seinen Mitarbeitern auch regelmäßig von ihm selbst gedrehte Podcasts, in denen er erklärt, was als Nächstes kommt oder was er Neues von einem Gesprächspartner erfahren hat. Rühl sieht seine Aufgabe darin, die Mitarbeiter vom Wandel zu überzeugen: »Natürlich gibt es Ängste und auch Widerstände, das ist völlig normal. Wichtig ist eine sehr intensive und offene Kommunikation. Man muss das eigene Personal in die Entwicklung der Neuerungen einbeziehen, genauso wie die Kunden.«

Die Mitarbeiter mitnehmen, sie einbinden: Das will jetzt auch Deutschlands größter Industriekonzern, die Siemens AG. In der Telekommunikation war Siemens einst Weltmarktführer, doch als Cisco und all die anderen auf den Plan traten und konsequent die Chancen des aufkommenden Internets nutzten, erwischten sie die erfolgsverwöhnten Siemensianer auf dem falschen Fuß. »Wir waren zu überheblich«, sagt Siemens-Chef Joe Kaeser und erzählt heute immer wieder die Anekdote, dass Ende der 1980er-Jahre drei Männer aus Kalifornien bei Siemens vorstellig wurden, mit der Idee, das Telefonieren über das Internet zu ermöglichen. In München wurde das Trio jedoch barsch abgewiesen: Wie solle das denn gehen? Wenn das möglich sei, dann hätte Siemens dies längst erfunden. Das Ende ist bekannt: Siemens baut heute keine Telefone mehr, keine Handys, und auch das Netzwerkgeschäft hat man abgegeben. Und aus dem Start-up aus Kalifornien erwuchs der Weltkonzern Cisco.

Das, so hat Kaeser sich geschworen, soll dem Konzern nicht noch einmal passieren. Josef Käser, geboren 1957 in der bayerischen Provinz, muss das Silicon Valley nicht entdecken, er ist einer der deutschen Pioniere dort. Als junger Siemens-Manager hat er in Kalifornien gearbeitet und gelebt. Er ist dort vom Josef zum Joe geworden, hat den Umlaut im Nachnamen getilgt und hat selbst solche Grillabende veranstaltet, wie sie wichtig sind in Palo Alto und Umgebung, wo man zwanglos die Menschen trifft, die einem heute eine neue Idee eingeben und morgen einen Kontakt herstellen. Jetzt residiert der Joe in München, führt einen 350 000-Menschen-Konzern und bemüht sich nach Kräften, das Silicon-Valley-Gen vor Ort in die Organisation einzupflanzen.

Dass das dringend notwendig ist, erfährt Kaeser immer wieder, zum Beispiel 2015 bei einer denkwürdigen Veranstaltung an der Ludwig-Maximilians-Universität München. Zusammen mit Unternehmensberatern und Start-ups trat auch der Siemens-Chef auf, jeder durfte ein bisschen reden, und irgendwann fragte Kaeser in der prall gefüllten Großen Aula die Studenten, wer denn später gerne mal bei Siemens anfangen wolle. Früher hätte er sich vor begeisterten Zurufen nicht retten können, war es doch für viele Ingenieure das Traumziel schlechthin, einmal beim Technologie-Konzern Nummer eins zu arbeiten. Jetzt aber meldete sich fast niemand, eine gespenstische Situation.

Man darf vermuten, dass nicht zuletzt diese Erfahrung selbst den so überaus selbstbewussten Kaeser nachdenklich gemacht hat. Er setzte kurz darauf einen Prozess auf, der im Juni 2016 groß präsentiert wurde: Siemens ruft eine Start-up-Organisation unter dem Namen next47 ins Leben, der Bezug zum Gründungsjahr 1847 ist Programm. Eine Firma in der Firma sozusagen, die den Start-up-Aktivitäten neuen Schwung geben soll. Ausgestattet ist die neue Einheit mit einem Budget von einer Milliarde Euro für die nächsten fünf Jahre. Selbst die Werkstatt von Werner von Siemens wurde dafür nachgebaut – ähnlich wie die Garage von Hewlett und Packard soll sie an den Gründungsmythos des Unternehmens erinnern.

In Deutschland gründet Siemens einen neuen Forschungsstandort mit über 100 Wissenschaftlern. Ebenso in China, wo 300 neue Stellen in der Forschung enstehen sollen. Zudem legt Siemens einen Innovationsfonds auf, in den allein bis 2018 insgesamt 100 Millionen Euro fließen sollen.

Siemens, Klöckner – hier wie dort bringt einer den Wandel in Gang: Der Chef ist der Ideengeber und die treibende Kraft. Das sieht auch Heinrich Hiesinger, der Vorstandsvorsitzende von Thyssen-Krupp, als entscheidenden Punkt. Der ehemalige Siemens-Manager ist zum Teil in der gleichen Branche tätig wie Rühl, im Stahlgeschäft; aber nicht bloß dort. Sein Konzern baut Maschinen, beliefert die Automobilindustrie oder fertigt Aufzüge – und gerade in dieser Sparte verändert sich das Geschäft rasant. Früher rückten die Techniker von Thyssen-Krupp erst dann aus, wenn ein Aufzug nicht mehr funktionierte – im schlimmsten Fall also, wenn er mitsamt seinen Passagieren stecken geblieben war. Heute melden Sensoren über die Cloud stetig eine Vielzahl von Daten an Thyssen-Krupp: die Temperatur des Motors zum Beispiel, die Geschwindigkeit der Kabinen, den Abrieb. Ein Algorithmus errechnet daraus die Lebensdauer von wichtigen Komponenten und schlägt Alarm, wenn die Teile ausgetauscht werden müssen, weil sie mit einer bestimmten Wahrscheinlichkeit innerhalb der nächsten Tage einen Defekt haben werden.

Vergleichsmaßstab für Thyssen-Krupp sind die Daten sämtlicher Aufzüge, die das Unternehmen installiert hat. Zwölf Millionen Aufzüge gibt es auf der ganzen Erde, nicht nur von Thyssen-Krupp, auch von anderen Anbietern. Mit diesen Aufzügen fahren täglich eine Milliarde Menschen, Jahr für Jahr sind diese Aufzüge aber auch insgesamt 190 Millionen Stunden für Wartungsarbeiten außer Betrieb – pro Aufzug also mehr als 15 Stunden jährlich. Wenn der Betrieb all dieser Aufzüge aus der Ferne permanent überwacht wird, via Internet, dann verfügt man sehr schnell über einen gewaltigen Datenschatz, der sich nutzen lässt.

Heinrich Hiesinger wendet also, ähnlich wie Gisbert Rühl, das digitale Fließband an, um sein Unternehmen innovativer zu machen. Er kooperiert dazu mit Microsoft, der Software-Riese aus Seattle stellt die Cloud, in der all die Informationen aus den Aufzügen zusammenfließen. Ehe Microsoft den Zuschlag erhielt, wurde lange verhandelt. Die entscheidende Frage: Wer hat Zugriff auf die Daten? Thyssen-Krupp wollte sicherstellen, dass am Ende nicht Konkurrenten Einblick in die Aufzugdaten erhielten. Hiesinger verhandelte deshalb direkt mit Microsoft-Chef Satya Nadella. Als der versprach, die Dateien seien sicher, schlug Hiesinger ein: »So etwas«, sagt er, »ist am Ende auch eine Frage des persönlichen Vertrauens.«

Aber nicht nur das, es ist auch eine Frage der Strategie. Denn der Datenschutz hat in Deutschland eben eine besondere Bedeutung. Wer seine Kunden und deren Befürchtungen nicht ernst nimmt, kann sich schnell ein Problem einhandeln.

Einer, der hier qua Branche besondere Sorgfalt an den Tag legen muss, ist Oliver Bäte, der Vorstandsvorsitzende der Allianz. Der ehemalige McKinsey-Manager führt den vielleicht mächtigsten Versicherungskonzern der Welt, dessen Geschäft in besonderem Maße von Vertrauen lebt: Ein Versicherer weiß über einen Kunden noch mehr als eine Bank – zumal, wenn der bei ihm mehrere Verträge abgeschlossen hat, von der Kranken- über die Hausrat- und die Rechtsschutz- bis hin zur Lebensversicherung. Deshalb hat die Allianz sich in den vergangenen Jahrzehnten nur mit großer Vorsicht gewandelt. Zugleich sind die Kunden der Allianz oft schon sehr viel weiter als der Versicherer selbst. Viele schließen ihre Verträge über Internetportale wie Check24 ab oder begeben sich gleich ganz in die Hände von digitalen Diensten wie Financefox. Das ist eine App, über die man sämtliche Verträge managen, alle Schadensfälle abwickeln und mühelos den Versicherer wechseln kann.

Financefox, in Berlin und Zürich zu Hause, ist eines von vielen Hundert Fintech-Unternehmen, die versuchen, den etablierten Banken und Versicherungen in Deutschland einen Teil ihres Geschäfts abspenstig zu machen. Der Gründer Julian Teicke wirbt keck damit: Wer bei uns ist, kann seine Versicherungsordner anschließend wegwerfen; denn bei Financefox werden alle Akten digitalisiert und liegen in der Cloud. Ein Kunde kann auf seine Daten bequem zugreifen, und er kann über die App auch sämtliche Schadensfälle melden und abwickeln. Wer einen Lackschaden an seinem Auto hat, macht mit seinem Smartphone einfach ein Foto und lädt es hoch. Fertig! Die Versicherer, erzählt Teicke, als wir ihn in San Francisco treffen, seien wie Elefanten: imposant, aber zu langsam. Sie seien nicht in der Lage, sich so schnell zu wandeln, wie es notwendig sei, schwerfällige Riesen, irgendwie aus der Zeit gefallen. So reden sie oft: die jungen Angreifer, die Zerstörer, die Disrupter. Einer wie Teicke will selbst ein ganz Großer werden, er will mit Financefox erst in Deutschland und der Schweiz wachsen, dann weitere Länder in Europa erobern und am liebsten auch in den USA Fuß fassen.

Teicke ist ein unkomplizierter Typ, Vollbart, Polo-Shirt, Jeans, wir hocken auf ein paar Treppenstufen in einem Park unweit der Mission Street, in den Yerba Buena Gardens, ein warmer Tag im Spätsommer. Geboren wurde Teicke in Berlin, er hat dort die internationale John-F.-Kennedy-Schule besucht, dann an der renommierten Universität St. Gallen studiert und in der Schweiz bereits ein sehr erfolgreiches Start-up für den Internethandel gegründet, die DeinDeal AG. Unmittelbar vor unserem Treffen hat er mit amerikanischen Investoren geredet, ihnen den Businessplan von Financefox vorgestellt, und auch diese glauben an den jungen Deutschen und seine Vision, die Versicherungsbranche zu »disrupten«. Dass das Start-up aus Deutschland bisher nur gut 25 000 Kunden hat? Egal. Was zählt, ist eine coole Technologie, eine schicke App und die schiere Möglichkeit, dass Financefox viele Millionen Kunden gewinnen könnte. Ein paar Monate nach unserem Treffen ruft Teicke stolz an und meldet Vollzug: Der Cloud-Konzern Salesforce und weitere Finanziers wollen 5,5 Millionen US-Dollar in sein Unternehmen stecken.

»Mein Ziel ist es«, sagt Teicke, »ein europäisches Einhorn zu schaffen«, mithin ein Unternehmen, das mit mehr als einer Milliarde Euro bewertet wird. Helfen beim ehrgeizigen Plan sollen auch einige erfahrene ältere Leute aus dem Versicherungsgeschäft. Denn der Endzwanziger weiß:»Man darf ein Start-up nicht bloß mit jungen Schnöseln aufbauen, die sagen: So geht es.« Vielmehr sei es nötig,»die Vorteile und Erfahrungen der New und der Old Economy miteinander zu kombinieren, ohne dass das eine das andere dominiert«. Das gilt in dem Fall auch für die Beziehung von Vater und Sohn: Denn Julian Teicke führt als Vorstandschef das Unternehmen – und sein Vater Hartmut, der seit 30 Jahren in der Versicherungsbranche tätig ist, das Deutschland-Geschäft. Ein paar Wochen danach meldet sich Julian Teicke via Facebook; stolz präsentiert er ein Chart, das zeigt: Kaum ein anderes Start-up in Europa wächst so schnell wie seines. Ein Plus von 5 000 Prozent – das bringt Financefox Rang vier in Europa ein.

Solche aggressiven Firmen sind es also, mit denen sich Oliver Bäte auseinandersetzen muss. Für einen Allianz-Chef ist das etwas Neues; früher blickten die Manager des Versicherungskonzerns hinaus auf den Englischen Garten und zählten im Kopf die Gewinne. Heute müssen sie sich fragen: Hinter welchem Busch sitzt der nächste digitale Angreifer? Denn die Kunden erwarten in einer Zeit, in der sie mühelos alles im Netz bestellen können, auch von einem Versicherer ein Einkaufserlebnis und einen Service wie bei Amazon. Oliver Bäte baut deshalb, seit er im Frühjahr 2015 den Vorstandsvorsitz übernommen hat, das Unternehmen Schritt für Schritt um. Er will den Kunden einen besseren Service bieten, etwa den blitzschnellen Vertragsabschluss im Netz, er steigt mit der Allianz bei jungen Start-ups ein und will zudem neue Produkte einführen, etwa sogenannte Telematiktarife für Autofahrer: Wer sein Fahrverhalten digital misst und die Daten der Versicherung überlässt, dessen Beiträge sinken – vorausgesetzt, man fährt ordnungsgemäß.

Um den Wandel zu befördern, schafft die Allianz ein Kreativlabor mitten in München, im trendigen Quartier hinter dem Ostbahnhof, in einer Art Loft, auf dessen Dach sich eine Wiese erstreckt und Schafe weiden. Die Kreativ-Truppe soll sehr viel schneller neue Produkte entwickeln, als dies nach den Regeln des Konzerns bisher üblich war: Bäte denkt dabei in Wochen, nicht in Monaten oder Jahren;

und es dürfen auch Fehler gemacht werden, Trial and Error lautet das neue Credo – für die Allianz, die immer alles perfekt machen wollte, ist das wahrhaft revolutionär.

All dies, glaubt Bäte, werde das Geschäft der Allianz in den nächsten Jahren von Grund auf wandeln: »Die Beziehung zu unseren Kunden«, sagt er, »war bei uns über viele Jahrzehnte ein Rechtsverhältnis, das per Vertrag zustande gekommen ist. Brutal gesagt: Wir haben nur den Vertrag verwaltet, und der Kunde stand lediglich dahinter. Oft kannten wir der auch gar nicht, die Beziehung zum Kunden hatten ja unsere Vertreter. Das wird und das muss sich fundamental ändern.«

Fundamental ändern müssen die Unternehmen auch ihre interne Organisation, wenn sie gegen die digitalen Angreifer bestehen wollen. Die Frage ist: Arbeiten sie weiterhin hierarchisch, also von oben herab, so, wie es seit Jahrzehnten üblich ist? Oder nutzen sie die Kreativität aller? Oliver Bäte ist da in seinen Ansichten radikal: »Wir müssen den Menschen den Freiraum geben, ihre eigenen Entscheidungen zu treffen und erfolgreich zu sein. Was wir brauchen, sind Menschen, die nicht an Althergebrachtem festhalten.« Nicht die Technologie sei dabei das Problem, sondern der Mentalitätswandel in den Köpfen, der »change of mind«.

Wie aber bekommt man dieses neue Denken in die Köpfe hinein? Wie können deutsche Unternehmen diese Mischung aus Experimentierfreude, Kreativität und Fehlerkultur entwickeln, wie man sie aus dem Silicon Valley kennt? Es gibt dafür einen Königsweg: Wer den digitalen Wandel voranbringen will, muss die Strukturen in seinem Unternehmen aufbrechen, ohne sie zu zerbrechen. Es kommt darauf an, das Neue zu fördern und Revolutionäres zu lassen, ohne den erfolgreichen Markenkern des Unternehmens aufzugeben. Man braucht also beides: Tradition und Disruption. Denn auch wenn viele Apologeten der digitalen Revolution behaupten, es müsse sich alles ändern – was die deutschen Unternehmen an Know-how und Wissen, an Ingenieurskunst und jahrzehntelanger Erfahrung mitbringen, wird auch künftig einen Wert haben.

Von diesem Königsweg des Wandels zweigen zwei unterschiedliche Routen ab. Die erste Route haben Heinrich Hiesinger, Joe Kaeser und Oliver Bäte gewählt: Sie erneuern ihre Unternehmen von innen heraus, indem sie die »Silos« aufbrechen, also das Denken in starren, voneinander getrennten Abteilungen und Einheiten; sie bringen stattdessen die Mitarbeiter aus unterschiedlichsten Bereichen zusammen, am besten ohne Rücksicht auf Hierarchien, und mischen diese mit Experten aus der digitalen Welt, mit Beratern und unkonventionellen Gründern. Wer auf diese Weise unterschiedliche Köpfe zusammenspannt, ermöglicht Ideen und Veränderungen, die in den »Silos« vorher im wahrsten Sinne des Wortes undenkbar waren.

Der Vorteil dieser Innovation von innen: Man nimmt von Anfang an die Belegschaft mit, alle müssen mitmachen – ob sie wollen oder nicht. Der Nachteil: Man kommt, jedenfalls anfangs, langsamer voran. Die Bedenkenträger bestimmen zwar nicht das Tempo, aber sie verzögern es doch. Heinrich Hiesinger hat bei Thyssen-Krupp allerdings die Erfahrung gemacht, »dass genau diese Bedenkenträger bei uns heute zu denen gehören, die Digitalisierung mit besonders großem Elan vorantreiben.«

Die zweite Route hat Gisbert Rühl gewählt. Er greift das eigene Unternehmen von außen heraus an und hat dazu eine eigene Innovationseinheit geschaffen, ein spezielles Team fernab der Zentrale und außerhalb der bestehenden Strukturen: sein Start-up namens Klöckner.i macht Klöckner & Co bewusst Konkurrenz und soll den Konzern damit aufrütteln. Rühl hält es für nahezu unmöglich, dass ein Unternehmen »sich selbst angreift«. Der Vorteil dieser Methode: Man kommt schneller voran, anfangs jedenfalls. Der Nachteil: Man muss die Ideen von außen irgendwann im alten Unternehmen etablieren – und stößt dann auf die Bedenkenträger, die es zu überzeugen gilt.

Egal aber, welche Route ein deutsches Unternehmen einschlägt: Es bedarf eines langen Atems. Zu schaffen ist die digitale Transformation nicht in ein, zwei Jahren – hier muss längerfristig gedacht werden, also eher an drei bis fünf Jahre. Allianz-Chef Oliver Bäte formuliert es so: »Sind wir bereits dort, wo wir hinmüssen? Nein, bei Weitem noch nicht. Wir fangen gerade erst an.« Ein Satz, der nicht nur für die Versicherungskonzerne gilt, sondern für viele etablierte Unternehmen. Es gibt aber auch ein Feld, auf dem die deutschen Unternehmen schon besonders weit sind: bei der digitalen Fabrik. Und das kann man ausgerechnet in der deutschen Provinz besichtigen.

Die digitale Fabrik

Die Oberpfalz ist, nun ja, nicht das, was man sich unter dem Zentrum der deutschen Wirtschaft vorstellt. Eine Region fern der großen Städte, die meist in einem Atemzug mit einem etwas unschönen Adjektiv genannt wird: strukturschwach. Früher, vor dem Fall der Mauer, kam für den östlichen Teil der Oberpfalz noch ein zweites Attribut hinzu: Zonenrandgebiet. Jenseits der Grenze im Bayerischen Wald begann der Ostblock, dort stand »der Russe«; und westlich der Grenze waren die Amerikaner. Die Panzer der US Army rollten durch die Dörfer, um die Freiheit der westlichen Welt zu sichern. Die GIs mit ihren Kasernen und ihrem Sold verhalfen manchen Städten, die ansonsten wenig zu bieten hatten, zu einem gewissen Wohlstand. Einer der Gefreiten hieß Elvis Presley, der King of Rock'n'Roll leistete Ende der 1950er-Jahre rund um den Truppenübungsplatz Grafenwöhr seinen Wehrdienst ab, was bis heute die Fans fasziniert. Aber sonst? Tristesse. Nicht überall, aber vielerorts.

Das war nicht immer so. Im Hochmittelalter und der frühen Neuzeit, also von Mitte des 11. bis ins 16. Jahrhundert hinein, zählte die Oberpfalz zu den einträglichsten Fürstentümern in Europa, sie war – bis zum Dreißigjährigen Krieg – ein wirtschaftliches Machtzentrum, hier wurde Eisenerz in großen Mengen gefördert, weshalb manche heute vom »Ruhrgebiet des Mittelalters« sprechen, weil die Oberpfalz von überall her die Menschen anzog. Heute ziehen die Menschen aus der Oberpfalz eher weg als hin, in einigen Teilen der Region, besagen Prognosen der bayerischen Landesregierung, wird die Bevölkerung um ein Fünftel schrumpfen. Läden, Firmen, Kneipen –

in manchen Ortschaften macht eines nach dem anderen dicht.»Herr, schenk uns Abrissbirnen!«, titelte der *Spiegel*. Das ist die eine, die triste Seite der Oberpfalz.

Die andere Oberpfalz lässt sich in Regensburg besichtigen, wo BMW und Continental produzieren, Infineon und Osram. Die bayerische Staatsregierung hat bereits vor zehn Jahren einen Cluster zum Thema Sensorik geschaffen, ein innovatives Netz aus Forschern und über 70 Unternehmen, vom Global Player bis zum Mittelständler. Und Sensoren sind ja – wie erwähnt – ein wesentliches Element im Internet der Dinge, sie messen, sehen, fühlen und melden die Daten aus der realen Welt an das Netz.

In Regensburg produziert Infineon gemeinsam mit Google, dem Internetgiganten aus dem Silicon Valley, einen hochintelligenten Chip, der das Internet der Dinge revolutionieren könnte. Er ist nur 9 mal 12,5 Milimeter groß und reagiert auf Handbewegungen, Google stellte das Wunderding, eingebaut in einen Lautsprecher und eine Smartwatch, im Mai 2016 auf seiner Entwicklerkonferenz I/O in Mountain View vor. Mit vielen Ahs und Ohs!

Der Radar-Chip »Made in Regensburg« eröffnet ganz neue Möglichkeiten, all die vielen Geräte zu steuern, die an das Internet der Dinge angeschlossen sind. Bislang mussten wir unsere elektronischen Geräte stets mit dem Finger berühren, auf einen Touchscreen tippen, auf die Tastatur, auf einen Schalter; oder wir haben die Sprachsteuerung genutzt und mit Siri geplaudert, was allerdings nur leidlich funktionierte.

Der schlaue Infineon-Chip ermöglicht es nun, dass wir all diese Geräte per Handbewegung steuern, sozusagen per Fingerschnipp. Er sendet dazu permanent Hochfrequenzwellen aus, die von unseren Fingern reflektiert werden, und vermag aus einer Entfernung von bis zu 15 Metern selbst feinste Bewegungen wahrzunehmen, das Zucken eines Fingers, ein feines Wischen oder Drehen. Infineon und Google haben dazu ein Repertoire aus intiuitiven Gesten entwickelt, eine Art Gesten-Alphabet. Er kann zum Beispiel erkennen, wenn wir einen virtuellen Schalter drücken oder einen unsichtbaren Lautstärkeknopf drehen; man kann den Chips natürlich noch weitere Gesten beibringen.

Die Interaktion von Mensch und Maschine werde sich dadurch von Grund auf ändern, glaubt Ivan Poupyrev, der verantwortliche Techniker von Google ATAP. Die Abkürzung »ATAP« steht bei Google für die »Advanced Technology and Projects Group«, eine Einheit, die der Konzern einst vom Handyhersteller Motorola übernommen hat. Auch bei Infineon ist man ganz beseelt von der neuen Technologie: »Was der Chip technisch leistet, dazu brauchte es vor wenigen Jahrzehnten noch eine Parabolantenne von 50 Metern Durchmesser. Er vereint den Erfahrungsschatz von mehr als zwei Jahrzehnten in der Hochfrequenz-Mikrotechnologie.« Seite an Seite hätten die Experten von Infineon und Google zwei Jahre lang geforscht und entwickelt, die Deutschen arbeiteten an der Hardware, die Amerikaner an der Software; von Mai 2017 an soll der Chip in Serie gehen und den Massenmarkt erobern.

Am Ende, davon ist man bei Infineon, dem DAX-Konzern aus München, überzeugt, wird die neue Technologie nicht bloß in Uhren oder Lautsprechern landen, sondern auch in der digitalen Fabrik: überall dort, wo Menschen und Maschinen eng zusammenarbeiten, sei die Gestensteuerung sinnvoll, sagt Andreas Urschitz, der verantwortliche Manager bei Infineon. Der Radar-Chip eröffne »ganz neue Möglichkeiten in der Industrie 4.0«. Urschitz denkt dabei an eine weit engere Zusammenarbeit von Mensch und Maschine, aber auch an den Einsatz von Virtual Reality in der Produktentwicklung: Gemeinsam könnten Designer oder Techniker in einem virtuellen Werkraum an einem Werkstück arbeiten, auch über Kontinente hinweg, sie könnten daran drechseln, feilen, schleifen; Radar-Chips erfassen die Fingerbewegungen aller Beteiligten; und wenn das virtuelle Werkstück dann fertig ist, kann es über einen 3D-Drucker ausgedruckt werden. Noch ist das Zukunftsmusik, aber keine allzu ferne. Und das Schöne dabei ist: Solch einen Radar-Chip, sagt Urschitz, könne in dieser Form derzeit kein anderer Hersteller produzieren.

Es ist zudem nur eines von vielen Projekten, bei denen Google und Infineon eng zusammenarbeiten: Der deutsche Konzern liefert zum Beispiel auch wichtige Komponenten für das Ballonprojekt »Loon«, das wir schon in der Garage von Frederik Pferdt kennengelernt haben: das weltumspannende Internet am Himmel. Infineon stellt zudem Sensoren für Googles autonomes Auto her – ein Feld, auf dem Infineon auch mit den großen Autoherstellern kooperiert. Gleiches gilt auch für die Sicherheitstechnik, die das voll vernetzte Auto vor Hackern schützt.

Noch besser lässt sich diese andere, zukunftszugewandte Seite der Oberpfalz in Amberg besichtigen. Ein Städtchen mit gut 40 000 Einwohnern, umgeben von einer mittelalterlichen Ringmauer mit einst mehr als 100 Wehrtürmen, die früher vor jeglichen Angreifern schützte. Im 16. Jahrhundert beschrieb der Bürgermeister die Wehrhaftigkeit der Stadt so: »München seyn die schönst, Leipzig die reichist, Amberg die festeste Fürstenstatt.«

Wenn man den globalen Wettkampf um die Digitalisierung auch als eine Art Schlacht betrachten will, dann ist es durchaus konsequent, dass ausgerechnet hier in dieser ehemaligen Festungsstadt eine Fabrik steht, die man als deutsche Antwort auf die Angreifer aus dem Silicon Valley verstehen kann. Eine Fabrik, die den Einsatz des digitalen Fließbands perfektioniert.

Das Siemens-Elektronikwerk Amberg wurde im Jahr 1989 gegründet und produziert programmierbare Steuerungsanlagen vom Typ Simatic – mit Elektronik aufgerüstete, von Software gelenkte Geräte, mit denen sich wiederum andere Maschinen und Anlagen steuern lassen und Fertigungsprozesse automatisiert werden. Mehr als tausend verschiedene Varianten produziert Siemens hier, mehr als 15 Millionen Geräte pro Jahr, und sie werden in unserer hochtechnisierten Welt an höchst unterschiedlichen Orten eingesetzt. Steuerungsanlagen vom Typ Simatic findet man in den großen Autowerken der Welt ebenso wie bei Skiliften in den Alpen oder in den Rocky Mountains, man findet sie auch an Bord von Kreuzfahrtschiffen. Und natürlich in jenem Werk in Amberg, das als Musterbeispiel einer digitalen – manche sagen auch: smarten – Fabrik gilt.

Denn diese Fabrik funktioniert, beinahe, ganz von selbst. Menschen sind hier noch tätig, gewiss, insgesamt 1 200, sie überwachen am Bildschirm die Prozesse und greifen ein, wenn der Computer einen Fehler meldet. Ein Arbeiter setzt auch, ganz am Anfang der Produktion, die Leiterplatte auf die Produktionsstraße. Von da an erledigen die Maschinen alles, sie kommunizieren miteinander und auch mit dem Produkt, das sie fertigen. Jede Leiterplatte trägt einen Barcode, mit dem die Maschinen sie eindeutig identifizieren können; mehr als tausend Scanner überwachen den Weg der Leiterplatte durch die Fabrik und sammeln dabei vor allem eines: Daten. Die Scanner dokumentieren, mit welcher Temperatur die elektronischen Bauteile auf den Leiterplatten verlötet, und natürlich auch, welche Bauteile in den Steuerungsanlagen verbaut werden. Jedes Jahr sammeln die Scanner und Sensoren mehr als 20 Milliarden Datensätze, die man Jahre später, sollte sich ein Steuerungsgerät als fehlerhaft erweisen, noch einmal auswerten kann. Auch die Kunden und deren Planer, etwa die Konstrukteure einer Autofabrik, können auf diese Daten jederzeit zugreifen. Big Data in der Oberpfalz.

Diese digitale, smarte Fabrik arbeitet fast ohne Fehler. Nur für ein Viertel der Arbeit ist noch der Mensch zuständig, drei Viertel der Wertschöpfung kommt von den Maschinen. Die Genauigkeit der werkseigenen Prozesse gibt Siemens mit 99,99885 Prozent an.

Als Bundeskanzlerin Angela Merkel im Februar 2015 nach Amberg kam, sah sie dort viele Maschinen und wenige Menschen, was sie beim Abschied zu dem saloppen Satz provozierte: »Ich hoffe, die Maschinen sind brav und machen keinen Unsinn.« Siemens-Chef Kaeser versicherte: »Die digitale Fabrik ist vom Menschen so geprägt, dass die Maschinen genau das machen, was wir wollen.« Mit anderen Worten: Ohne hochqualifizierte Mitarbeiter, die die Prozesse immer weiter optimieren, wird es auch in Zukunft nicht gehen.

All das ist erst der Anfang einer Entwicklung, bei der Deutschland schon jetzt vorneweg marschiert. Denn die Maschinen- und Anlagenbauer hierzulande verstehen sich seit Jahrzehnten darauf, Anlagen so weiterzuentwickeln, dass ihre Kunden noch effizienter und schneller produzieren können. Und sie denken längst über die nächsten Schritte nach, hin zu einer digitalen Fabrik, die sich weitgehend selbst organisiert, die Aufträge automatisch entgegennimmt, sie nach ihrer Eiligkeit sortiert; von einer hochintelligenten Fertigung, bei der die Maschinen die benötigten Materialien selbst bestellen und der Kunde jederzeit weiß, was mit dem bestellten Produkt passiert.

Und das ist nicht nur Zukunftsmusik: Die Programmierer von Siemens zum Beispiel haben bereits eine Software namens PLM entwickelt, mit der man hochkomplexe Produktideen virtuell testen kann: Mithilfe einer Computeranimation können die Siemens-Kunden vorab überprüfen, ob ihre Entwürfe in der Realität funktionieren werden. Für eine Fließbandfertigung lässt sich damit ebenso ein sogenannter digitaler Zwilling entwerfen wie für eine Raumfähre. Auf diese Weise wurde auch die Landung des Mars Rovers »Curiosity« mehrere Tausend Male simuliert, ehe der Rover dann im Jahr 2012 auf dem Planeten aufsetzte.

Die Techniker von Siemens denken zudem darüber nach, wie sich hochintelligente RFID-Tags in digitale Fabriken integrieren lassen, also kleine Sender, die ein Produkt auf dem Weg durch die Fabrik begleiten. Diese RFID-Funkchips lassen sich mit Daten füttern – und zwar mit weit mehr Informationen, als sie ein simpler Barcode enthält. Die Funkchips werden dann, wenn ein Werkstück über das Fließband läuft, von den Maschinen jeweils im richtigen Augenblick ausgelesen und die Produktion, samt Anlieferung der benötigten Teile, entsprechend gesteuert. Es wäre also möglich, nahezu jedes Produkt, das am Fließband gefertigt wird, ganz individuell den Wünschen der Kunden anzupassen,

Noch experimentieren die Siemens-Techniker mit der RFID-Technologie. Aber sie sind sicher: Ihr Einsatz in der smarten Fabrik wird in ein paar Jahren kommen. Denn am Ende wäre mit den RFID-Funkchips genau das möglich, was Henry Ford mit seinem Fließband des 20. Jahrhunderts einst ausgeschlossen hatte: die individuelle Massenfertigung – Produkte also, die vom Fließband kommen, aber dennoch bis ins letzte Detail den Wünschen des jeweiligen Kunden angepasst sind. Der Autopionier Henry Ford aus Detroit hatte vor mehr als hundert Jahren noch gespottet: »Jeder Kunde kann sein Auto in einer beliebigen Farbe lackiert bekommen, solange die Farbe, die er will, schwarz ist.« Das digitale Fließband des 21. Jahrhunderts wird hingegen die Individualisierung bis ins letzte Detail erlauben.

Auch im berühmten Mittelstand, der in der alten Produktionswelt so erfolgreich war, arbeitet man mit Macht an der digitalen Fabrik. Viele dieser »Hidden Champions« haben gemeinsam, dass sie das Potenzial der vierten industriellen Revolution erkannt haben, dass sie nicht nur ihre Fertigung verschlanken und verbessern wollen, sondern den Produktionsraum, vulgo: die Fabrik, ganz neu und anders interpretieren. Das ist dann eher Disruption als Schumpeter und bedeutet: Man bewegt sich intellektuell auf Augenhöhe mit den Vordenkern im Silicon Valley.

Etwa bei Trumpf, dem Werkzeugmaschinen-Konzern aus Baden-Württemberg, der technologisch schon so oft an der Spitze der Entwicklung marschiert ist. Vor zehn Jahren war das Familienunternehmen technisch sogar so weit voraus war, dass sich keine Kunden für die Geräte aus Ditzingen fanden, woraufhin man die Produktion 2006 wieder einstellte; aus heutiger Sicht ein Fehler. Konkret geht es um 3D-Druck und den Laser und neue Formen der Produktfertigung. Im Großen aber geht es um eine ganze Arbeitswelt, um die Fabrik von morgen. Gegründet 1923, zählt Trumpf zu den namhaftesten Familienunternehmen der Republik, die knapp 11 000 Mitarbeiter produzieren Maschinen zum Stanzen, Umformen und Biegen von Metall oder Laser für den Automobilbau und die Medizintechnik. Diese sollen alle ans Internet der Dinge angeschlossen werden, dazu entwickelt Trumpf ein eigenes Betriebssystem mit vorinstallierten Apps. »Für uns steht fest, dass wir die Smart Factory nicht anderen überlassen werden, sondern die digitale Vernetzung selbst in die Hand nehmen wollen«, erklärt Firmenchefin Nicola Leibinger-Kammüller: »Unser entscheidender Vorteil ist, dass wir die installierte Maschinenbasis haben. Wir sind ein Software-Anbieter, der den Markt wirklich kennt.« Das ist der deutsche Weg, samt einem Internet-Mittelstand: Die ganze Erfahrung von 50, 80, 100, 150 Jahren deutscher Produktionsgeschichte wird nun gekoppelt mit den neuen Möglichkeiten, die die Digitalisierung bietet.

Und im Umfeld dieses Mittelstands gedeihen auch erfolgreiche junge Techunternehmen, auch sie liefern – neben den Konzernen aus dem Silicon Valley – einen Teil jener Technologie, die wir als digitales Fließband bezeichnet haben: jener Programme und Anwendungen, die es erlauben, Branche um Branche effizienter zu machen. Teamviewer zum Beispiel: Das Unternehmen aus der schwäbischen Provinz, aus Göppingen, gehört zu den berühmten »Einhörnern«, die mit mehr als einer Milliarde Dollar bewertet werden. Teamviewer bietet eine Software an, mit der man sich aus der Ferne auf einen Rechner oder ein Smartphone schalten kann. Das ist nützlich, wenn ein EDV-Spezialist technische Probleme beheben will – oder wenn man von verschiedenen Standorten aus gemeinsam an einem Dokument arbeiten will. Die Software aus dem Schwäbischen wurde mittlerweile mehr als eine Milliarde Mal heruntergeladen, jeden Tag vergibt Teamviewer bis zu eine Million neue Lizenzen – und ist damit ganz klar die weltweite Nummer eins auf diesem Gebiet. Und natürlich setzt Teamviewer nun auch auf die smarte Fabrik. »In zwei Jahren«, sagt Firmenchef Andreas König, »wird das Geschäft mit der weltweiten Vernetzung von Maschinen größer sein als alles, was wir heute machen.«

Dass die Deutschen es manchmal sogar draufhaben, mit spektakulären Aktionen auf sich aufmerksam zu machen, eine Kunst, für die das Silicon Valley gerne die Alleinzuständigkeit reklamiert, beweist Festo im schwäbischen Esslingen. Der Weltmarktführer in der Steuerungstechnik erregt jedes Jahr bei der Hannover Messe Aufsehen mit der technisch perfekten Nachbildung eines jeweils neuen Tieres. Mit seinem Bionic Kangaroo, vollgestopft mit Sensoren, Motoren, Ventilen und Druckluftspeichern, ahmte Festo im Jahr 2014 zum Beispiel die Bewegungsabläufe eines echten Kängurus bis ins

Detail nach; zwei Jahre haben die Programmierer und Ingenieure des Unternehmens daran gearbeitet. Eine Spielerei? Nein, sagen sie bei Festo, man wolle in der Automatisierungstechnik weltweit führend bleiben und sei deshalb »ständig auf der Suche nach neuen, noch nicht verbreiteten Bewegungsformen und Antriebskonzepten«. Dazu schaue man sich auch gern etwas in der Natur ab. Und hat einen ziemlich außergewöhnlichen Roboter geschaffen: Wie sein lebendes Vorbild kann das künstliche Känguru im Sprung seine Energie zurückgewinnen, sie speichern und beim nächsten Sprung wieder einsetzen; es ist damit einer der ersten Roboter, die hüpfen und danach sicher landen können.

Man sei »ständig auf der Suche«, sagen die Festo-Leute und benennen damit die Grundvoraussetzung für wirtschaftlichen Erfolg auch im digitalen Zeitalter: brennende Neugierde, nie nachlassender Eifer, die Suche nach dem eigenen Weg, am besten auf eigene Rechnung und in eigener Verantwortung. Für diesen manchmal unbändigen Willen zum eigenen Gestalten und zum Erfolg ist der deutsche Mittelstand zu Recht berühmt, und man findet herausragende Beispiele überall im Land, auch in Krailling, einer 8 000-Einwohner-Gemeinde im Würmtal, einige Kilometer südwestlich von München.

Ein Mittwoch im Januar 2016: Der Ortsverband der den Freistaat Bayern dominierenden CSU hat zum Neujahrsempfang geladen, was man halt so macht Anfang des Jahres, etwa hundert Gäste sind gekommen, der Festredner berichtet über sein nächstes Bauprojekt im Kraillinger Gewerbegebiet. Dort errichtet Hans J. Langer gerade ein größeres Bürogebäude. Erst 2014 hat seine Firma EOS ein neues Technologie- und Kundenzentrum eingeweiht, jetzt das neue Gebäude, und darüber hinaus wird weiteres Baugelände gesucht, notfalls in einer der Nachbargemeinden. Die Zeichen stehen auf Expansion, und Firmengründer Langer, ein schlanker, ruhiger Mittsechziger im Anzug mit Brille und lockiger Mähne hinter der hohen Stirn, hat keine Scheu, die Erfolgsgeschichte des Unternehmens zu erzählen, die auch seine eigene Erfolgsgeschichte ist.

EOS, der Mittelständler aus Krailling, ist nach eigenen Angaben »Weltmarktführer für den industriellen 3D-Druck«, und das ist ein Wort. Denn »3D« ist eine zentrale Chiffre der digitalen Revolution. Viele Deutsche kennen sie nur aus der Spielzeugabteilung des Kaufhauses. Im Großen gedacht liegt genau hier die Zukunft der industriellen Fertigung. Langer erfindet mit seinem 1 000-köpfigen Team weltweit die Maschinen fürs neue 3D-Zeitalter, seit 27 Jahren schon, mit zuletzt immer schneller wachsendem Erfolg. Eine EOS-Maschine kostet locker eine halbe Million Euro, das ist viel Geld und auch wieder nicht: Herkömmliche Großmaschinen können wesentlich teurer sein. Die formen Körper mittels abtragender Verfahren wie etwa Zerspanung, das heißt, Werkstücke werden aus einem Stück herausgearbeitet, oder sie werden geschmiedet oder gegossen. Dazu braucht man Modelle und Gussformen und allerlei Equipment – nicht so aber im 3D-Druck. Da werden die Konstruktionsdaten am Computer erzeugt, in ein bestimmtes Datenformat überführt, schließlich in das EOS-System eingelesen. Durch Lasereinwirkung werden dann pulverförmige Werkstoffe – Metalle wie auch Kunststoffe – aufgeschmolzen. So entstehen mithilfe eines aufbauenden, additiven Verfahrens Prototypen, Werkzeugkerne oder auch Endbauteile.

»Im Prinzip ist das wie bei einem Laserdrucker, nur eben dreidimensional«, erklärt Langer den Namen des Verfahrens gleich mit. Weil immer neue Schichten von Pulver aufgetragen werden, spricht die Fachwelt auch von »additiver Fertigung«. Das gewünschte Bauteil wird im Drucker Schicht für Schicht aufgebaut, jede nur Bruchteile von Millimetern dick. Klingt einfach, ist aber enorm anspruchsvoll. Ein bisschen Software, Material rein, Knopf drücken – so einfach sei das nicht, sagt Langer bei den Münchner Seminaren von *Süddeutscher Zeitung* und ifo-Institut. »Die Produktion ist extrem komplex. Wir können zum Beispiel ein Material nehmen und ihm verschiedene Eigenschaften geben.« Was etwa mit Titan oder Stahl passiere, »ist dann nur noch ein Software-Problem.« Der Schlüssel, sagt Langer, »ist die Positionierung des Lasers«. Die Software steuert die Arbeitsweise der Laser – und hierin steckt das Know-how seiner Methode.

Mit der neuen Technik kann man allerlei Dinge anfertigen: Prothesen, Zahnersatz, Schmuck, aber auch Teile für Autos und Flugzeugteile. Mehr als 2 000 3D-Maschinen hat EOS bereits weltweit ausgeliefert, 800 davon allein in den vergangenen zwei Jahren. Man kann praktisch jedes Teil auf diese Weise ausdrucken, sagt Langer, und ja, die Teile werden immer größer. Und fast immer sei die Materialeigenschaft der lasergesinterten Objekte besser als die der herkömmlich hergestellten.

Der promovierte Physiker Langer, einst ausgebildet an der Technischen Universität in München und am Max-Planck-Institut für Plasmaphysik, ist ein Pionier dieser Technik, und wie so oft war die entscheidende Weichenstellung in seinem Leben vom Zufall begünstigt. Der junge Manager Langer, Europachef des US-Konzerns General Scanning, beobachtete Ende der Achtzigerjahre die Anfänge des 3D-Drucks, damals noch auf Kunststoff beschränkt. Im Jahr 1986 hatte sich der Amerikaner Chuck Hall Aspekte der Technik erstmals patentieren lassen. Immer mehr Unternehmen versuchten sich nun an ersten Prototypen, aber ausgerechnet General Scanning zögerte. Der Laser-Fan Langer war sehr unglücklich, er sah eine Zukunft für 3D, die sich mit seiner Leidenschaft verband, der Anwendung von Lasern; nur leider stand er im Konzern damit alleine: »Da musste ich mich selbstständig machen.«

Zufällig ergab sich der Kontakt zu einem Unternehmer aus Österreich, der gerade sein Unternehmen verkauft hatte. Dieser investierte in Langers neue Firma Electro Optical Systems, kurz: EOS. Geld war also da im Startjahr 1989, nun fehlte ein erster Pilot-Kunde. Den fand Langer vor der Haustür, in München. Beim Autobauer BMW nämlich hatten sie einen weitsichtigen jungen Entwicklungsvorstand namens Wolfgang Reitzle, der später in der internationalen Autoindustrie und dann als Chef des Industriegaseherstellers Linde sehr erfolgreich werden sollte. Bei BMW also experimentierten sie bereits mit 3D-Druck-Technik, fanden aber insbesondere auf dem amerikanischen Markt keine Maschine dafür, die ihren Qualitätsansprüchen genügte. Die baute nun Langer mit deutscher Präzision; BMW streckte die Hälfte der Baukosten vor und übernahm das Risiko des möglichen Misserfolgs. Das Ergebnis war einer der ersten industriellen 3D-Drucker seiner Art und der Beginn einer langfristigen Geschäftsbeziehung.

Natürlich ist EOS nicht der einzige Anbieter im Markt. Der weltweit größte Hersteller, das börsennotierte US-Unternehmen Stratasys, liefert im Jahr bis zu 50 000 Anlagen aus, allerdings vorwiegend nicht für die industrielle Fertigung; auch die Nummer 2, 3D Systems, ist ein amerikanisches Unternehmen, und von Autodesk war bereits die Rede. Aber EOS ist Weltmarktführer in seiner industriellen Nische und technisch weit voraus – so weit, dass das sogar den Visionären in Amerika und anderswo auffällt. Davon erzählt Langer gerne und durchaus stolz. Etwa, wie ihn Tesla-Chef und Raketenbauer Elon Musk in die Staaten bat, um mit ihm die Möglichkeiten der neuen Technologie zu diskutieren. Oder wie er einmal einen Anruf eines Herstellers von Formel-1-Wagen erhielt. Das aus einem massiven Block gefräste Stück einer Antriebswelle war dem Fahrer um die Ohren geflogen. Der Hersteller hatte daraufhin mit einer Maschine von EOS experimentiert, und siehe da: Das 3D-gefertigte Bauteil hielt um ein Vielfaches mehr aus.

»Der Markt explodiert gerade«, sagen die Experten, der *Harvard Business Manager* erwartet, dass 3D bald die gesamte Produktionswirtschaft umwälzen wird. So gehen die Autohersteller davon aus, bald etwa bei bestimmten Baugruppen 20 Prozent aller Bauteile additiv zu fertigen. Was das für die Logistik bedeutet, kann man sich vorstellen. Heute betreibt etwa VW im hessischen Baunatal ein weltweites Logistikzentrum auf einer Fläche, so groß wie 140 Fußballfelder. Dort warten 440 000 verschiedene Originalteile darauf, an ihre Einsatzorte verbracht zu werden. In Zukunft können einige davon additiv hergestellt werden.

Es ist kein Zufall, dass EOS mit vielen DAX-Konzernen im Gespräch ist. »Im 3D-Druck kann man Teile herstellen, die bisher aufgrund ihrer Konstruktion unbaubar waren«, sagt Langer. Komplexität sei in Zukunft kein limitierender Faktor mehr; und wieder fällt, wie so oft in der digitalen Ära, eine Grenze. Vieles wird möglich – kennen wir das nicht schon? Nicht von ungefähr ähnelt die Geschichte des industriellen 3D-Drucks der des Computers: Erst war die Technik sperrig und die Gerätschaft klobig, ganz zu schweigen von der (langsamen) Geschwindigkeit der Prozesse in den Geräten. Dann ging es plötzlich rasend schnell, die Entwicklungszyklen verkürzten sich dramatisch, und heute leistet ein Massenhandy viel mehr als früher ein ganzer Rechnerschrank. Dies vor Augen, kann man sich die weitere Entwicklung im 3D-Druck ausmalen. Und wieder ist genau jetzt der Zeitpunkt, zu dem die Entwicklung kippt. »2015 was the inflection year«, hat uns John Chambers von Cisco gesagt, und das ist auch die Zeit, da der industrielle 3D-Druck in neue Dimensionen vorstößt, die Phase der Prototypen und Einzelanfertigungen verlässt und zum großen Geschäft wird.

Zusammengefasst, mit dem Blick aufs große Ganze: Ob digitale Fabrik, automatisierte Fertigung, 3D-Druck oder Leichtbauroboter – neue digitale Technologien für die Industrie 4.0 sind schon heute Realität. Künftig werden weltweit und auch in Deutschland Milliarden Maschinen, Anlagen oder Sensoren miteinander kommunizieren und Informationen austauschen. In der digitalen (manche sagen: smarten) Fabrik der Zukunft werden sich Maschinen weitgehend selbst organisieren, Lieferketten sich automatisch zusammenstellen und Aufträge sich direkt in Fertigungsinformationen umwandeln, um unmittelbar in den Produktionsprozess zu münden.

»Die Deutschen werden den digitalen Wettlauf verlieren, denn sie können nur Prozesse optimieren, aber nicht neue Produkte erfinden«, haben wir im Silicon Valley gehört. Aber wir haben entschieden nicht den Eindruck, dass Prozessoptimierung schon das Ende der deutschen Möglichkeiten ist. Nirgends kann man das anschaulicher dokumentieren als in der deutschen Vorzeigeindustrie, dem Automobilbau.

Milbertshofen gegen Mountain View

Ein Sommertag im Münchner Norden. Die weithin sichtbare Konzernzentrale der Bayerischen Motorenwerke AG, das silberne Hochhaus in der Form eines Vierzylinders, glitzert am Petuelring in der Morgensonne, direkt dahinter erstreckt sich, weit nach Norden hinauf, das größte Werk des Unternehmens, wo BMW unter anderem die 3er-Baureihe fertigt. Eine Stadt in der Stadt, Milbertshofen, ein ehemaliges Arbeiterviertel. Im Vierzylinder besuchen wir den gerade neu ins Amt gekommenen BMW-Chef Harald Krüger. In der Vorstandsetage herrschen strenge Sicherheitsregeln. Der Mann im Vorzimmer des Vorstandsvorsitzenden möchte die Handys der Besucher einsammeln. »Das ist so üblich«, sagt Krüger später, »reine Vorsichtsmaßnahme.« Es gibt aber natürlich auch Ausnahmen – zum Beispiel, weil wir das Handy brauchen, um das Gespräch aufzuzeichnen. Aber die kleine Episode zeigt: In Zeiten, in denen neue Akteure wie Google und Apple in den Markt drängen, machen die alteingesessenen Autokonzerne ihre Zentralen zu Festungen.

Unsere erste Frage gilt dem Vorgänger. Norbert Reithofer hatte mit einem Tabu gebrochen, als er BMW gegen große innere Widerstände eine Elektroautostrategie verpasst hat. Welches Tabu will der Neue brechen? Der zögert keine Sekunde: »Das größte Projekt, das uns bevorsteht, ist die Digitalisierung des Autos und der Mobilität insgesamt. Und diese Veränderung wird umfassender sein als die Einführung der Elektromobilität und die Automobilbranche noch stärker fordern.« Krüger verweist auf neue Wettbewerber, die in das Geschäft mit Automobilen und Mobilitätsdienstleistungen einsteigen wollen. Viele davon haben bisher in dieser Branche noch keine Rolle gespielt, weil sie einen IT-Hintergrund haben. »Die Eintrittsbarrieren für unser Geschäft sind aufgrund neuer Technologien niedriger als früher.« Krüger hat auch keine Scheu, gleich auf Tesla zu sprechen zu kommen, den kalifornischen E-Autohersteller: »Tesla braucht keine klassischen Motorenwerke mehr, um seine Autos zu bauen. Unser Geschäft bekommt ganz neue Spielregeln.«

Und beherrscht BMW die neuen Regeln? Krüger verstärkt die Frage sogar noch: »Wir müssen die neuen Regeln perfekt beherrschen! Zum Beispiel sind das emotionale Design und eine starke Marke für unsere Autos seit jeher und auch in Zukunft enorm wichtig. Künftig aber wird die ›Connectivity‹, also die digitale Vernetzung der Fahrzeuge, ein mindestens genauso entscheidender Kaufgrund sein. Wenn Sie hier nicht ganz vorne mit dabei sind, werden Sie als Hersteller in Zukunft ein Problem haben – da kann das Design noch so toll sein.« Klingt einleuchtend, ist aber für den Vorstandsvorsitzenden ausgerechnet des Lifestyle-Herstellers BMW ein absolutes Novum. Und er setzt noch einen drauf: »Autofahren ist heute schon mehr, als von A nach B zu kommen. In Zukunft wird Ihnen Ihr BMW deutlich mehr Dienstleistungen bieten: Geschäftsreisen organisieren, Hotelbuchungen vornehmen oder Ihnen sogar die letzten zwei Karten für die Münchner Oper anbieten, weil er weiß, dass Sie gerne in die Oper gehen. Vor der Oper geht es dann fahrerlos in die Tiefgarage, weil der BMW sich selber einen freien Platz suchen und dort einparken kann. Diese Möglichkeiten werden in den nächsten fünf bis zehn Jahren zur Verfügung stehen.«

Ein aufschlussreicher Gesprächsauftakt, noch vor wenigen Jahren nämlich wäre der ganz anders verlaufen. Da hätte ein Auto-Boss nicht über neue Angreifer gesprochen – denn die gab es noch nicht. Sondern hätte stolz auf die neuesten Umsatzerfolge seines Unternehmens verwiesen, auf die unbestreitbare Bedeutung der Autobranche für die deutsche Wirtschaft, ihren Erfolg in der Welt, die Exportrate, die Zahl der Beschäftigten. Es läuft doch, was wollt ihr eigentlich?!

Seit mehr als sechs Jahrzehnten ist die Autoindustrie der zentrale Stützpfeiler der deutschen Volkswirtschaft: Autobauer und ihre zahlreichen großen und kleinen Zulieferbetriebe prägen das Land und haben ihm zu Wohlstand verholfen. Jeder siebte Job in Deutschland, sagt man, hänge irgendwie am Geschäft auf Rädern. Für 237 Milliarden Euro im Jahr verkauften die deutschen Hersteller im Jahr 2015 Fahrzeuge in alle Welt, zwei Drittel des Umsatzes werden im Ausland erzielt. Fast 800000 Menschen arbeiten direkt in der Branche, noch einmal so viele und mehr bei Betrieben, die von den Autobauern direkt abhängig sind: bei sehr großen Zulieferern wie Bosch, Continental, Mahle, Schaeffler und ZF; oder etwas kleineren, aber immer noch großen Zulieferern wie Benteler, Brose, Leoni oder Webasto. Viele dieser Menschen verdienen gut, sind also Vertreter der Mittelschicht, die Deutschland im internationalen Vergleich immer noch so stabil macht.

Wer eine moderne Autofabrik in Deutschland betritt, ob bei Audi, VW, Daimler, Porsche, Opel oder Ford, kann sich auf den ersten Blick vom Grad der Professionalität überzeugen, den die Branche erreicht hat: Man sieht verarbeitendes Gewerbe auf höchstem Niveau, und natürlich ist auch Kollege Roboter überall dabei. Hier in Milbertshofen beispielsweise, direkt hinter der Konzernzentrale im Münchner Norden, wird auf höchstem Niveau und in großer Präzision gefertigt. Wo früher der penetrante Geruch der Lackiererei in der Luft hing, arbeiten heute in den weitflächigen Hallen und Bürogebäuden 36000 Menschen in modernem Ambiente. Im aktuellen Ausbauprogramm will BMW hier eine weitere halbe Milliarde Euro in die, wie man so sagt, »Zukunftsfähigkeit des Werkes München« investieren, die neue Technik soll Spezialwünsche der Kunden besser berücksichtigen, und natürlich ist das Ganze wesentlich weniger umweltbelastend als die bisherige Produktion.

Schön chic ist es auch in einem Showroom des amerikanischen Konkurrenten Tesla, beispielsweise in jenem am Kö-Bogen auf der Düsseldorfer Renommiermeile Königsallee. Er befindet sich, wie passend, direkt neben dem Apple-Shop. Auf zwei Stockwerken sehen die Interessenten alles, was Tesla zu bieten hat, und das ist nicht wenig. Das bekannteste Produkt, »Modell S«, das in Deutschland 80 000 Euro kostet. Das »Modell X«, der aufregende Flügeltüren-SUV. Und Informationen über das neue, deutlich günstigere »Modell 3«, das für 35 000 US-Dollar zu haben sein soll: Obwohl das Auto erst spät im Jahr 2017 auf den Markt kommen soll, haben innerhalb weniger Tage 400 000 Interessenten je 1 000 US-Dollar angezahlt – das gab's noch nie.

Manchmal muss man sich zwicken und sich klarmachen, dass dieses Furore machende Unternehmen gerade mal im Jahr 2003 gegründet worden ist – natürlich in Palo Alto, wo bis heute der Hauptsitz ist. Mit dem Internetbezahldienst PayPal war der nach Nordamerika ausgewanderte junge Südafrikaner Elon Musk, geboren 1971, Vater Maschinenbauingenieur, Mutter Model, reich geworden. Und seine Milliarden investiert er nun sehr strategisch in Zukunftsfelder: vom Auto bis zur Raumfahrt. Das Unternehmen verkauft mittlerweile knapp 100 000 Autos im Jahr, schon in wenigen Jahren, sagt Elon Musk, sollen es eine Million sein. Musk kann sich vor potenziellen Investoren nicht retten, der Aktienkurs steigt immer weiter.

Aber was sagt schon der von Marketingexperten zum Event hochgezüchtete Showroom darüber aus, wie stark Tesla wirklich ist? Die Nagelprobe machen wir in Fremont, Kalifornien, in einer weitläufigen Halle aus dem Jahr 1962, die einst von General Motors und Toyota genutzt wurde und in der nun Tesla seit 2010 seine Autos der Zukunft montiert.

Zwei Stunden werden wir durch die Fabrik geführt, eine Tour, wie sie das Unternehmen auch seinen Kunden aus Kalifornien anbietet. Die können hier in Fremont ihr neues, heiß ersehntes Auto abholen und den Schlüssel in Empfang nehmen, aber vom Flair der BMW-Welt in München-Milbertshofen oder der Auto-Stadt von Volkswagen in Wolfsburg keine Spur. Alles ist hier etliche Nummern kleiner, keine Glaspaläste, keine Autokathedralen; das Ambiente, mit dem großen Parkplatz vor der Tür und dem Highway in Sichtweite, erinnert eher an einen großen Verbrauchermarkt.

Auf einem Elektrokarren (was auch sonst?) rollen wir wenig später durch die Fabrikhalle, vorbei an den Fließbändern. Unser Führer weist uns, während er sich vor Begeisterung kaum halten kann, schon bald auf eine, so sieht er das, unglaubliche Neuerung hin, die es in dieser Fabrik gebe, erkennbar an den großen Zetteln mit Produktionshinweisen, die an den Motorhauben der halbfertigen Teslas hängen, und erkennbar auch an den unterschiedlichen Farben der Autos auf dem Band: Die Wagen würden ganz individuell gefertigt, entsprechend den Wünschen der Kunden. Das sei wirklich »great!«, wirklich »awesome!«.

Was uns als »weltweit einzigartig« präsentiert wird, ist in Wirklichkeit, wenn man die Werke in Deutschland kennt, Standard, manchmal unteres Ende des Standards. In deutschen Autowerken ist so etwas seit vielen, vielen Jahren üblich. Und vielleicht muss man an dieser Stelle noch erwähnen, dass Tesla immer noch weit in den roten Zahlen ist. Im ersten Quartal 2016 standen einem Umsatz in Höhe von 1,2 Milliarden US-Dollar satte 282 Millionen US-Dollar Verlust gegenüber. BMW meldete für den gleichen Zeitraum 20,8 Milliarden Euro Umsatz und 2,45 Milliarden Euro Gewinn.

Was also ist das Geheimnis von Tesla? Was lässt BMW-Chef Krüger dennoch frösteln? Die Antwort ist einfach und schwer zugleich. Schwer, weil man die Herausforderung nicht sehen kann, sondern nur ahnen. Leicht, weil sie nach alldem, was wir bisher geschildert haben, auf der Hand liegt: Es geht um das ganze digitale Menü, von dem das Tablet, das im Tesla das herkömmliche Armaturenbrett ergänzt und ersetzt, nur der Appetizer ist. »Glauben Sie wirklich, dass Tesla auf Dauer Autos bauen will? Und Google oder Apple?«, fragt ein Gesprächspartner rhetorisch. »Es geht doch nur um die Daten!«

Also noch einmal um die Bucht von San Francisco herum, nach Mountain View, ins Herz des Silicon Valley, zu Google. Auf dem großräumigen Campus fahren die berühmten Eier spazieren, die grau-weißen Autos mit dem Laser-Radar auf dem Dach. Seit drei Jahren geht das schon, anfangs amüsiert betrachtet, aber das Lachen ist den großen Autobauern der Welt längst vergangen. Die Nachricht, dass auch Apple, ausgerechnet der iPhone-Hersteller Apple, an einem autonomen Elektroauto, Codename »Titan«, arbeitet, hat eingeschlagen wie eine Bombe. In den Konzernzentralen von München bis Stuttgart ist man seither alarmiert. Denn bei Apple arbeiten mittlerweile über 1000 Techniker an dem Geheimprojekt. Sie wollen aus einem Auto einen stylischen Computer auf Rädern machen, ein aufregend geformtes Fahrzeug für das Luxussegment. Apple-Chef Tim Cook will dafür nur das Beste, wieder und wieder hat er, wie das *Manager Magazin* berichtet, deshalb die Entwürfe zurückgegeben und den Starttermin für das Apple-Car verschoben; ursprünglich war von 2018 oder 2019 die Rede, nun dürfte es eher 2020 oder später werden.

Die Angst deswegen in der deutschen Autoindustrie ist groß, selbst der Koloss Volkswagen hat, einzige positive Folge des fürchterlichen Diesel-Skandals, unter neuer Führung erkannt, dass die kalifornischen Herausforderer schon vor der Tür stehen. »Wir können froh sein, dass wir diesen Weckruf bekommen haben«, sagt ein Spitzenmann aus Wolfsburg hinter vorgehaltener Hand.

Der VW-Chef Matthias Müller würde das so nicht öffentlich sagen, aber seine Ankündigungen sprechen Bände. Im Juni 2016 verkündet er in Wolfsburg eine neue »Strategie 2025«, und da geht es nicht mehr wie unter seinem Vorgänger Martin Winterkorn darum, der größte Autokonzern der Welt zu werden. Müller kündigt den Umbau des Konglomerats zur Hochburg des Elektroantriebs und zum Mobilitätsdienstleister an. Selbst die Sportwagentochter Porsche, die mit Digitalisierung nun wirklich wenig zu tun hatte, hat im Mai 2016, fast blitzartig, eine Porsche Digital GmbH vorbereitet. In wenigen Monaten soll ein Team entstehen, das in Deutschland, China und im Silicon Valley Ideen für ein »digitales Ökosystem« aufsagen, adaptieren und fortentwickeln soll.

Es geht also was in der Autoindustrie, und es fährt sogar schon was. Denn auch hierzulande kurven bereits Autos allein umher, beispielsweise auf dem neu eingerichteten Testabschnitt der Autobahn A9 von Ingolstadt, wo Audi sitzt, südlich bis fast nach München, wo

BMW zu Hause ist. Auf der A8 zwischen Denkendorf und Stuttgart, im Revier von Daimler, sind selbst fahrende Trucks unterwegs. Bei der Jungfernfahrt im Oktober 2015 sitzt auch Winfried Kretschmann in der Fahrerkabine, der grüne Ministerpräsident. Mit konstant 80 Stundenkilometern schnurrt der Mercedes Actros über die Autobahn; nur bei Ausfahrten und Baustellen muss der Fahrer eingreifen. Eine Weltpremiere. Ein paar Monate später rollen dann drei mehr oder weniger selbst fahrende Mercedes-Laster von Stuttgart nach Rotterdam, im Abstand von jeweils nur zehn Metern. Verbunden per WLAN, folgen die Brummis einander. »Platooning« nennen die Fachleute diese energie- und platzsparende vernetzte Fahrweise in der Kolonne – abgeleitet vom Wort »Platoon«, der militärischen Kleinsteinheit bei Briten und US-Amerikanern. Einen Fahrer braucht man in der vernetzten Lkw-Kolonne im Grunde nur noch im ersten Fahrzeug. Und eindrucksvoller als das Google-Ei sind die »Platoons« allemal.

Daimler und Google: An diesem Paar, das keines ist, kann man die Veränderungen in der Autoindustrie am besten beschreiben. Hier der traditionsreiche Autobauer aus der alten Welt, der im Jahr 2013 seinen 130. Geburtstag gefeiert hat, dort der Datenkonzern aus Kalifornien; zwei Unternehmen, die noch vor wenigen Jahren kaum etwas miteinander zu tun hatten und jetzt um einen Milliardenmarkt konkurrieren. Als Google im Jahr 2009 das Projekt selbst fahrendes Auto startete, nahmen das die erfolgsverwöhnten deutschen Automanager nicht ernst. Auch Daimler-Chef Zetsche lästerte über das Google-Auto, das aussehe wie eine »Mondlandefähre« und »oben auf dem Dach diese Teleskop-Geschichte« habe, diese Apparatur, die die Umgebung abtastet und in in etwa so viel koste wie das übrige Auto.

Zu diesem Zeitpunkt war die Gefahr schon ganz nahe, und dass es dazu kommen konnte, verdankt Google ausgerechnet einem Deutschen: dem Robotikspezialisten Sebastian Thrun aus Solingen, den Google-Gründer Larry Page von der Stanford-Uni weg anheuerte, wo Thrun Leiter des Fachbereichs Künstliche Intelligenz war.

Schon an der Uni forschte er an fahrerlosen Autos, der Erfolg stellte sich bereits 2005 ein, als Thrun an einem vom amerikanischen Verteidigungsministerium geförderten Wettbewerb teilnahm, bei dem es darum ging, ein fahrerloses Auto mehr als 200 Kilometer durch die Wüste zu navigieren – Thrun und sein Team gewannen.

Der Google-Mann aus Deutschland denkt in großem Maßstab: Im 20. Jahrhundert habe keine Erfindung die Gesellschaft mehr verändert als das Auto, sagt er, entsprechend groß sei die Chance, dass im 21. Jahrhundert das selbst fahrende Auto eine ähnliche Bedeutung bekommen könne. Auch bei Daimler haben sie das inzwischen erkannt. Lange zeigte sich Konzernchef Zetsche davon überzeugt, dass den Deutschen die Lust am selbst verantworteten Autofahren nicht auszutreiben sei, nun aber stellt er sich an die Spitze der Neudenker. Bei Daimler haben sie ein digitales Kernteam gegründet, dessen Leitspruch alles sagt: »Go digital or go home.« Im Juni 2016 kündigte Zetsche dann den großen Schwenk an: »Daimler wird sich in den nächsten zehn Jahren radikal zu einem anderen Unternehmen entwickeln.« Der Konzern will seine Strukturen komplett verändern, will in viele Felder der Mobilität vordringen, sich zum Dienstleister entwickeln. Und die Autos mit dem Stern sollen künftig statt eines schweren Benzin- oder Dieselmotors am besten einen Elektroantrieb unter der Haube haben; Mercedes werde für E-Autos eine eigene Submarke aufbauen, allein im Jahr 2017 zehn Hybrid-Modelle auf den Markt bringen und in den nächsten drei, vier Jahren dann rund ein halbes Dutzend reine Elektroautos.

Eigentlich ist Daimler schon heute kein reiner Autobauer mehr. Der Konzern verleiht auch Autos (Car2go), vermittelt Taxifahrten (mytaxi) und geleitet mittels einer App auf dem schnellsten Weg durch den Verkehr (Moovel); und dieser schnellste Weg kann sogar – horribile dictu – bedeuten, zugunsten von Bus oder Bahn auf das Auto zu verzichten. Mit zwei Millionen Autos ist er schon jetzt der größte Anbieter weltweit beim Carsharing – und damit eines der führenden Unternehmen in der Share Economy. Wer heute »beim Daimler« in Untertürkheim vorbeischaut, trifft Konzernchef Zetsche in Jeans und offenem Hemd, modisch ein Bruder im Geiste zu Cisco-Chef John Chambers, inmitten einer auch sonst ans Silicon Valley angelehnten Büroarchitektur mit offenen Räumen und kommunikativer Atmosphäre. Und, schöne Grüße an Google-Thrun, auch Zetsche denkt in historischer Dimension, spricht von der »zweiten Erfindung des Automobils«, bei der man ebenso vorne dabei sein wolle wie bei der ersten.

Eigentlich ist es ein Treppenwitz der Geschichte, dass nun Google als Pionier des neuen Zeitalters in die Geschichte eingehen wird. Denn tatsächlich wurde, was kaum noch jemand weiß, das selbstfahrende Auto ausgerechnet in Deutschland erfunden. Und das kam so: Schon in den Achtzigerjahren, als die Google-Gründer noch Pennäler waren, hatte der damalige Daimler-Vorstandsvorsitzende Edzard Reuter, Sohn des legendären Regierenden Bürgermeisters von Berlin (»Ihr Völker der Welt, schaut auf diese Stadt«), das Projekt »Prometheus« gestartet. Er wollte das Auto der Zukunft entwickeln. Der Münchner Professor Ernst Dickmanns brachte bereits 1994 die ersten wirklich selbstfahrenden Autos in den Verkehr, dreimal schneller als die heutigen Google-Autos. Mit bis zu 180 Stundenkilometern brauste die S-Klasse über die Autobahn, oft hundert Kilometer am Stück ohne Eingreifen des Sicherheitsfahrers. Und zwar ohne GPS, nur mit Kameras, angesichts der damaligen langsamen Rechner eine technische Meisterleistung. Dickmanns, der Pionier des selbstfahrenden Autos, war damals allen anderen weit voraus. Aber das Ganze wurde bei Daimler als Projekt »Daniel Düsentrieb« verspottet – ehe das alles beim Ausbau von Daimler zur Welt AG, vorangetrieben von Reuters Nachfolger Jürgen Schrempp, auf der Strecke blieb. Chance vertan!

Heute muss sich die Politik der Angreifer aus Kalifornien erwehren. Bundesverkehrsminister Alexander Dobrindt will die Rahmenbedingungen für autonomes Fahren schaffen und »diese Technologie auf die Straße bringen«. Dazu muss er nicht zuletzt vor allem die kniffligen rechtlichen Fragen klären. Wer haftet zum Beispiel, wenn ein selbst fahrendes Auto einen Unfall baut? Der Fahrer? Der

Hersteller? Der Programmierer? Eine Frage, die seit Bekanntwerden des ersten Unfalls mit Todesfolge im Frühjahr 2016 in Florida heftig diskutiert wird. Dort raste ein Tesla ungebremst in einen Lastwagen, der eine Kreuzung querte. Dobrindt will, so sieht es ein Gesetzentwurf aus seinem Ministerium vor, den steuernden Computer juristisch dem menschlichen Fahrer gleichstellen.

Denn im Grunde sind wir ja schon mittendrin und haben längst die ersten Schritte hin zum autonomen Fahren getan. Man kann bei dieser schleichenden Entwicklung fünf Stufen unterscheiden:

- Es begann mit dem, was viele schon kennen und was die Fachleute **assistiertes Fahren** nennen: Das Auto übernimmt einige der Arbeiten, die früher der Fahrer allein wahrgenommen hat; so hält der Tempomat das Tempo – ein Hilfsmittel, das längst in Millionen deutscher Autos steckt.

- Es folgt nun das **teilautomatisierte Fahren**: Das System übernimmt bereits eigenständige Funktionen: Das Auto fährt im Stau automatisch los und stoppt, hält in solchen Situationen die Spur und lenkt, ohne dass der Fahrer etwas tun muss – auch diese Technik gehört inzwischen zum Standardrepertoire von BMW, Audi, Mercedes oder Volkswagen. Wer heutzutage zum Beispiel einen Audi A4 kauft, der kann zwischen allerlei Features wählen, die den Fahrer teilweise überflüssig machen: Das Auto passt auf einer kurvenreichen, hügeligen Strecke seine Geschwindigkeit automatisch den Gegebenheiten an; es erkennt über eine kleine Kamera alle Verkehrszeichen und hält (wenn man es will) die Höchstgeschwindigkeit selbsttätig ein; und wenn man den Parkassistenten für die Stadt ordert, dann melden die Sensoren in Stoßstange und Karosserie auch, wenn sie am Rand eine freie Parklücke entdecken.

- Beim **hochautomatisierten Fahren**, der Stufe drei, muss der Mensch das Geschehen nicht mehr dauerhaft überwachen, das Auto fährt von alleine, etwa auf der Autobahn, der Fahrer muss noch übernahmebereit sein; solchen Testfahrern kann man heute bereits begegnen.

- Beim **vollautomatisierten Fahren,** der Stufe vier, hält der Fahrer sich komplett raus, etwa beim automatischen Einparken; auch das bieten manche deutsche Autohersteller heute bereits als Zusatz-Feature an.

- Und schließlich beim wirklich **autonomen Fahren,** der Stufe fünf, ist der Fahrer gar nicht mehr erforderlich, das System fährt in allen Anwendungsfällen, auf jeder Straße, bei jeder Geschwindigkeit, bei allen Umfeldbedingungen selbstständig. Ein Lenkrad gibt es nicht mehr.

Es versteht sich von selbst, dass für diese Reise durch die fünf Entwicklungsstufen jeweils viele Dinge geregelt werden müssen, von den rechtlichen Rahmenbedingungen über den Aufbau der Infrastruktur bis zum Datenschutz. Aber die deutsche Autoindustrie befindet sich längst auf Stufe zwei – auf dem Wege zu Stufe drei. 23 Millionen Autos weltweit seien bereits jetzt mit dem Internet verbunden, und bis zum Jahr 2020 werde diese Zahl auf beinahe das Sechsfache steigen, auf 152 Millionen Autos, hat das Bundeswirtschaftsministerium ausgerechnet. Und während man im Silicon Valley in der Regel nur über die technischen Fortschritte informiert wird, denken Vertreter der deutschen Wirtschaft, Wissenschaft und Politik bereits intensiv über die notwendigen Rahmenbedingungen nach.

Einer, der sich dazu sehr viele Gedanken macht, ist Elmar Degenhart, Chef von Continental aus Hannover, dem weltgrößten Autozulieferer:»Wenn Ihr Smartphone abstürzt«, sagt er,»fahren Sie es einfach wieder hoch. Wenn Ihr Auto Sie in den Graben fährt, kann das Ihr Leben kosten.« Deshalb seien Sicherheit und Zuverlässigkeit oberstes Gebot, Autohersteller und Zulieferer müssten hierfür gemeinsam Sorge tragen.

Andererseits, sagt Degenhart, biete das assistierte Fahren auch die Chance, den Verkehr sehr viel sicherer zu machen:»Wir haben im Jahr noch mehr als 1,2 Millionen Verkehrstote weltweit. Aber wir haben heute schon die Technik, einen Großteil dieser Unfälle zu verhindern – wir müssen sie nur ins Auto bringen.« Es werde etwa zehn Jahre dauern, »bis wir ungefähr 70 Prozent der alten Autos durch moderne Fahrzeuge mit Assistenzsystemen ersetzt haben. In 15 bis 20 Jahren werden wir dann nur noch so ausgestattete Fahrzeuge auf den Straßen sehen. Unfälle gehören ins Museum, und das werden wir auch schaffen.«

Wie ernst es die deutsche Autoindustrie samt ihren Zulieferern mit der Vernetzung des Autos meint, zeigt sich zum Beispiel auch daran, dass Continental inzwischen mehr als 35 000 Software-Entwickler beschäftigt – und Programmierer noch dringender sucht als klassische Ingenieure. Oder dass sich drei große deutsche Hersteller zusammengetan haben, um ein strategisches Projekt gemeinsam zu bewältigen. Das hätte es früher nicht gegeben. BMW, Audi und Daimler haben für 2,5 Milliarden Euro von Nokia den digitalen Kartendienst Here aus Berlin gekauft. Denn hochpräzise digitale Karten sind, so BMW-Chef Krüger, »ein wichtiger Baustein für die Mobilität der Zukunft. Sie sind die Basis für neue Assistenzsysteme bis hin zum vollautomatisierten Fahren. Der Fahrer erhält künftig sekundengenaue Informationen darüber, was vor ihm auf der Straße los ist, wo es einen Stau gibt, eine Gefahrenstelle, eine Baustelle.« Mit anderen Worten: Was Waze kann, dieser Dienst von Google, das können die drei deutschen Premiumhersteller auch – und natürlich wollen sie es besser machen.

BMW und Daimler waren sogar bereit, sich mit Apple zusammenzutun, dessen Konzernchef Tim Cook ein BMW-Fan ist und selbst einen Fünfer fährt; während sein Vorgänger Steve Jobs ein Mercedes-Cabrio bevorzugte. Es stand im Raum, dass einer der deutschen Premiumhersteller das Apple-Car bauen könnte. Im April 2016 wurden die Gespräche dann abgebrochen, zu groß war offenbar die Sorge, man werde am Ende womöglich zum Auftragsfertiger wie der chinesische iPhone-Zusammenschrauber Foxconn. Auch Google betont auffallend häufig, dass man ja gar kein Auto bauen wolle, sondern »Partner sucht«. Man fragt sich nur, wie so eine Partnerschaft dann aussehen könnte. Denn am Ende werden die Internetgiganten nicht nur die Daten haben wollen, sondern auch – man erinnere sich an das Modell vom Plattform-Kapitalismus – einen gehörigen Anteil am Umsatz ihrer Kunden. Google blieb deshalb am Ende nur die Option, mit dem hochverschuldeten italienisch-amerikanischen Fiat-Chrysler-Konzern zusammenzuarbeiten, dessen Zukunft ausreichend ungewiss ist, um sich auf Google einzulassen.

Der Kernkonflikt aber bleibt: Wem gehören die Daten? BMW-Chef Krüger beantwortet ihn so: »Die Daten, die uns unsere Kunden anvertrauen, müssen wir schützen. Da sehen wir uns in der Verantwortung! Umso wichtiger, dass es Vereinbarungen und gesetzliche Regelungen zum Datenschutz, zur Datensicherheit und zur Produkthaftung gibt. Solche Regelungen brauchen wir übrigens schnell, denn die technologische Entwicklung findet bereits heute – in diesem Moment – statt.«

Deshalb also wollen die deutschen Autokonzerne die Lösungen der Zukunft lieber selbst entwickeln. Google wiederum soll sich, wie man hört, bei den Zulieferern umsehen, auch das ist kein Zufall. Bosch, Continental, Osram, Schaeffler – traditionsreiche Namen und vor allem: der Digitalisierung zugewandte Konzerne. Fragt man im Silicon Valley nach deutschen Managern, vor denen die Gesprächspartner »Respekt« haben, dann fällt typischerweise auch der Name von »Dr. Denner«, dem Vorsitzenden der Geschäftsführung des Unternehmens, das im Jahr 1886 vom Schwaben Robert Bosch in Stuttgart gegründet worden ist und heute mit 375 000 Mitarbeitern der zweitgrößte Autozulieferer der Welt ist. Bei Bosch ging es immer sehr werthaltig, aber auch ein wenig träge zu, was man heute nicht mehr sagen kann – denn »Dr. Denner« gibt Gas und baut das traditionsreiche Unternehmen zum Digitalkonzern um. Während manche Autobosse sich noch auf die neue Zeit einstellen, steckt ihr wichtigster Zulieferer bereits tief in der Disruption.

Der Schwabe Volkmar Denner hat sein ganzes Berufsleben bei Bosch gearbeitet. Erst als Experte für elektronische Schaltungen, dann als einer der zehn Geschäftsführer, seit 2012 leitet er das Gremium – meistens von unterwegs. Denn Denner ist permanent draußen in der Welt, bei Kunden und in der Wissenschaft. Einmal im Jahr reist er ins Silicon Valley, das ist Pflichtprogramm. Aber nicht genug. Gerade war er in Afrika, hat in Kenia ein Innovation Lab von IBM getestet. Jetzt folgt die Reise nach Israel, einem der kreativsten Länder der Welt. Wenn Denner sagt:»Wir müssen tatsächlich noch schneller werden, flexibler. Und wir müssen uns neue Geschäftsmodelle überlegen«, meint er das genau so. Um zu erkennen, wo sich das Kundenverhalten ändert, wo neue Technologien das bestehende Geschäft gefährden können, spielt der Konzern Angriffe auf seine Geschäftsmodelle inzwischen konzernintern durch, ganz systematisch.»Besser, wir finden selbst die Schwachstellen unserer Geschäfte, als dass es andere tun.«

Deshalb hat Denner die Mitarbeiter neulich aufgefordert, sogenannte »Disruption Discovery Teams« zu bilden. Sie sollten sich überlegen, wie sie ihre eigenen Geschäftsideen angreifen würden. Innerhalb von nur sechs Tagen bewarben sich 1800 Mitarbeiter; die interessantesten Bewerbungen wurden ausgewählt und die Teams dann für acht Wochen freigestellt.»Die Ideen sprudeln, wenn man die Mitarbeiter ermutigt und ihnen Freiräume gibt«, sagt Denner.»Es braucht mehr Raum für Kreativität. Planmäßige Überlastung erstickt jede Kreativität, auch bei unseren Mitarbeitern. Deswegen haben unsere Forschungsmitarbeiter jeden Dienstagvormittag die Freiheit zum Tüfteln. Das Thema wählen sie selbst.« Dieses Modell, bei dem man einen Teil seiner Arbeitszeit für Zukunftsprojekte verwenden kann, kennen wir in ähnlicher Form von Google, wir haben es am Anfang dieses Buchs beschrieben.

Bosch nimmt für sich in Anspruch, beim digitalen Leben auf Augenhöhe mit den Amerikanern mitzumischen, wenn auch in wechselnden Rollen: Beim Fahrzeug liefere man zu, sagt Denner, der Powertrain des Google-Cars komme von Bosch. Beim intelligenten Raumthermostat sei man Konkurrent. Denn Bosch, das ist die disruptive Konsequenz, will längst nicht mehr nur größter Autozulieferer der Welt sein und bleiben, sondern erschließt sich systematisch neue Geschäftsfelder.

Die erste Runde der Digitalisierung hat Deutschland verloren, in der zweiten Runde ist für Denner das Rennen »völlig offen«, und was in einer möglichen dritten Runde passiert, ebenfalls. Wichtig: Bosch muss Google nicht überholen, beide Konzerne steuern die neue vernetzte Welt von unterschiedlichen Seiten an. Die einen kommen aus der Welt des Internets und der Daten und wollen nun, Schritt für Schritt, in die Welt der anfassbaren Produkte vordringen. Das ist Google. Unternehmen wie Bosch kommen hingegen aus dieser anfassbaren Welt der Dinge und wollen sie jetzt vernetzen. Es gebe digitale Unternehmen, die einfach nur das Pizzabestellen oder Taxirufen komfortabler machten, aber der Bosch-Ansatz sei ein anderer, sagt Denner. »Wir programmieren nicht nur Apps, sondern bauen Lösungen um unsere Produkte herum, die begehrenswert sein sollen.« Beispiel »Smart Home«. Dinge wie das vernetzte Haus hat auch Google im Programm. »Aber wir«, sagt Denner, »haben die Heizung zu einem Designobjekt gemacht. Wir sind der Apple der Heizungsbranche.«

Zugleich weiß Bosch als deutsches Unternehmen um die Datensensibilität seiner Kunden. Wenn das Haus über Sensoren von außen gesteuert werden kann, entsteht neues Gefahrenpotenzial: Läuft etwas schief, können Hacker sehen, was wir wie wo wann im Haus machen. Je mehr unser Leben vernetzt ist, desto größer wird die Gefahr von Angriffen und von Missbrauch. Bosch hat deshalb eine eigene Cloud geschaffen, also eigene Rechenzentren. Das erste steht bereits – natürlich in Deutschland. Der Standort ist eine Antwort auf die Sicherheitsbedenken der Menschen. »Die Vernetzung der Welt«, sagt Denner, »wird nur stattfinden, wenn für die Kunden der Nutzen größer ist als das potenzielle Risiko.«

Wo aber liegt der größte Nutzen? Und wo die größten Risiken? Um das herauszufinden, treffen wir uns zunächst mit einem außergewöhnlichen Computer-Freak aus Frankfurt, der viel im Silicon Valley unterwegs ist, aber fest an Deutschland glaubt – ausgerechnet auf dem Feld der Künstlichen Intelligenz.

Die Heimat der Künstlichen Intelligenz

Er kommt in schwarzer Lederkluft, als habe er seine Harley unten vor dem Haus geparkt, ein schwerer Mann mit heller Haut und empfindlichen Augen, die er hinter einer sehr schnittigen und sehr dunklen Sonnenbrille verbirgt. Jetzt sitzt er im 23. Stock des Hochhauses der *Süddeutschen Zeitung* in München, für ein Gespräch über Chancen und Risiken der Künstlichen Intelligenz. Seit vielen Jahren treibt dieses Thema Hans-Christian Boos um, der sich Chris nennt. Früh schon hat der Computerfreak aus Frankfurt am Main versucht, ungläubigen deutschen Unternehmern die unendlichen Weiten der Digitalisierung aufzuzeigen; in den Neunzigerjahren war das – und anfangs wirklich schwere Kost.

Boos ist das, was man unter einem »Techi« versteht, er nennt sich selbst auch so. Mit zehn Jahren hat er Computer programmiert, mit 17 war er unter den ersten Internetnutzern in Deutschland. Für »Jugend forscht« entwickelte er ein ergonomisches Benutzerinterface für ein Computerprogramm, noch als Informatikstudent vernetzte er für die Dresdner Bank deren gesamte weltweite Kapitalmarktanalyse über das Internet. Sein Onkel Bernhard Walther war dort im Management, und der half dem Neffen auch, sich mit einem Start-up selbstständig zu machen, 1995 war das. Heute ist Boos in der Szene ein Silberrücken, Autor zahlreicher Publikationen, Preisträger und gefragter Gesprächspartner. Die von ihm gegründete Arago AG entwickelte zunächst Systeme fürs Online-Banking, hat heute aber alle Branchen im Visier.

Die meisten klassischen Unternehmen, sagt Boos, brauchen bei ihrer IT dringend eine neue Kostenstruktur. Sie geben 80 Prozent ihrer Budgets für den Betrieb der Software aus und nur 20 Prozent für Innovation – dabei müsste es, wenn man die Zukunft gewinnen will, genau anders herum sein. Hier will Boos helfen, mit einem doppelten Angebot: Seine Software automatisiert fast 90 Prozent der gesamten IT der Unternehmen. Sie basiert auf Künstlicher Intelligenz und hilft Unternehmen dabei, 30 bis 50 Prozent ihrer IT-Kosten zu reduzieren oder sie in andere Bereiche zu investieren. Und dabei lernt sie quasi nebenbei alle Abläufe kennen, erstellt sozusagen eine Daten-Landkarte des Unternehmens. Auf dieser Basis können Unternehmen dann ihre Kostenstruktur komplett ändern – und sehr viel Geld sparen.

Boos' Software heißt HIRO, sie nimmt Menschen Arbeit ab und lernt dabei selbst hinzu. Wenn der Gründer erklären will, wie das funktioniert, zeigt er auf dem Bildschirm ein Programm, bei dem eine kleine Figur durch ein Labyrinth flitzt, auf der Suche nach dem richtigen Weg. Das wirkt zufällig, und doch gibt es Regeln, beispielsweise weiß der Flitzer, dass er immer links abbiegen muss, wenn er an ein Hindernis kommt. Und das Kerlchen lernt auch dazu, es klappert die denkbaren Lösungsmöglichkeiten ab, wie es auch ein Mensch tun würde, und verbessert sich dadurch ständig. Das ist nicht anders, als wenn ein Kind lernt, durch Trial and Error. Die nächste Entwicklungsstufe sind Maschinen, die kombinieren, Schlüsse ziehen, kontinuierlich früher gelernte Fähigkeiten erweitern, zu immer allgemeineren Problemlösern werden. So, wie wenn der Mensch seinen Verstand einsetzt.

Willkommen in der Welt der Künstlichen Intelligenz, kurz: KI.

Im Silicon Valley reden sie jetzt ständig über KI, ein richtiger Hype ist das. Viele Menschen pilgern dorthin und lassen sich zeigen, was Maschinen heute können und bald können sollen. Mancher kommt mit großen Augen zurück und sehr betroffen, quasi in Erwartung des Endes der Menschheit. Boos wundert dieser KI-Tourismus nach Kalifornien sehr: »Eigentlich können wir das in Deutschland selber.« Und tatsächlich sollte, wer wissen will, was es mit der neuen Technik auf sich hat, auch gut und gerne in der Heimat bleiben und nach Berlin gucken, Bremen, Saarbrücken – oder gleich nach Kaiserslautern. Dort könnte er mit Stefan Wess reden, Chef des IT-Hauses Empolis, das mit 150 Mitarbeitern BMW, Airbus, Bosch und vielen anderen Konzernen intelligente Software liefert. Wess ist ein Pionier wie Chris Boos, seit 30 Jahren im Metier.

In den Achtzigerjahren kam der junge Hesse aus Fulda nach Kaiserslautern –»weil dort die berühmtesten KI-Forscher der Welt lehrten«. Im Ernst? Aber ja, sagt Wess, die noch junge Universität in einer eher strukturschwachen Region war gerade dabei, sich auf einem von den Traditions-Unis noch nicht abgegrasten Forschungsgebiet zu profilieren. Daraus ist das Deutsche Forschungszentrum für Künstliche Intelligenz (DFKI) erwachsen, eine rechtlich selbstständige Einrichtung, bei der Staat und Wirtschaft eng zusammenarbeiten, die ein weit verbreitetes Netzwerk entwickelt hat, hoch angesehen in aller Welt.»Deutschland ist Geburtshelfer der KI-Forschung«, sagt Wess,»und immer noch vorne dran.«

Auch Boos bestätigt die Attraktivität des Standorts.»Wir haben sehr gute Experten«, sagt der Frankfurter:»Und das weiß man im Valley sehr genau.« Nicht ohne Grund sind Google und Facebook an den Universitäten unterwegs, hat Google sich beim DFKI eingekauft, während Mark Zuckerberg durch Berlin tourt und Großrechner an die TU und das Universitätskrankenhaus Charité spendet. IBM hat sein weltweites Zentrum für die Vernetzung des Supercomputers Watson nach München gelegt, in ein Hochhaus ganz im Norden von Schwabing. IBM will dort erforschen, wie sich die Fertigung in Fabriken noch stärker automatisieren oder sich zum Beispiel Traktoren in der Landwirtschaft noch besser vernetzen lassen – denn viele dieser Maschinen werden mittlerweile mit riesigen Datenmengen aus dem Internet gefüttert. Bei IBM sprechen sie allerdings lieber von Cognitive Computing statt von Künstlicher Intelligenz, weil Letzteres bei den Menschen eben auch Ängste weckt:»Wir wollten und wollen keine künstlichen Menschen bauen oder Gehirne nachbilden«, sagte Martina Koederitz, die Deutschland-

Chefin von IBM, der *Berliner Zeitung*, »wir wollen ein lernendes System aufbauen, das sein Wissen permanent erweitert.«

Viele Deutsche können mit Künstlicher Intelligenz in der Realität noch wenig anfangen, sie halten das für Science-Fiction – und ahnen nicht, wie sehr selbst lernende Maschinen unser Leben und Arbeiten in den nächsten Jahren verändern können. Manche wurden überhaupt erstmals im Jahr 2015 mit diesem Thema konfrontiert. Im Kino sahen sie einen anrührenden Film mit dem Titel *The Imitation Game*, später oscarprämiert. Die Hauptrollen spielen Benedict Cumberbatch und *Fluch der Karibik*-Star Keira Knightley, Thema ist das Leben des jungen Briten Alan Turing, der während des Zweiten Weltkriegs entscheidend mithalf, die mit Enigma verschlüsselten deutschen Funksprüche zu entziffern, aber in der damals noch fest gefügten Gesellschaft als Homosexueller nicht zurechtkam. Er wurde verfolgt, bestraft und zur chemischen Kastration gezwungen und zerbrach an all dem. Aber Turing war vor allem einer der klügsten Köpfe seiner Zeit, ein Grundlagenforscher für die moderne Informations- und Computertechnologie; nach ihm sind die wichtigsten Preise der Zunft benannt.

Wenige Jahre nach dem Tod des Genies fand am 13. Juli 1956 am Dartmouth College in Hanover (New Hampshire) die Ur-Konferenz zum Thema statt, erstmals wurde dort der Begriff »Künstliche Intelligenz« im Förderantrag für die Tagung wissenschaftsamtlich erwähnt. Der Horizont der Teilnehmer, meist junge Forscher und Studenten aus den Bereichen Mathematik, Logik und Informatik, war maßlos. Mitinitiator John McCarthy, später hochgeehrt und dekoriert, sprach von einem System, das irgendwann einmal den Menschen ersetzen sollte. Seinem Kollegen Marvin Minsky ging es um nicht weniger als »die Überwindung des Todes«. Das sei ein bisschen das Problem mit KI, sagt Wess. »Künstliche Intelligenz hat ein wahnsinnig schlechtes Image, weil immer wieder so viel angekündigt worden ist, was dann gar nicht kam.« Oder jedenfalls nicht so schnell, denn die Geschichte der Künstlichen Intelligenz ist eine von Hoffnungen und Enttäuschungen.

Wess unterscheidet drei Phasen, er vergleicht sie mit Treppenstufen. Die erste Stufe nennt er die symbolische KI, das begann in den Achtzigerjahren, man fütterte den Computer also mit Symbolen – ein Tisch, ein Haus – und versuchte ihn zum Denken zu bringen. Das klingt noch nicht so sehr spektakulär, aber es gab doch praktische Anwendungen, die wir heute womöglich gar nicht mehr mit Künstlicher Intelligenz assoziieren. Und doch sind sie allgegenwärtig – das Navigationsgerät etwa.

Die zweite Stufe war die statistische KI. Dank des technologischen Fortschritts in der Computertechnik konnte nun auf ganz viele Daten zugegriffen werden, dieser Schritt machte die Suchmaschine Google überhaupt erst möglich oder die Spracherkennung Siri. Wess hat das selbst erlebt. Noch seine Doktorarbeit vor 20 Jahren musste er den technischen Möglichkeiten anpassen, er hatte einfach nicht so viele Daten zur Verfügung, wie er ursprünglich gerne ausgewertet hätte.

Nun aber kommt die dritte Stufe, und das ist für Wess, »als wenn man einen großen Sprung hinauf macht«: die neuronale KI, die sich an der Arbeitsweise des Gehirns orientiert und das System der Nervenzellen, der Neuronen, nachbaut. 86 Milliarden Stück davon hat der Mensch, und jede Nervenzelle hat im Schnitt 1000 Verbindungen zu anderen, Synapsen genannt: ein riesiges Netzwerk ist das, und die neuronale Künstliche Intelligenz versucht davon zu lernen – was immer besser gelingt. Ausgehend von relativ kurzen Logarithmen beginnt die Software sich selbstständig zu machen, dringt in immer tiefere Schichten vor. »Deep Learning« ist das Schlagwort dafür im Silicon Valley. Wenn Facebook-Chef Mark Zuckerberg sagt: »Eines unserer Ziele ist, dass die Maschinen innerhalb der nächsten fünf bis zehn Jahre übermenschliche Fähigkeiten entwickeln«, dann klingt das zunächst genauso vermessen, wie es einst die Pioniere der Dartmouth-Konferenz waren, aber es ist nun abgesichert durch die Arbeit mehrerer Forschergenerationen. Eigentlich ist Deep Learning ein alter Hut, an dem schon seit vielen Jahren experimentiert worden ist, übrigens zuerst hier in Europa. Als Vater des Deep Learning hat der sowjet-ukrainische Mathematiker Alexei Grigorewitsch Ivakhnenko Anspruch darauf, dass man ihn nicht vergisst, er war in den 1960er-Jahren seiner Zeit weit voraus. Aber erst heute, da die IT so unendlich schnell geworden ist, so ungeheure Datenmengen verarbeiten kann, entfaltet die neue Technik ihre volle Wirkung.

Für den deutschen Pionier Wess ist das ein großer Moment. Mit Rührung in der Stimme erinnert er sich, wie er als Student Mitte der 1980er-Jahre in Kaiserslautern einem großen Informatiker zugehört hat, Professor Theo Härder, einem der Erfinder der IBM-Datenbank, der die Arbeit von 30 Jahren referierte, die zwischen dem Labor und der Praxiseinführung gelegen hatten. »30 Jahre, eine Ewigkeit. Und ich war ein so junger Kerl.« Und dann hat es tatsächlich noch mal 30 Jahre gedauert, bis KI sich endgültig entfalten kann. »Das ist eine richtige Revolution, und niemand weiß, wo das enden wird«, sagt Wess.

Als Beweis für die Großartigkeit der Entwicklung dient Wess ausgerechnet ein Brettspiel: Go, das Umzingelungsspiel aus dem alten China, erfunden vor mehr als 2 000 Jahren, wird weltweit von Millionen Menschen gespielt, vor allem in Asien, aber zunehmend auch in Deutschland. Das Spiel ist viel komplexer als Schach, es gibt so viele mögliche Kombinationen, dass man sie schlicht nicht alle ausrechnen kann, nicht mal mit dem Computer. Teams bei Google und Facebook hatten es sich dennoch in den Kopf gesetzt, den Go-Weltmeister Lee Sedol aus Südkorea herauszufordern, so wie zuvor Schach-Großmeister herausgefordert und besiegt worden waren. Lee Sedol aber war siegessicher, wie es sich für einen Champion gehört, und wohl auch aus Überzeugung. Einen Großmeister des Go überlistet man nicht so einfach, nicht mal als Maschine; wenn überhaupt, dann nicht vor dem Jahr 2025, hatten ihm Experten assistiert. Was soll man sagen? Die lernfähige Software AlphaGo von Google, entwickelt von dem europäischen Start-up DeepMind, das der Internet-Riese aufgekauft hatte, siegte in vier von fünf Partien; Lee war geschockt. Des Rätsels Lösung: Die Maschine hatte sich selbst

Spielzüge beigebracht, auf die noch kein Mensch gekommen war, Liebhaber des Spiels schwärmten von der »Schönheit« dieser Züge. »Der Go-Wettkampf ist ein Fanal«, sagt Wess. Er hat sich selbst an dem Brettspiel versucht und erkannt, wie komplex das ist. »Wenn das eine Maschine hinbekommt, dann ist ihr viel zuzutrauen, sehr viel.«

Für Professor Jürgen Schmidhuber ist das noch eine Untertreibung. Der wohl einflussreichste Entwickler von Künstlicher Intelligenz, heute wissenschaftlicher Direktor des Schweizer Forschungsinstituts für Künstliche Intelligenz IDSIA, blickt ganz weit. Schon nach wenigen Minuten kommt das Gespräch auf die Tiefen des Weltalls, wohin sich in gar nicht so ferner Zukunft die KI-Zivilisation ausbreiten werde, eine ganz neue Ära breche an, vergleichbar nur der Zeit vor dreieinhalb Milliarden Jahren, als das Leben auf der Erde begann. Künstliche Intelligenz, sagt Schmidhuber, »wird fast jeden Aspekt unserer Zivilisation erfassen und umgestalten. Menschen werden nicht mehr die wichtigsten Entscheidungsträger sein«. Wenn Schmidhuber sich diese neue Welt ausmalt, dann spricht er mit großer Empathie über KI, fast zärtlich. »Ich bin nicht ausschließlich auf den Menschen fixiert«, sagt er zur Erklärung, was nicht heißt, dass der Familienvater und Anführer einer großen Wissenschaftler-Community ein Menschenhasser wäre, gar nicht. »Aber der Mensch im Mittelpunkt, so wird das nicht mehr viel länger laufen«, sagt er, und das sei auch gut so: Fast alle Ressourcen in Form von Energie und Masse befinden sich da draußen im menschenfeindlichen Weltraum, wo sich nur geeignet konstruierte Roboter und Systeme mit Künstlicher Intelligenz wohlfühlen. Künstliche Intelligenz werde erst das Solarsystem und dann die gesamte Milchstraße kolonisieren, ist Schmidhuber überzeugt. Das könne zwar noch ein paar Jahrmillionen dauern, sei aber doch nur ein Blitz in der Weltgeschichte.

Ein Fantast? Schmidhubers Vita spricht dagegen. Der gebürtige Münchner hat dort an der Technischen Universität habilitiert, hat seit den Achtzigerjahren Pionierarbeit zur Künstlichen Intelligenz geleistet, Hunderte von begutachteten Papers verfasst, viele davon wurden mit Preisen ausgezeichnet, er hat in München und der Schweiz mit seinen Forscherteams allgemein höchst gelobte KI-Grundlagenforschung betrieben. Fast schon selbstverständlich, dass seine ehemaligen Doktoranden hinter dem Unternehmen DeepMind stehen, das den Go-Wettkampf so spektakulär für sich entschied. Die tiefen künstlichen neuronalen Netze seines Teams waren die ersten, die internationale Wettbewerbe gewannen. Sie revolutionierten Handschriften- und Spracherkennung, automatische Bildbeschreibungen und vieles andere und sind nun in den Produkten von Google, Apple, Microsoft, IBM oder Baidu enthalten. Wer heute an seinem Smartphone die Spracherkennung nutzt, verdankt das Schmidhubers Forschungsgruppe. Die sogenannte Long-Short-Term-Memory-Technik (LSTM) habe man seit den frühen 1990ern an der TU München und in der Schweiz »mit europäischen Steuergeldern entwickelt«, erinnert sich Schmidhuber. »Geld verdienen damit aber vor allem amerikanische und asiatische Firmen.«

In Schmidhubers Welt wird der Mensch nicht überflüssig, wird schon gar nicht Opfer der Künstlichen Intelligenz: »Das ist doch Unsinn, wie ihn sich nur Science-Fiction-Autoren und Filmemacher ausdenken.« Konflikte gebe es typischerweise zwischen denen, die sich ähnlich sind und daher um gewisse knappe Güter streiten. Künstliche Intelligenz aber müsse sich nicht streiten, sie werde sich vor allem für andere Künstliche Intelligenzen interessieren und nicht so sehr für Menschen und Insekten. Aber eines ist klar in der Vorstellung von Schmidhuber: »Es entsteht eine neue fortgeschrittene Form von Leben, die nicht auf die Biosphäre beschränkt bleiben wird. Und wir sind dabei und können die Anfänge miterleben.«

Andere Experten sind rigoroser. Physik-Legende Stephen Hawking fürchtet, der Mensch könne »verdrängt werden« von einer überlegenen maschinellen Intelligenz, und er ist damit nicht allein. Skype-Erfinder Jaan Tallinn aus Estland warnte in der *Süddeutschen Zeitung* vor einer »KI, die extrem kompetent ist, aber vollkommen gleichgültig gegenüber den Menschen«.

Wieder andere wiegeln ab, etwa Oren Etzoni, Chef des Allen Institutes for Artificial Intelligence in Seattle, der Heimatstadt von Microsoft. Etzioni sagt so beruhigende Sätze wie:»Roboter haben gewaltige Probleme damit, Türen zu öffnen. Also: Wenn Sie vor so einer Maschine Angst haben, dann schließen Sie daheim einfach alle Türen.« Guter Witz, aber dahinter steckt die Erkenntnis des Forschers, dass Künstliche Intelligenz erst am Anfang steht. Immer wieder wird von Rückschlägen berichtet, etwa die Geschichte von einem neuronalen Netzwerk, das Hunde von Wölfen unterscheiden konnte. Allerdings fiel den Forschern irgendwann auf, dass in allen Hundebildern im Hintergrund Schnee zu sehen war – und bei den Wölfen nicht. Die Maschine hatte also nicht gelernt, wie ein Hund aussah, sondern sich nur den Schnee eingeprägt. Oder ein anderes Netzwerk, das einen Bus korrekt identifizieren lernte, dann aber plötzlich einen Vogel Strauß erkannte, nachdem nur einige wenige Pixel im Bild verändert wurden; eine Veränderung, die für einen Menschen gar nicht sichtbar war.

Aber das ändert nichts daran, dass Künstliche Intelligenz heute schon viele Aufgaben schneller und besser meistert als Menschen, wenn man sie denn lässt, sagt Professor Schmidhuber. Lernende künstliche neuronale Netze entdecken automatisch Tumorzellen, erkennen Sprache, Handschrift oder auch Verkehrszeichen für selbst fahrende Autos, sagen Aktienkurse voraus, steuern Roboter für die Industrie 4.0. Jeder Aspekt von Wirtschaft und Gesellschaft, ist Schmidhuber überzeugt, wird sich durch Künstliche Intelligenz sehr grundlegend und sehr rasch verändern.

Und das erklärt, warum mittlerweile nicht nur die IT-Konzerne, sondern auch klassische Industriekonzerne wie Siemens, ABB oder Kuka gewaltige Summen in die neue Technik investieren. Chris Boos berichtet über eine veränderte Wahrnehmung in den Unternehmen. Wenn er früher auf seinen Missionsreisen in den Konzernzentralen des Landes anklopfte, wurde er von den Experten der zweiten Ebene empfangen.»Heute ist das Chefsache«, sagt Boos. Die Frage, über die sie dann debattieren, lautet nicht mehr: Brauchen wir intelligente Software? Sondern nur noch: Wie implementieren wir sie, und wie schnell geht das? Ein guter Anfang wäre es, die vielen talentierten KI-Forscher im Land zu halten. Wer sich bei Google und den anderen Silicon-Valley-Firmen umschaut, entdeckt sehr viele Europäer, auch viele Deutsche. Manche wären gerne in Europa geblieben – wenn es dort attraktive Jobs für sie gegeben hätte.

Der Hauptschlüssel zur Künstlichen Intelligenz aber sind die Daten. Die Dartmouth-Pioniere unterschätzten noch, welche Datenmengen gebraucht würden, deshalb hat sich vieles nicht so schnell entwickelt wie gedacht. Heute verschafft genau das den Internetgiganten aus dem Silicon Valley dramatische Wettbewerbsvorteile. Boos zählt fünf Datenpools auf der Welt, die groß genug sind, um Künstliche Intelligenz daran lernen zu lassen: Google, Facebook, Tencent, Alibaba, Yandex: Amerikaner, Chinesen, Russen – kein Europäer dabei. Ein Problem. Europa müsse dringend einen eigenen Datenpool aufbauen, fordert Boos, müsse selber so viele Daten wie möglich speichern – um sie für Künstliche Intelligenz und andere Anwendungen im Internet der Dinge nutzbar zu machen. Seine Vision ist es deshalb, selbst einen solchen Datenpool zu schaffen.

Arago ist profitabel seit seiner Gründung, sagt Boos, es wächst mit Raten von 70 Prozent jährlich, die US-Beteiligungsgesellschaft KKR hat sich mit mehr als 50 Millionen US-Dollar eingekauft, nun ist die Expansion in die USA möglich. Manche sagen, hier entstehe das zweite SAP. Das mag zu hoch gegriffen sein, aber auch zwei, drei Nummern kleiner wäre es eine Erfolgsstory, wie sie Deutschland gut brauchen kann. Das Land, das die Menschen hat, die mit Künstlicher Intelligenz umgehen können. Aber noch nicht die Unternehmen, die daran verdienen.

Wilhelm Conrad Röntgen reloaded

Wenn Peter Vullinghs, der Deutschland-Chef des Elektronikkonzerns Philips, mit seinen Mitarbeitern reden will, dann geht er mal eben rüber auf den Kiez. Der Kiez: Das ist zum einen in Hamburg die Gegend um die Reeperbahn, der Ort also, wo man die schnelle Liebe kaufen kann und dunkle Gestalten ihre Geschäfte machen. Der Kiez: So haben sie bei Philips aber auch eine der fünf Etagen in der neuen Deutschland-Zentrale getauft, in einem roten, lichten Klinkerbau nur zwölf Fußminuten vom Hamburger Flughafen entfernt. Jeder diese fünf Etagen hat einen anderen Namen: Speicherstadt, Stadtpark, Skylounge. Und eben Kiez.

Die Etagen in dem neuen Gebäude in Hamburg-Fuhlsbüttel haben nicht bloß Namen bekommen, sie wurden auch entsprechend eingerichtet: Im Kiez zum Beispiel leuchten die Wände in grellen Farben, orange, gelb, lila; im Loungebereich steht eine Sitzgruppe, die einer Riesenradgondel ähnelt, direkt daneben zwei große aufgeschnittene Container, innen drin Bildschirme, Plüschbänke, bunte Tapeten. Eine Etage tiefer, im dritten Stock, genannt Stadtpark, drängen sich dicht an dicht Birkenstämme im Foyer, dazwischen viel Grün; die Mitarbeiter können sich hier auf Gartenliegen niederlassen – zum Entspannen oder auch zum kreativen Gespräch mit Kollegen.

»Das haben sich«, sagt Vullinghs, ein fröhlicher Niederländer, »unsere Mitarbeiter ausgedacht.« Sie durften mitreden bei der Gestaltung der neuen Deutschland-Zentrale, in die sie Ende 2015 eingezogen sind, und sie haben sich dort ein Stück Hamburger Heimat geschaffen. Von außen wirkt das Haus eher schlicht und unterscheidet sich kaum von anderen Klinkerbauten, wie sie in der Hansestadt üblich sind. Innendrin aber hat Philips eine Arbeitswelt geschaffen, wie man sie aus Start-ups kennt: bunt und offen, mit stylischen Möbeln, großen Kaffeeküchen und vielen Räumen, in denen man sich spontan treffen kann; aber schicker, eleganter als in einer Gründer-Bude.

Wer in diesem Büro der Zukunft arbeitet, der hat keinen festen Schreibtisch mehr, keine Tür mehr, an der sein Namensschild hängt, sondern nur noch einen kleinen Schrank mit Schiebetür, hinter der sich das Allernötigste befindet: ein Laptop, ein paar Stifte, ein wenig Papier. Wenn die Mitarbeiter morgens ins Büro kommen, dann holen sie ihre Utensilien aus dem Schließfach und suchen sich in den Großraumbüros einen freien Arbeitsplatz.

Fest installierte Telefone, mit einer festen Durchwahl für den Mitarbeiter, gibt es nicht mehr. Stattdessen hat jeder ein Smartphone und ist über diese eine Nummer erreichbar, ganz egal, wo er sitzt – und sei es, dass er zu Hause arbeitet, im Home Office.

Man kann sich aber auch innerhalb der Zentrale zurückziehen, für ein halbe Stunde oder auch für einen halben Tag, wenn man Ruhe braucht: in eines der kleinen Einzelzimmer, hinter einer großen Glaswand, einen sogenannten »Fokus-Raum«, wo man nicht sehr viel mehr findet als einen Stuhl, eine abwaschbare Schreibtafel an der Wand und einen Schreibtisch, mit allen Anschlüssen, die man braucht: für Handy, Laptop, Strom.

Es ist ein bemerkenswerter Wandel, der sich da an einem in vielerlei Hinsicht historischen Ort vollzieht. Denn hier, im Norden der Hansestadt, wird nun schon seit über neun Jahrzehnten Medizintechnik produziert: anfangs noch von den C.H.F. Müller-Werken, bald dann schon von Philips. Der Konzern aus den Niederlanden übernahm 1927 die C.H.F. Müller-Werke und betreibt seither von Hamburg aus sein weltweites Geschäft mit der Medizintechnik. Ein Markt, dem Vullinghs in den nächsten Jahren gewaltige Wachstumsraten voraussagt. Denn die Digitalisierung, davon ist er überzeugt, wird im Gesundheitswesen alles verändern, sie wird den

Unternehmen, vor allem aber den Ärzten und Patienten ganz neue Möglichkeiten eröffnen, neue Anwendungen, neue Wege der Diagnose, der Behandlung und auch der Vorsorge.

Und weil sich alles ändert im Gesundheitswesen, haben sie bei Philips eben auch in ihrer Zentrale alles geändert. WPI nennen sie dieses moderne, flexible Bürokonzept, die Abkürzung für Workplace Innovation. Der Konzern hat es mittlerweile an mehr als 30 Standorten in der Welt umgesetzt, er will damit die üblichen Strukturen aufbrechen, das Denken in Hierarchien, den Rückzug hinter verschlossene Türen. Alle im Großraumbüro: Das gilt auch für den Chef. Vullinghs war für Philips zuletzt in Russland tätig, davor in Indien, Singapur und Hongkong, er hatte früher, als die Deutschland-Zentrale sich noch in einem Hochhaus im Hamburger Stadtteil St. Georg befand, ein eindrucksvolles Büro im 17. Stock. Toller Blick über die Außenalster. Aber die meisten Mitarbeiter hat er nie gesehen. Nun hockt er mitten unter ihnen und ist jederzeit ansprechbar, auch der 45-jährige Chef hat sein Einzelzimmer aufgegeben, wie alle anderen rund 1000 Mitarbeiter in der Deutschland-Zentrale. Wenn er nur eine Ausnahme gemacht hätte, sagt Vullinghs, wären ganz viele gekommen und hätten gesagt: Wir brauchen das für vertrauliche Besprechungen, für wichtige Telefonate, für Personalgespräche, für was auch immer.

So aber sind in Hamburg-Fuhlsbüttel nun alle gleich. Nicht jedem ist dieser Schritt leichtgefallen. Zweieinhalb Jahre lang haben sie bei Philips deshalb den Umzug vorbereitet, haben Workshops mit den Mitarbeitern gemacht, sie die Möbel auswählen lassen, sie beim Design mitreden lassen, zusammen mit versierten Innenarchitekten. Immer wieder gab es Townhall-Meetings, in denen die Chefs mit der Belegschaft diskutiert haben. Einmal, so erzählt es Vullinghs, sei ein Mitarbeiter aufgestanden und habe gefragt:»Warum sollen wir denn in Deutschland so ein amerikanisches Konzept einführen?« Das passe nicht hierher. Er habe geantwortet:»Genau das Gleiche habe ich vor drei Jahren auch in Russland eingeführt. Und Russland ist nicht Amerika.«

Mittlerweile haben sich die meisten Ängste gelegt, sind bei fast allen die Sorgen verflogen, dass man in einem Bürogebäude ohne festen Arbeitsplatz sich heimatlos fühlt und womöglich Psychologen notwendig sind, um die verstörten Mitarbeiter zu betreuen. Redet man mit Mitarbeitern, schwärmen die regelrecht von den neuen Bedingungen. »Wenn man das hier sieht, dann weiß man, auf was für einer Baustelle wir früher gearbeitet haben«, sagt einer. Und auch wenn niemand mehr einen festen Arbeitsplatz habe, sitze man doch immer wieder mit denselben Kollegen zusammen, erzählt ein anderer. Jedes Team hat eine eigene »Neighbourhood«, wie sie das bei Philips nennen, einen Bereich innerhalb des Großraums, wo man sich niederlässt.

Doch nicht nur die Büros verändern sich in Hamburg-Fuhlsbüttel, Vullinghs will das gesamte Gelände in einen Innovationscampus verwandeln. »Dort drüben«, sagt er und zeigt aus dem Fenster, »befindet sich unsere Produktion«, in einem äußerlich alten, innen aber hochmodernen Industriebau, in einem Baudenkmal mit rissigen Außenwänden. Hier produzierte C.H.F. Müller von Beginn der 1920er-Jahre an die Röntgenröhre, diese geniale Erfindung von Wilhelm Conrad Röntgen, dem deutschen Physiker. Röntgen war einer der ganz großen Wissenschaftler aus Deutschland: geboren in Remscheid, aufgewachsen teils in den Niederlanden, zu Ruhm gekommen in Würzburg, wo er im Jahr 1895 die von ihm so genannten X-Strahlen entdeckte, die Röntgenstrahlen, wie sie in Deutschland später von dem Anatomen Albert von Kölliker getauft wurden.

Die X-Rays, wie sie im englischsprachigen Raum bis heute heißen, veränderten die Welt der Medizin, der Physik, der Biologie und der Astronomie. Schwarz-weiße Bilder erlaubten plötzlich einen bis dahin völlig unbekannten Blick in das Innerste des Menschen, die Röntgenstrahlen zeigten Knochenbrüche und andere Verletzungen. Die X-Rays halfen zudem dabei, die Radioaktivität zu entdecken, das All mithilfe von Röntgenteleskopen zu erforschen und den Mikrokosmos mithilfe von Röntgenmikroskopen. Eine Revolution also, weshalb Röntgen im Jahr 1901 den allerersten Nobelpreis für Physik erhielt.

Das Röntgengerät allerdings ließ sein Erfinder niemals patentieren. Er war ein bescheidener, introvertierter Mensch, ausgestattet mit einem großen Gerechtigkeitssinn, und hielt es damals wie heutzutage der amerikanische Unternehmer Elon Musk mit seinen E-Auto-Patenten: Er bot seine Erfindung allen zur kostenlosen Nutzung und Weiterentwicklung an. Carl Heinrich Florenz Müller, genannt »Röntgenmüller«, griff als Erster zu und lieferte schon bald die ersten Röhren an das Universitätsklinikum Hamburg-Eppendorf. In einem Schreiben an den deutschen Elektrotechnik-Konzern AEG erklärte Röntgen seine Freigiebigkeit später damit, dass seine »Erfindungen und Entdeckungen der Allgemeinheit gehören und nicht durch Patente, Lizenzverträge und dergleichen einzelnen Unternehmungen vorbehalten bleiben dürften«.

Heute steht die Welt der Medizin wieder vor einer Revolution, und erneut geht es darum, in das Innerste des Menschen hineinzuschauen und es noch besser zu durchleuchten. Bei Philips in Hamburg arbeiten sie mit Macht daran, den elektronischen, den digitalen Patienten zu schaffen, seine Daten zu sammeln, zu bündeln, sie auszuwerten, sie mit großen Datenpools zu vergleichen – um jedem am Ende eine bessere, zielgenauere Behandlung zu ermöglichen. Der Äskulapstab, dieses Symbol der Mediziner, wird ersetzt durch die Cloud.

Peter Vullinghs träumt dabei von einer Welt, in der Patienten die Einnahme ihre Medikamente nicht mehr vergessen (oder die Dosierung versehentlich ändern), sondern in der ein Algorithmus dafür sorgt, dass man die Medizin zu einer bestimmten Zeit schluckt oder injiziert bekommt; er träumt von einer Welt, in der man seine Gesundheitsdaten ständig aufzeichnet, nicht mit irgendeinem Fitnessarmband aus amerikanischer Herstellung, sondern mit einer medizinisch getesteten und zugelassenen Uhr, wie der Philips-Manager sie bereits probeweise am linken Armgelenk trägt.

Und zu dieser Welt gehört auch ein elektronischer Notrufmelder für ältere Menschen. Ein Produkt, das es schon heute gibt, auch von anderen Anbietern. Wer stürzt oder Hilfe braucht, der muss auf den

Knopf in seiner Jacken- oder Hosentasche drücken; und schon wird ein Alarm ausgelöst. »Unser Notrufmelder wird sehr viel intelligenter sein«, sagt Vullinghs. Dieses Gerät wertet permanent aus, wie der ältere Mensch, der es trägt, sich bewegt, wie er läuft; es merkt, wenn der Gang sich verändert, wenn er abweicht vom normalen Schrittmuster, weil die Beine an einem Tag vielleicht schwächer sind – der Melder gibt automatisch einen Alarm an einen Arzt oder an Verwandte, falls sich aufgrund der Bewegungsdaten mit großer Wahrscheinlichkeit ein Sturz innerhalb der nächsten Tage voraussagen lässt.

All das, sagt Vullinghs, als wir ihn im Mai 2016 besuchen, werde schon bald auf dem Markt sein, und manches davon ist es mittlerweile. In Hamburg-Fuhlsbüttel entwickeln sie Jahr für Jahr etwa 100 neue Patente. Philips, dieses Unternehmen, das zwar aus den Niederlanden stammt, das die meisten Deutschen aber für einen deutschen Konzern halten, ist damit im Bereich Medizintechnik innovativer als jeder Wettbewerber. Und auch wenn man alle anderen Branchen hinzunimmt, liegt der Konzern mit seinem Erfindungsreichtum weltweit vorne: Im Jahr 2015 meldete Philips beim Europäischen Patentamt insgesamt 2402 Patente an – und war damit vor Samsung und LG aus Südkorea, Huawei aus China und dem deutschen Siemens-Konzern.

Die Zahlen der Patenthüter zeigen dabei eindrücklich: Jedes siebte Patent weltweit stammt – nicht zuletzt dank der Digitalisierung – inzwischen aus dem Bereich der Medizintechnik; aus keinem anderen Sektor liefern die Forscher in den Unternehmen mehr Erfindungen.

Und die Deutschen stehen dabei verdammt gut da: dank Philips, dank Siemens mit seiner erfolgreichen Medizintechnik, aber auch dank zahlreicher anderer namhafter Unternehmen wie Fresenius oder Drägerwerk. Die Deutschen sind die weltweite Nummer zwei in diesem Markt, ein gutes Stück hinter den USA, aber weit vor dem Drittplatzierten Japan. Das Problem ist nur: Sie entwickeln und produzieren solche Produkte zwar mit großer Präzision; sie tun sich aber – weil die Sorge um den Datenschutz derart ausgeprägt ist – dabei schwer, manch innovative Produkte selber anzuwenden. »Leider«, sagt Vullinghs, »benutzt man in Deutschland den Datenschutz oft als Alibi, um aus Furcht vor Veränderung eine eigentlich sinnvolle Entwicklung zu verhindern.«

Zu welch absurden Situationen das führen kann, erlebten Krebspatienten an einer großen Berliner Klinik. Dort war eine elektronische Badematte entwickelt worden, die via WLAN überprüft, ob die Kranken daheim regelmäßig auf die Toilette gehen. Die Ärzte hielten dies für sinnvoll, die krebskranken Patienten auch. Und dennoch: Weil solche eine Matte die »Unversehrtheit der Wohnung« verletzt, ein in Deutschland sehr hohes Rechtsgut, wurde ihr die Zulassung verweigert.

Peter Vullinghs kann über solche Geschichten nur den Kopf schütteln. Aber zum Glück, sagt der Niederländer, gebe es in Deutschland eine ganze Reihe von Medizinern, Politikern und Krankenkassen, die bereit seien, neue Wege zu gehen. Dazu zählt er Hermann Gröhe, den auf den ersten Blick recht blassen Gesundheitsminister von der Union, der sich aber viele Gedanken zur Digitalisierung macht; oder auch Jens Baas, den Chef der Techniker Krankenkasse, einen ehemaligen Mediziner und Unternehmensberater.

Baas ist, wenn man so will, der digitale Querkopf unter den Kassenchefs. Ein agiler Manager Ende 40, der ständig neue Ideen ausspuckt und vor Energie sprüht; der am einen Armgelenk eine Apple Watch trägt und am anderen einen Fitness-Tracker; und der davon überzeugt ist, dass »in ein paar Jahren jeder von uns so ein Gerät haben wird«. Und zwar nicht, weil Ärzte oder Kassen einen dazu zwingen, sondern freiwillig, aus Liebe zur eigenen Gesundheit.

Sein Büro befindet sich in Hamburg-Barmbek, nur ein paar Autominuten entfernt von der Zentrale von Philips. Es verbirgt sich in einem riesigen, unübersichtlichen Gebäudekomplex, der noch aus der alten Zeit stammt: von Start-up-Kultur keine Spur. Der Kassenchef Baas allerdings würde durchaus in so ein junges, hippes Unternehmen passen. Er hat all die englischen Begriffe drauf, die in der Tech-Szene üblich sind: »Disruption« und so.

Die Disruption im Gesundheitswesen, davon ist er überzeugt, wird kommen. Fitnessarmbänder zum Beispiel, wie sie Fitbit oder Garmin millionenfach verkaufen, seien nur der Anfang. Solche Geräte würden derzeit vor allem von gesunden Menschen genutzt, sagt Baas, sie tracken damit ihre Bewegung, ihren Puls, ihre Schritte, ihren Schlaf und schauen sich die bunten Statistiken auf dem Smartphone an. Eine Spielerei. »Aber wir werden aus der Spielphase herauskommen.« Man müsse sich nur einmal anschauen, »was an Sensoren in Entwicklung ist, mit denen man noch mehr messen kann – Blutzucker, Blutdruck oder Temperatur«, wenn man all diese Daten zusammenführen und analysieren könnte, dann werde es hochspannend; dann könne man sich ganz neue medizinische Anwendungen vorstellen.

Genauso sieht es auch Christian Stammel, der Gründer von Wearables Technologies, einem Unternehmen aus Herrsching am Ammersee, das Start-ups finanziert. Stammel nimmt für sich in Anspruch, den Begriff »Wearables« entscheidend geprägt und bekannt gemacht zu haben – als Dachbegriff für alle jene Geräte, die der Mensch mehr oder weniger direkt am Körper trägt und die mit dem Internet verbunden sind. »Tragbare Technologien ermöglichen, extrem viele neue Informationen zu sammeln und sie zu nutzen. Das ist ein technologischer Sprung, der mit der Einführung des Internets vergleichbar ist«, sagt er.

Eine Entwicklung zum Beispiel, die Stammel fasziniert, sind intelligente, mit dem Internet vernetzte Pflaster: Sie können, wenn man sie sich auf die Haut klebt, selber Wirkstoffe an den Körper abgeben. Oder aber sie sorgen mit einem Funksignal dafür, dass sich eine Pille, die man Stunden vorher geschluckt hat, genau zum richtigen Zeitpunkt auflöst. So ist sichergestellt, dass die Medikation exakt zum richtigen Zeitpunkt erfolgt. Zukunftsmusik, gewiss. Aber »the hacking of the body«, wie Stammel es nennt, »wird die Medizin in vielen Bereichen verändern, weil es eine gewaltige Menge an Daten produziert.«

Entscheidend ist allerdings: Was geschieht mit diesen Informationen? Wer darf sie sammeln? Und wer darf sie nutzen?

Jens Baas möchte diese Daten bei den Krankenkassen zusammenführen: in einer elektronischen Patientenakte. In diese Akte sollen alle medizinischen Daten eines Versicherten einfließen: die Befunde vom Haus- und Facharzt und aus der Klinik, alle Rezepte, Röntgenbilder und Computertomografien, aber auch alle Daten, die jemand mit seinem Fitness-Tracker erhebt, mit seiner digitalen Waage oder seinem elektronischen Thermometer.»Jeder«, sagt der Chef der Techniker Krankenkasse,»bekommt das Recht auf so eine elektronische Patientenakte. Diese muss ihm von seiner Krankenversicherung bezahlt werden. Und der Patient kann allein bestimmen, wer die Daten sehen darf.«

Was aber bringt das Versicherten? Sehr viel, glaubt Baas:»Wir können Krankheiten beobachten und über das Risiko einer Erkrankung informieren, wenn wir die Krankheiten, den Puls, das Ausmaß der Bewegung und so weiter zusammen analysieren. Oder: Wir wissen, dass der Versicherte eine Depression hat, und stellen auf einmal fest, dass seine Bewegungsmuster auffällig werden. Dann können wir ihm vorschlagen, zum Arzt zu gehen.«

Aber wollen Menschen wirklich ihr ganzes Leben tracken? Baas hat da keine großen Zweifel: Wenn man ihnen einen Service anbiete, der»sie gesünder machen kann und für sie bequemer ist, werden die meisten zugreifen«. Am Ende müsse das Handling für die Kunden genauso einfach sein wie bei Amazon.

All das, räumt der Techniker-Chef ein, klinge ein wenig nach Science-Fiction. Doch wenn die deutschen Krankenkassen sich der Sache nicht bald annähmen, dann würden es andere machen – im Zweifel die amerikanischen Internetriesen; diese dringen längt in das lukrative Geschäft mit der Medizin ein: Google mit seiner Biotechnik-Firma Calico, Apple mit seiner Health-App und der Smartwatch, die alles trackt. Wie beim selbst fahrenden, vernetzten Auto, wo die Deutschen gegen die Konzerne aus dem Silicon Valley antreten, geht es am Ende also auch hier um die Frage: Wer hat die Hoheit über die Daten und damit über das Geschäft? Liegt also künftig der Großteil auf einem Server im Silicon Valley oder aber, wenn man Kunde der Techniker Kasse ist, auf einem Server in Hamburg-Barmbek?

Die elektronische Patientenakte, wie sie Baas vorschlägt, hätte für den Patienten den Vorteil, dass sie dem deutschen Datenschutz unterliegt. Und vor allem: Sie böte die Möglichkeit, den größtmöglichen Nutzen aus den ohnehin vorhandenen Patienten- und Trackingdaten zu ziehen. Derzeit liegen diese Daten verstreut an vielen Stellen und werden nicht so genutzt, wie es möglich wäre; stattdessen werden Patienten wieder und wieder untersucht und zum Beispiel geröntgt – obwohl die Informationen (oder das Röntgenbild) längst bei einem anderen Arzt vorliegen.

Natürlich werden sich viele Mediziner und Lobbyisten diesem Vorschlag widersetzen – so, wie sie es schon bei der elektronischen Gesundheitskarte getan haben, um deren Einführung seit zehn Jahren gerungen wird, obwohl sie bei Weitem nicht so viele Informationen bündelt. Denn die Furcht in der Ärzteschaft ist groß, dass plötzlich Transparenz herrscht (und damit mehr Wettbewerb) und zum Beispiel ein Arzt sehen kann, was ein anderer (falsch) verordnet hat. Die Lobbyisten werden die technischen und regulatorischen Probleme betonen, anstatt die Chancen zu ergreifen, welche die elektronische Patientenakte und eine vernetzte, digitale Medizin bieten.

Das wäre ein fataler Fehler. Denn der Wandel hin zur digitalen, voll vernetzten Medizin wird kommen – ob wir wollen oder nicht. Und die deutschen Unternehmen können dabei im Geschäft ganz vorne mitspielen. Wenn man sie denn lässt. »Die Deutschen«, sagt Peter Vullinghs, »sind sehr, sehr innovativ und sehr präzise darin, die Dinge voranzubringen und umzusetzen.«

Zeit also, die Ärmel der weißen Kittel in Laboren, Kliniken und Forschungsabteilungen hochzukrempeln! Und so anzupacken, wie es einst auch Wilhelm Conrad Röntgen tat. Zeit also für einen Besuch in Tübingen bei Saskia Biskup.

Böse Daten, gute Daten

Saskia Biskup ist eine starke Frau. Ärztin, Humangenetikerin, zwei Doktortitel, drei Jahre Forschung in den Vereinigten Staaten, zwei Jobs parallel, mutige Gründerin, erfolgreiche Unternehmerin, vielfache Preisträgerin. Eine Kämpferin. Aber auch eine Frau, die ihr eigenes Land nicht versteht. Wie kann es sein, dass die Deutschen sehenden Auges jedes Jahr viele Menschen sterben lassen, die von einer modernen Medizin gerettet werden könnten? Eine moderne Medizin, und da beginnt das Problem, die in großem Stil Patientendaten austauscht und vernetzt; die also auf Big Data setzt. Genau das aber wollen die Deutschen mehrheitlich nicht.

»Big Data« ist das Schlüsselwort für die digitale Revolution. Aber auch das Reizwort. Das Meinungsforschungsinstitut TNS Infratest hat Anfang 2016 die Ergebnisse einer der umfangreichsten europäischen Studien zum Thema Big Data veröffentlicht. Befragt wurden mehr als 8 000 Menschen in acht europäischen Ländern von Großbritannien über Tschechien bis Spanien. Populär ist Big Data nirgendwo, weniger als ein Drittel der Befragten erkennen mehr persönliche Vorteile als Nachteile. Aber nirgends ist der Befund so eindeutig wie in Deutschland. 62 Prozent der hier Befragten sehen vor allem Nachteile; in Irland sind es gerade mal 38 Prozent. Während 60 Prozent der Spanier und 54 Prozent der Briten es ganz in Ordnung finden, wenn Onlineshops Daten sammeln, um Kunden personalisierte Angebote zu schicken, finden das in Deutschland gerade mal 11 Prozent gut. 40 Prozent der Briten wären bereit, persönliche Fitnessdaten messen zu lassen, um entsprechend unterschiedliche Versicherungstarife zu erhalten, aber nur 8 Prozent der Deutschen. Zwei Drittel der Spanier würden ihrer Autofirma gerne ihre Daten überlassen, um einen besseren Service zu erhalten, nur jeder fünfte Deutsche fühlt sich bei dieser Vorstellung wohl; und so geht das immer weiter.

Und jetzt kommt Saskia Biskup ins Spiel, die so traurige Geschichten erzählen kann. Wie jene von dem Kind mit einem genetischen Defekt, dem sie hätte helfen können, aber nicht helfen durfte, weil die notwendige Diagnostikmethode nicht im Klinikalltag verankert ist und die Krankenkassen das Verfahren ablehnen und nicht finanzieren. Das Kind ist gestorben, die Eltern haben von der neuen Methode nichts erfahren. Die Medizinerin aus Tübingen kann aber auch schöne Geschichten erzählen. Wie jene von dem Patienten mit Bauchspeicheldrüsenkrebs in fortgeschrittenem Stadium, dem weder Chemotherapie noch Bestrahlung helfen konnten. Mit einer Genanalyse des Tumors konnte eine passende Therapie auf den Tumor zugeschnitten werden, ein Impfstoff nur gegen diesen einen Tumor; dem Mann geht es heute gut. Fast eine halbe Million Menschen erkrankt jedes Jahr in Deutschland an Krebs. Aber Krebs ist nicht gleich Krebs. Es ist der Job und die Berufung der Humangenetikerin Biskup, die sich auf die Erbgutanalyse von Krebszellen spezialisiert hat, der konkreten Erkrankung auf die Spur zu kommen, und dabei helfen Computer und Daten. Das betreibt sie mit Leidenschaft und vollem Einsatz, aber sie hat nicht den Eindruck, dass das gesellschaftlich akzeptiert und staatlich hinreichend unterstützt würde, im Gegenteil.

Die gebürtige Frankfurterin, die sich nach dem Studium der Medizin mit Praktischem Jahr und Promotion der Genetik und Neurobiologie zuwandte und sich im In- und Ausland zur Humangenetikerin ausbilden ließ, hatte ihre Erweckungserlebnisse in den Vereinigten Staaten, wo auch sonst. Dort hörte sie als junge Forscherin vor mehr als zehn Jahren das erste Mal von sogenannten Hochdurchsatzsequenzierern. Das sind digitale Maschinen, die das komplette menschliche Genom in wenigen Tagen aufschlüsseln können. Zurück in Deutschland, am Institut für klinische Hirnforschung der Universität Tübingen, war an die Anschaffung eines solchen Geräts aus öffentlichen Mitteln – Kostenpunkt eine Million Euro – nicht zu denken.

Wieder in den USA, diesmal im Urlaub in Florida, hatte Ehemann Dirk, promovierter Kaufmann und in den Diensten eines Elektrokonzerns, die zündende Idee: Wenn der Staat nicht reagiert, warum dann nicht selbst aktiv werden? Im Jahr 2009 gründete das Paar eine Firma und nannte sie CeGat: Center of Genomics and Transcriptomics. Für digitale Verhältnisse, wo manches Unternehmen von Weltruf noch nach zehn Jahren nicht profitabel ist und sich nur mit Investoren-Millionen über Wasser hält, war den Biskups ein phänomenaler Erfolg beschieden. Nur das erste Geschäftsjahr endete in roten Zahlen, schon 2010 war ein kleiner Gewinn zu verzeichnen, und die allgemeine Aufmerksamkeit wuchs: Der Medizintechnikkonzern B. Braun Melsungen erwarb eine Beteiligung, seit 2014 steht der EU-Innovationspreis für Gründerinnen im Regal. Die Mitarbeiterzahl ist von 0 auf 120 nach oben geschnellt, und aus dem Gründerzentrum Tübingen ist CeGat in eine neu gebaute Unternehmenszentrale umgezogen. Längst verwaltet Dirk Biskup die Firma hauptamtlich, und seine Frau, die Herz, Seele und Innovatorin von CeGat ist, hat den Zweitjob als Chefärztin in Stuttgart an den Nagel gehängt.

Das Geschäftsmodell der Biskups ist ziemlich klug: Das Standbein, damit die Banken Geld geben und der Betrieb läuft, ist die DNA-Diagnostik einzelner Gene. Das machen viele, aber Saskia Biskup, die über Alzheimer, Parkinson und Demenz forscht, hat sich auch hier auf seltene Erkrankungen spezialisiert; teilweise ist sie der einzige Anbieter weltweit. Wer aber das Spielbein des Unternehmens sehen will, muss in den Keller des gläsernen Baus gehen, wo kühlschrankgroße Geräte surren: besagte Hochdurchsatzsequenzierer, die das superschnelle Auslesen von Genen bewerkstelligen. So kann beispielsweise Tumorgewebe mit gesundem Gewebe von Patienten verglichen werden. Der Clou aber ist die Verbindung dieser beiden Dienstleistungen, die Interpretation der Daten, die durch die Hochdurchsatzsequenzierung gewonnen werden, sagt die Mittvierzigerin nicht ohne Stolz. Wie war das noch bei den MIT-Forschern Brynjolfsson und McAfee? Das Internet der Dinge definiert sich durch drei Charakteristika: Es ist exponentiell, digital – und vernetzt.

Der Wert dieser Vernetzung kennt für Saskia Biskup keine Grenzen: Man kann einschränken, welche der rund 20 000 menschlichen Gene für das Erkennen einer bestimmten Krankheit relevant sind. In der Konsequenz geht es um Therapie, um Heilung. Um die Wirksamkeit von Medikamenten. Und übrigens auch um die Kosten des Gesundheitssystems. Deshalb, sagt Biskup, kann sie nicht verstehen, dass die Deutschen das nicht wollen.

Wie kann es sein, dass die Menschen, selbst wenn sie krank sind und Hilfe brauchen, immer noch akzeptieren, dass sie meist einem einzigen Arzt ausgeliefert sind, einem Einzelkämpfer, der seine konkreten Erkenntnisse und Behandlungen womöglich noch mit der Hand auf eine später vergilbende Karteikarte schreibt, die niemand je sehen wird außer ihm selbst – statt dass all diese Daten weltweit verfügbar und ausgetauscht werden, um Muster zu erkennen, die dann wieder anderen Ärzten und anderen Patienten helfen?

Das Unverständnis, ja fast schon die Verzweiflung ist Saskia Biskup anzusehen, ihr Gesicht hoch vergrößert auf den großen Monitoren über der Bühne, beim 9. Wirtschaftsgipfel der *Süddeutschen Zeitung* im November 2015 im Berliner Hotel Adlon: »Wir könnten so viel mehr für die Patienten in kürzerer Zeit erreichen«, sagt sie, und: »Wenn wir unsere Daten nicht teilen, können wir den Patienten nicht mehr optimal behandeln.« Ihr gegenüber sitzt eine andere starke Frau, Sandra Sieber, Wirtschaftsprofessorin und Leiterin des Instituts für Informationssysteme der IESE Business School in Barcelona, einer der drei besten Business-Universitäten der Welt. Die polyglotte Österreicherin ist eine Art Digital-Star der Ökonomie, fast unentwegt tourt sie durch die Welt, ist morgens aus New York gekommen und muss am nächsten Tag weiter nach Barcelona. Sie persönlich würde ihre Daten ja teilen, sagt Sieber, gerne auch mit Saskia Biskup. »Aber je sensibler die Daten für mich sind, desto vorsichtiger muss man damit umgehen«, findet sie. »Wenn mit diesen Daten etwas passiert, wäre das ganz schlimm. Das kann man auch gegen mich benutzen.«

Weil das so ist, hat es beispielsweise der Bewertungsausschuss der Kassenärztlichen Vereinigung und der Kassen im Jahr 2014 abgelehnt, die Gentests der neueren Generation zu bezahlen. Selbst als Igel-Leistung, also als Individuelle Gesundheitsleistungen, die vom Patienten selbst zu tragen sind, sei das problematisch, so die Kassenärztliche Vereinigung – denn die Untersuchung könne ja genetische Veranlagungen ans Licht bringen, um die es bei der konkreten Behandlung gar nicht gehe. Auch beim Ultraschall sei man vor Überraschungen nicht gefeit, sagt dazu Saskia Biskup und verweist darauf, dass die modernen Diagnostik-Methoden in anderen Ländern längst üblich seien.

Die Diskussion im Hotel Adlon findet keinen Konsens, und am Ende meldet sich der frühere Chef des Chip-Herstellers Infineon, Peter Bauer, zu Wort, immerhin ein Mann, der sein Geld in der Digitalwelt verdient hat (und als Aufsichtsratschef von Osram immer noch verdient). Bauer musste zugleich selber erleben, was eine schwere Krankheit bedeuten kann: Er trat im Jahr 2012 als Vorstandschef des DAX-Konzerns Infineon zurück, weil er an Osteoporose litt. Er finde, sagt Bauer, die Frage, »ob Big Data gut oder böse ist, nicht zielführend«. Da hätte man früher auch fragen können, ob elektrischer Strom böse sei. Aber, das sagt selbst Bauer: »Ich hätte Schwierigkeiten, mein Genom sequenzieren zu lassen und irgendwo liegen zu haben.« Da müsse man sich schon ziemlich sicher sein, dass »die Sicherheitsstandards stimmen«.

Bauer macht da einen Punkt – oder besser: zwei. Denn natürlich ist es gar nicht mehr möglich, der Digitalisierung zu entfliehen. Big Data ist einfach da. Zwei oder drei Tage reichen heute, um so viele Daten zu generieren wie früher in einem Jahr. Natürlich geht es bei dieser Datensammelwut meist um Quantität, nicht immer um Qualität. Vieles von dem, was wir an Daten produzieren, ist schlicht uninteressant, weil es sich nicht systematisch auswerten und miteinander verknüpfen lässt: eine Art moderner Kommunikationsmüll. Aber was ist mit den sensiblen, den relevanten ganz persönlichen Daten, auf die Bauer aufmerksam macht? Daten über die Gesundheit eines Menschen? Daten über das Kaufverhalten von Familien, die finanziellen Verhältnisse von Menschen? Oder noch sensibler: Daten über die Sicherheitslage eines Landes oder einer Stadt? Gilt die Gleichung: Smartphone, Smart Meter, Smart Homes, Smart Nations? Oder geben wir nicht in der voll vernetzten Welt am Ende unser ganzes Leben preis – und verlieren die Souveränität über unsere Daten?

Datensouveränität ist eines der großen Schlagworte der neuen Zeit. Ein sperriger Begriff, der aber ganz konkrete Ausprägungen hat. Schon vor Jahren machte FAZ-Herausgeber Frank Schirrmacher auf Podien Punkte, wenn er vom Vater einer noch minderjährigen Amerikanerin berichtete, der sich beim örtlichen Handelskonzern beklagte, dass der neuerdings ständig Baby-Reklame ins Haus schickte – und dort dann etwas erfuhr, was er gar nicht erfahren sollte, dass nämlich seine Tochter wahrscheinlich schwanger sei. Das hatte die Datenanalyse der Einkäufe ergeben, denn viele Frauen kaufen in bestimmten Phasen der Schwangerschaft ganz bestimmte Waren. Heute sind die Algorithmen, die unser Netzverhalten sortieren und uns dann mit gezielten Angeboten bedienen, noch treffsicherer. Das kann man einen bequemen Service finden, es aber auch für eine große Gefahr halten. Und schlicht für unheimlich.

Anke Domscheit-Berg, Netzaktivistin, Unternehmerin und ehemalige Spitzenpolitikerin der Piratenpartei, sieht das so. Sie empört die Tatsache, dass sie im Alltag vielen Apps Zugriff auf Daten gewähren soll, die diese gar nicht benötigen. Warum müsse eine schlichte Taschenlampen-App ihre Standortdaten erfassen, fragt sie. Ja, warum eigentlich? Neulich habe sie einen Wagen gemietet – und sich über ein blinkendes Symbol gewundert. 20 Minuten habe sie gebraucht, um im Handbuch herauszufinden, dass der Hersteller des Mietwagens mitschneidet, wohin sie fährt. Erst Daten sammeln, dann um Erlaubnis fragen – das sei nicht nur schlechter Stil, sagt Domscheit-Berg; es erschüttere das Vertrauen der Menschen und damit einen der Grundpfeiler unserer freien Gesellschaft: »Wir können es uns auch als Wirtschaft nicht leisten, auf den Datenschutz zu verzichten«, sagt sie.

Da wollen auch Wirtschaftsvertreter nicht widersprechen. Christian Deilmann etwa baut mit seinem Start-up Tado aus München-Sendling intelligente Thermostate, sogenannte Smart Meter, die man über sein Smartphone steuern kann; sie springen an, wenn man sich seiner Wohnung nähert – und steuern die Temperatur passgenau, wenn wir daheim sind. Eine praktische Sache, gewiss. Aber was ist mit den Daten, die wir dafür preisgeben müssen? Deilmann ist überzeugt, dass das Internet der Dinge das Leben vor allem angenehmer machen sollte. Und dass er als Unternehmer deshalb dafür Sorge tragen müsse, dass die Daten seiner Kunden – etwa die Informationen, wann sie zu Hause sind – bei ihm absolut sicher seien: »Unser Standard ist genauso hoch wie bei einem Konto der Deutschen Bank«, versichert Deilmann, um ein paar Sätze später zu erklären, warum das für sein Unternehmen so wichtig ist: Tado konkurriert bei den intelligenten Thermostaten mit Nest, einer Tochterfirma von Google. Das kleine Start-up aus München-Sendling gegen die Datenkrake aus Mountain View – da muss alles sauber sein.

Auch Till Reuter vom Roboterbauer Kuka sagt: Ohne Big Data, ohne das Sammeln großer Datenmengen – seien es Daten von Kunden, seien es Daten von Unternehmen – geht es nicht. »Für Europa ist die Nutzung der Daten essenziell, um im Wettbewerb gegen andere Regionen zu bestehen«, meint er. Walter Schlebusch dagegen, Chef des Münchner Unternehmens Giesecke & Devrient, eines Experten für den Druck von Banknoten sowie für Chipkarten und Sicherheitslösungen, geht zum Gegenangriff über. Die Diskussion in Deutschland werde leider »zu sehr aus der Sicht des Datenschutzes geführt«, sagt er. Das bremse oft die technologische, die wirtschaftliche Entwicklung. Und überhaupt: Die deutschen Konsumenten seien ziemlich widersprüchlich, wenn es um den Datenschutz gehe: Ihrem Smartphone vertrauten sie alles an und sicherten dieses anschließend oftmals nicht mit einem Passwort. Will sagen: Die Deutschen klagen sehr abstrakt über den zu geringen Datenschutz – und sind dann selber höchst nachlässig, wenn es darum geht, selber durch ein paar Kniffe die eigenen Daten zu schützen: durch die richtigen Privacy-Einstellungen auf dem Smartphone oder bei Facebook; oder dadurch, dass sie beim Surfen im Internet eben nicht jedem erlauben, einfach seine Cookies im Browser zu hinterlassen, also kleine Dateien, die das Surf-Verhalten überwachen.

Die meisten Bundesbürger sind reichlich schizophren: Sie fürchten Big Data – aber sie tun alles, um den Datenfischern die Arbeit zu erleichtern. Sie pochen auf ihr Recht auf informationelle Selbstbestimmung, das das Bundesverfassungsgericht in seinem Volkszählungsurteil 1983 garantiert hat – aber sie geben im Netz zugleich sorglos Informationen zuhauf über sich preis. Alles richtig. Nur: Der vernetzte Mensch kann sich ein Passwort ausdenken, seine gesamte digitale Umwelt chiffrieren – und sich eben doch nicht wirklich sicher fühlen. Denn die riesigen Datenmengen, die wir mit all unseren Geräten im Internet der Dinge produzieren, dienen eben nicht nur der Gesundheitsforschung und dem Umweltschutz; sondern es könnten am Ende auch unbefugte Dritte großes Interesse daran haben. Und wir erleben ja immer wieder, dass solche Daten, wenn sie nicht ausreichend geschützt werden, in den Händen von Hackern landen: seien es die Daten von Kreditkartenfirmen, von Steuerkanzleien oder Datingportalen.

Aber am Ende geht es nicht darum, ob wir persönlich Big Data wollen oder nicht. Denn Big Data ist einfach da, die Menge der Daten, die wir produzieren, schwillt immer schneller an, wie eine riesige Welle, die sich über uns auftürmt. Siemens hat ausgerechnet, dass die Menschheit bis zum Jahr 2005 etwa 130 Exabyte an Daten produziert hat, was für sich genommen schon eine gigantische Zahl ist. Ein Exabyte – das entspricht einer Trillion Bytes, mathematisch also der Rechnung zehn hoch achtzehn. Bis 2012 hat sich das Datenvolumen dann verdreifacht, auf 462 Exabyte. Danach aber begann das Internet der Dinge zu wachsen, und so wird sich die gesamte Datenmenge, die die Menschheit angehäuft hat, bis zum Jahr 2020 nochmals um das Dreißigfache erhöhen, auf dann 14 996 Exabyte, also auf rund 15 Billionen Gigabyte. Eine schier unvorstellbare Menge.

Die Frage ist einfach: Welche Regeln wollen wir uns für diese Datenflut geben?

Ein Beispiel aus dem Bereich, der immer noch vielen Deutschen besonders wichtig ist: Autofahren. Zahlreiche Diskussionen beschäftigen sich derzeit damit, wer denn beim fahrerlosen Auto zukünftig für Unfälle haftet, wenn der Computer verrückt spielt – eine Fragestellung, an der vor allem Juristen ihre Freude haben. Diese große, sehr große Frage muss geklärt sein, wie der bereits erwähnte tödliche Tesla-Unfall in Florida zeigt. Man kann die Debatte aber auch mit den kleinen Dingen starten, zum Beispiel mit dem Datenpflaster, an dem IT-Firmen arbeiten: Baut man das in Autositze ein, kann das Auto Alarm geben, wenn der Fahrer einschläft, nach vielen Studien eine der wichtigsten Unfallursachen. Allerdings, und schon dreht sich die Debatte wieder: Die Daten vom Pflaster könnten, wenn man nicht aufpasst, auch an die Kfz-Versicherung gehen und gegebenenfalls den Fahrer für Dinge haftbar machen, von denen bisher nie jemand erfahren würde. Man könnte sie sogar an die Straßenverkehrsbehörde geben; man könnte damit den totalen Staat bauen.

In der Ausgabe vom Januar 2016 der Zeitschrift *Spektrum der Wissenschaft* haben neun Experten – Risikoforscher, Informatiker, Ethiker, Juristen, Biologen – aus Deutschland, der Schweiz und den Niederlanden einen Aufruf »zur Sicherung von Freiheit und Demokratie« veröffentlicht, in dem sie vor einer Datendiktatur warnen. Sie haben gar nicht mal so sehr die üblichen Verdächtigen im Visier wie Google, Facebook oder die NSA, sondern den eigenen Staat, der sich unter dem Einfluss neuer Techniken schleichend automatisiere. Wo also die Grenze ziehen? Sollen wir Versuchsstrecken für selbst fahrende Autos auf deutschen Autobahnen gar nicht erst zulassen, weil wir den Datentransfer aus den Fahrzeugen heraus nicht wollen? Dann aber müsste man die Entwicklung zurückdrehen. Denn mit dem internetfähigen Navi sind wir längst eingeklinkt ins globale Netz. Automatische Notrufsysteme, die beim Unfall Hilfe rufen; automatische Bremssysteme, die eingreifen, wenn ein Kind vors Auto rennt – gibt es doch alles längst.

Das zu verbieten wäre nicht sinnvoll. Wir würden uns der Chancen der Digitalisierung berauben. Es geht also letztlich darum, alle Vorteile von Big Data zu nutzen – und die Nachteile zu beschränken. Es gilt, den Nutzen dieser Vernetzung abzuschöpfen, aber gesetzlich sicherzustellen, dass unsere Daten nur kontrolliert verwendet werden, durch ein neues, moderneres Datenschutzgesetz, das nicht gegen die Technik arbeitet – sondern die neue Technik ausdrücklich nutzt, um uns vor den Datenfischern zu schützen. Der Datenschutz, kein Zweifel, ist für die Beherrschung der digitalen Revolution von entscheidender Bedeutung. Und wer wüsste das besser als die Deutschen, die 1970 in Hessen das erste Datenschutzgesetz der Welt geschaffen haben? Doch der alte Antagonismus – hier die Unternehmen, die unbehelligt arbeiten wollen, dort der Staat, der alles unter Kontrolle behalten möchte – ist heute abgemildert: Auch die Wirtschaft muss im Grunde an einem funktionierenden Datenschutz interessiert sein. Denn wenn Unternehmen die Daten ihrer Kunden nicht sicher aufbewahren, dann haben sie es auf Dauer genauso schwer wie eine Bank, die nicht in der Lage ist, Geld sicher aufzubewahren.

Und unversehens wird aus einem Hemmschuh ein Treiber. Für die Deutschen ist Datenschutz das große Thema? Stimmt. Drüben im Valley wird über die deutsche Bedenkenträgerschaft sogar gespöttelt? Stimmt. Damit hängt sich Deutschland selbst ab, stirbt sozusagen in Schönheit und Wahrhaftigkeit? Muss nichts stimmen! Wird nicht stimmen, wenn es gelingt, aus der deutschen Vorsicht ein Geschäftsmodell zu machen.

Und die Chancen stehen nicht schlecht. Denn in ihrer Selbstverliebtheit glauben die Konquistadoren aus dem Silicon Valley, ihre Nonchalance sei das Maß aller Dinge. Eric Schmidt, Chairman von

Alphabet, dem Mutterkonzern von Google, saß im Januar 2015 auf einem Podium des Weltwirtschaftsforums in Davos und verkündete im Brustton der Überzeugung, dass das Internet nur Gutes bringe und sich im Grunde alle Problemen des Globus lösen ließen, wenn man nur jeden Bürger ans schnelle Breitbandnetz anbinde. Ganz ähnlich argumentierte Schmidt ein paar Monate zuvor, als ihm Bundeswirtschaftsminister Sigmar Gabriel während einer öffentlichen Diskussion in Berlin vorhielt: »Die Freiheit der Bürger darf nicht durch die Monopolmacht von Unternehmen eingeschränkt werden.« Es gehe dabei »um nichts Geringeres als um den Fortbestand unseres demokratischen Zusammenlebens«. Man könne doch zum Beispiel, schlug Gabriel vor, ein Daten-Gütesiegel schaffen, durch das die Nutzer auf den ersten Blick erkennen, ob ein Unternehmen ihre persönliche Daten hortet oder Profile erstellt – dies wäre, so Gabriel, eine Maßnahme, die Vertrauen bilden könnte.

Vertrauen: Genau darum geht es im Internet der Dinge – und ausgerechnet die Deutschen könnten dieses neue Gut schaffen, dessen Wert man im Silicon Valley nicht wirklich versteht. Nur wem die Kunden vertrauen, dass er ihre Daten sicher verwahrt, dem gehört auf Dauer die Zukunft. Und dafür haben die ängstlichen Deutschen einfach ein Händchen. Die Angst als Geschäftsmodell – ja, das kann funktionieren.

Wir wissen nun also, nach unserer Rundreise durch das digitale Deutschland, wo wir stehen. Auch im Verhältnis zum Silicon Valley. Wir wissen, dass wir den Wettlauf um die Digitalisierung, allen notorischen Schwarzsehern zum Trotz, keineswegs verloren haben. Was aber ist nötig, damit wir unsere Chancen auch nutzen? Was müssen wir – Bürger, Unternehmen, Politik und Gesellschaft – leisten, damit die digitale Transformation wirklich gelingt? Wie kann das deutsche Valley aussehen? Und wer werden am Ende die Gewinner und wer die Verlierer sein?

DIE DIGITALE TRANSFORMATION

Silicon Berlin

Oliver Samwer erscheint ganz leger im Pulli, schiebt das Reisegepäck in die Ecke, setzt sich ohne viel Aufsehen. Ein eher unscheinbarer Mann, Typ Schwiegermutters Liebling, mit leiser, heller Stimme. Kein dröhnender »Hier-bin-ich«. Selbstzweifel allerdings sind auch nicht vorgesehen, jedenfalls nicht jetzt. Die Zweifel kommen, sagt er immerhin, morgens unter der Dusche. »Mann, klappt das auch alles?«, denkt er sich dann. Und weiter? »Ich dusche immer so lange, bis die Zweifel weg sind.« Damit man ihn nicht missversteht, schiebt er nach: »Wenn ich aus der Dusche rauskomme, ist alles in Ordnung.« Am Tag ist für Zweifel keine Zeit. Ein paar Charts hat er dabei, die zeigen, dass es doch ganz gut läuft bei Rocket Internet, der Holding für rund 150 junge Internetfirmen weltweit mit insgesamt 36 000 Mitarbeitern.

Optimismus ist Pflicht, denn die Kritik kriegt Samwer, der frühere Medienliebling, gratis. Das Unternehmen, das er mit seinen Brüdern aufgebaut hat, sieht sich immer wieder harscher Kritik ausgesetzt. Man liest über Ärger mit den Mitgesellschaftern, über wichtige Mitarbeiter, die von Bord gehen, oder über den angeblich ruppigen Führungsstil der »Bruderschaft«. Das *Manager Magazin* hat sie mal recht unfein als »Murks Brothers« tituliert. Auch über das Geschäftsmodell von Rocket Internet wird gerne gelästert: Die kupfern doch nur alles ab, was im Silicon Valley erfunden wurde. Und als die Aktie von Rocket Internet nach dem Börsengang in den Keller rauschte, schwoll die Kritik zum Sturm an.

Trotz aller Häme in den Medien genießt Samwer in der deutschen Start-up-Szene einen fast legendären Ruf. Der »Olli« begegnet einem in vielen Gesprächen. »Ohne den Olli«, heißt es dann, »wäre Berlin nicht das, was Berlin jetzt ist«. Und für München gilt dasselbe.

Oliver Samwer ist deutscher Unternehmer eines neuen Zeitalters: Geboren 1972 als Sohn eines gut situierten Kölner Rechtsanwalts; Abitur als bester Jahrgangsabsolvent Kölns am altsprachlichen Friedrich-Wilhelm-Gymnasium; Studium der Betriebswirtschaftslehre an der privaten Hochschule WHU in Vallendar sowie an der Kellogg School of Management in Illinois, Stipendiat der Studienstiftung des Deutschen Volkes. Berufseinstieg bei der Investmentbank Sal. Oppenheim.

Bis hierher ist das eine typische Managerkarriere für ein Kind aus der privilegierten Klasse, jetzt kommt die Kür. Samwer macht sich, angeregt durch einen Aufenthalt im Silicon Valley, selbstständig. Zunächst mit einer eher obskuren Idee: Er gründet mit Kommilitonen die Ego International Trading Company, die indianische Fellpantoffeln in Bolivien produzieren lässt und in Südamerika vertreibt. Doch dann, Anfang 1999, legt er mit gerade mal 26 Jahren richtig los und zieht zusammen mit seinen beiden Brüdern Marc und Alexander das Internet-Auktionshaus Alando.de auf, das sie schon wenige Monate später für 50 Millionen US-Dollar an eBay verkaufen.

Es geht Schlag auf Schlag weiter: Im Sommer 2000 gründen die Brüder Jamba! und machen daraus den größten europäischen Anbieter von Klingeltönen und Mobilfon-Anwendungen, im Jahr 2004 verkaufen sie die Firma für 273 Millionen US-Dollar an die amerikanische Telekommunikationsfirma Verisign. Was aber tun sie mit so viel Geld? Oliver Samwer und seine Brüder machen das Gleiche wie viele erfolgreiche Unternehmer im Silicon Valley – sie investieren selber in junge Unternehmen und gründen in München einen Wagniskapitalgeber, European Founders Fund, und in Berlin den Inkubator Rocket Internet. Anschließend starten sie Dutzende von Online-Unternehmen: den Schuhhändler Zalando, den Kochboxanbieter Hello Fresh, die Möbelhändler Home 24 und Westwing, den Putzdienst Helpling, den Fast-Food-Lieferdienst Delivery Hero. Und, und, und.

Wie viele Firmen sind es genau? Das weiß Oliver Samwer auch nicht. Er weiß nur: Die meisten Deutschen verstehen sein Geschäft nicht, es sei nun mal ein riskantes, schwankendes Business. Kurs rauf, Kurs runter – das sei ganz normal. Er schaue bei der Aktie gar nicht mehr so genau hin, sagt er. »Sie müssen das ganze Bild sehen«, und holt wieder seine Charts raus.

Im Grunde agiert Rocket Internet so wie die amerikanischen Venture-Capital-Firmen: Samwer und sein Team investieren in sehr, sehr viele Firmen, sie geben den Start-ups Geld und Ratschläge, bieten ihnen ein Umfeld, in dem sie wachsen können – und hoffen, dass am Ende eine Handvoll richtig erfolgreicher Unternehmen dabei sein möge (oder auch zwei Handvoll).

Oliver Samwer will sein Unternehmen zu einer der weltweit führenden Internet-Plattformen machen. An die Big Player in den USA und China wird man nicht rankommen, klar, aber überall sonst, das ist der Plan. Dafür trommelt er unermüdlich, sammelt Hunderte von Millionen US-Dollar von finanzstarken Investoren ein. In Asien gehört der Online-Shop Lazada ins Rocket-Reich, in Afrika Jumia, Namshi im Nahen Osten. Carmudi ist eine schnell wachsende Online-Autohandelsplattform. »Wir gehen wie der Schrauben-Würth in viele Länder.« Würth aus Künzelsau – das ist ein deutscher Weltmarktführer. Begonnen in der jungen Bundesrepublik als Ein-Mann-Betrieb, heute ein Umsatz von weit mehr als zehn Milliarden Euro im Jahr. Ein Erfolgsmodell, aber sexy ist das nicht; dennoch nennt ihn Samwer ohne Scheu als Vorbild.

Samwer ist kein Tüftler wie die Jungs im Valley, sondern Stratege und Verkäufer. Oder, in seinen eigenen Worten: »In der Internet-Industrie gibt es Einsteins und Typen wie Bob, der Baumeister. Ich bin ein Bob, der Baumeister.« Der Baumeister ringt mit sich selbst. Einerseits ist er eitel genug, seine Ausnahmestellung in Deutschland zu genießen. Andererseits wäre es schon schön, wenn andere nachkämen. Dass es in Deutschland im Vergleich zu den Vereinigten Staaten immer noch wenig Internet-Gründer gibt, erklärt er so: »Uns fehlen vor allem Vorbilder.« Ist das in den USA anders? Oh ja, »Bill Gates, Mark Zuckerberg oder ganz früher der Chrysler-Chef Lee Iacocca erzählen immer wieder ihre Geschichte und werden so zu Vorbildern. Wir brauchen eine Kultur des Träumens. Das ist ganz wichtig, um eine neue Generation der Gründer zu schaffen.« Dabei geht es ja voran. Als Samwer an der Wirtschaftshochschule WHU studierte, war er der einzige Gründer seines Jahrgangs. Früher gingen die Absolventen zu Unternehmensberatungen und Investmentbanken, heute will jeder Dritte sein eigener Herr sein. Herr, ja, denn Frauen sind im Biotop der Start-up-Szene noch ziemlich selten.

Aber es gibt sie. Julia Bösch ist so eine, die Shopping-Assistentin aus Berlin, die sich nicht zu fein ist, stets mit ihrem Musterkoffer zu erscheinen, wenn sie auf Kongressen ihr Unternehmen vorstellt. Gemeinsam mit ihrer Mitgründerin Anna Alex hat sie bei Zalando begonnen, nach dem BWL-Diplom in München und dem Auslandssemester in New York. Überhaupt, New York, allein schon das Studium an der Columbia University: »Dort unterrichten Praktiker, die einem etwas ganz anderes beibringen können als Dozenten, die schon immer an der Uni waren.« Das ganze Studium sei lebendig, nah am Unternehmensalltag. Und außerhalb der Uni atmete die junge Frau vom Bodensee die amerikanische Unternehmenskultur, die anders sei als die deutsche: »Du kannst heute eine Idee ausprobieren und morgen damit erfolgreich sein. Das ist eine Atmosphäre, die wirklich mitreißend ist. Ganz schnell hat man, hatte ich den Gedanken: Das will ich auch, und das kann ich auch.«

Zu dritt waren sie in New York, und alle haben später eigene Unternehmen gegründet. Julia Bösch startete 2012 das Fashion-Start-up Outfittery, das auf die Faulheit der Männer beim Shoppen setzt. Kunden erhalten nach einer kurzen Online-Abfrage und optional einem Foto eine hochwertig aufgemachte Box mit persönlich zusammengestellter Mode; eine persönlich zugeordnete Stilberaterin steht für telefonischen Kontakt zur Verfügung. Nach vier Jahren beschäftigt Outfittery in Berlin-Kreuzberg 250 Mitarbeiter aus 25 Ländern. 200 000 Männer in acht Ländern haben die Outfittery-Box bereits erhalten, die Bösch beim SZ-Wirtschaftsgipfel auf der Bühne öffnet, darin: sportlich-elegante Hose, Freizeithemd, Jacke, Gürtel und Schuhe; die Herren im Saal recken die Köpfe. Das funktioniert also, Finanzinvestoren haben längst viel Geld in ihr Unternehmen gesteckt.

Und so tut sich, nach Jahren der Agonie, etwas in Deutschland. Vergessen ist der Frust nach dem Ende der New Economy, dieser wilden Zeit Ende der 1990er-Jahre, als es schon mal ein aufflackerndes Gründungsfieber gab. Vergessen sind all die Wunden, die sich die meisten Beteiligten zuzogen, als im Jahr 2000 die Internet-Blase platzte. Vergessen ist, dass im damaligen Hype zwar einige sehr reich geworden sind (darunter einige, die das nicht verdient haben), aber auch sehr viele Menschen eine Menge Geld verloren haben. Manche Aktionäre prozessierten noch Jahre später gegen Unternehmen, von denen sie sich getäuscht sahen. Der Absturz zur Jahrtausendwende hat die deutsche Gründer-Szene nachhaltig beschädigt, der Wagemut, der in kurzer Zeit gereift war, verschwand ebenso schnell wieder – ganz anders als im Silicon Valley, wo man sich nach dem Börsencrash schnell berappelte. Dort machte die Community weiter, als sei nicht wirklich etwas geschehen.

Doch nun, seit drei, vier Jahren, entwickelt sich die deutsche Start-up-Welt wieder – und zwar immer schneller. Berlin, die deutsche Hauptstadt, nennt sich stolz auch deutsche Gründer-Hauptstadt. Vor allem in den Stadtteilen Mitte und Kreuzberg tummeln sich junge Entrepreneure, eine kritische Masse hat sich gebildet: Die kreativen Geister ziehen andere kreative Geister an, die erfolgreichen Investoren andere Investoren. Selbst im Silicon Valley spricht man anerkennend von der einzigartigen Kultur, die da in Berlin entstanden ist. Früher kannte man in Berlin vor allem das Berghain, einen der angesagtesten Techno-Clubs des Planeten; heute zieht die Stadt Programmierer aus den USA, Australien oder Tschechien an, innovative Köpfe aus Paris, London oder Stockholm. Als die Mehrheit der Briten sich am 24. Juni 2016 für einen Austritt aus der Europäischen Union entschied, meldeten sich sofort Start-ups aus London – und bekundeten Interesse an einem Umzug nach Berlin. Und mittendrin: Rocket Internet. Das Unternehmen wächst im Gleichtakt mit der Start-up-Szene, und weil die alte Firmenzentrale in der Johannisstraße längst aus allen Nähten platzt, hat Oliver Samwer sich umgesehen und das Gebäudeensemble um das GSW-Hochhaus in der Kreuzberger Charlottenstraße gefunden, unweit vom Checkpoint Charlie. Im »Rocket-Tower« sollen auf mehr als 22 000 Quadratmetern und 35 Etagen 2 000 Mitarbeiter unterkommen, aus Rockets Zentralbereichen sowie aus jenen Unternehmen, an denen Rocket beteiligt ist. »Europas größter Start-up-Campus«, sagt Samwer, drunter macht er es nicht. Hochhäuser sind Zeichen in der Szene, wie früher die Motoryachten der Neuer-Markt-Helden oder die Hochleistungssegelboote des SAP-Gründers Hasso Plattner oder des Oracle-Chefs Larry Ellison. Salesforce baut gerade das höchste Haus in San Francisco, und nun also Rocket Internet in Berlin.

Nicht weit entfernt davon, ebenfalls im hippen Kreuzberg, findet sich mit dem Betahaus ein weiteres Zentrum, in dem die junge digitale Wirtschaft vibiriert. Auf 3 000 Quadratmetern und mehreren Etagen sitzen typische Fusselbart-Nerds neben den schicker angezogenen Mitarbeitern von großen Konzernen, die dort lernen, wie das Geschäft in der digitalen Welt abläuft. Und das alles im typischen Look aus Sperrholz, alten Stühlen und nacktem Beton. Das Betahaus ist darauf spezialisiert, jungen angehenden Unternehmern Arbeitsplätze zu bieten. Sie treffen dort Geldgeber oder Vertreter großer Unternehmen. Sie lernen, wie man eine Idee verkauft und wie man sich dabei besser nicht anzieht. Coworking Space heißt das. Wenn die Mitglieder des Betahauses mögen, können sie sogar lernen, wie man die Holzstühle repariert. Gisbert Rühl, der Chef von Klöckner & Co, hat hier Erfahrungen gemacht, die er nicht missen mag.

Die Chefin im Betahaus ist Madeleine Gummer von Mohl, eine Frau Anfang dreißig. Sie glaubt fest an Berlin, gerade im Wettrennen mit Kalifornien, das sie gemeinsam mit dem damaligen Bundeswirtschaftsminister Philip Rösler besucht hat.»Im Silicon Valley kam ich mir vor wie in einem Start-up-Museum. Facebook, Twitter und so, das sind etablierte Unternehmen, keine Garagen-Firmen mehr«, sagt sie. Wenn sie Klagen über Deutschland höre, wundere sie sich, sagt die Betahaus-Chefin:»Wir haben jetzt die Garagen. Hier entstehen die großen Firmen der Zukunft. Wir sind ein Gravitationszentrum. Und wenn einer scheitern kann, dann sind es wohl die Berliner.«

Wohl wahr.»Arm, aber sexy«, hat der schillernde Bürgermeister Klaus Wowereit die Metropole einst genannt, und in Bayern regen sie sich darüber heute noch auf, besonders die Regierungspolitiker von der CSU. Kaum eine Rede, in der vor allem Finanzminister Markus Söder nicht über das notorisch finanzschwache Berlin ablästert. Und dann die»Never Ending Story« um den Hauptstadtflughafen, an den eh keiner mehr glaubt; die Münchner dagegen haben an ihrem Flughafen gerade ein neues Satelliten-Terminal gebaut, alles vom Feinsten, und übrigens auch schon in Betrieb. Und dass die Bayern, ungeachtet aller politischen Debatten, bei der Integration der Flüchtlinge verwaltungsmäßig einen Bombenjob gemacht haben, weiß auch die ganze Republik, in Berlin dagegen machte das Chaos vor dem Lageso, dem Landesamt für Gesundheit und Soziales, Schlagzeilen.

Aber jedes Ding hat zwei Seiten. Arm, aber sexy – das war gar nicht so schlecht beobachtet. Berlin ist eine Stadt voller Probleme, aber es hatte auch immer das gewisse Etwas, hat viele Künstler angezogen, der am Jahresbeginn 2016 verstorbene geniale David Bowie war der bekannteste. Mit ihnen wurde Berlin hip, dann kamen die Werbemenschen und die aus den Medien, da haben die Bayern nicht aufgepasst, und plötzlich waren die Gründer da, die sich wiederum in ihrem häufig prekären Lebensstil mit dem der Künstler treffen. Wo nix ist, ist wenigstens – oder gerade! – Platz für neue Ideen. Der Regierende Bürgermeister heißt auch nicht mehr Wowereit, und sein Nachfolger wurde Herr Müller, sogar Michael Müller, unauffälliger geht's nicht, und genau das ist der Trick. Wowereits Erben wissen sehr genau und sehen es ganz nüchtern, was sie an der Gründer-Community haben, und sie machen was draus. Reden mit Google, mit Microsoft, mit Twitter, die natürlich auch hier sind.

Und so kommen in Berlin heute bereits 60 000 Arbeitsplätze im digitalen Geschäft zusammen, alle 20 Stunden wird ein neues Unternehmen gegründet, sagt der Senat und weist in aller Bescheidenheit darauf hin, dass Berlin London überholt habe, wenn es darum gehe, Gründungskapital für junge Unternehmer zu organisieren. Die Nummer eins in Europa also. Donnerwetter! Exakt 183 Startups bekamen im Jahr 2015 Geld von Investoren, alles in allem flossen 2,145 Milliarden Euro. Eines der bekanntesten Berliner Startups, Soundcloud, sitzt in der aufwändig renovierten »Factory«, einem ehemaligen Brauereigebäude direkt am einstigen Mauerstreifen zwischen Mitte und Wedding. Dort bringen Udo Schloemer und Thomas Andrae finanzstarke Konzerne aus Deutschland und dem Silicon Valley, Mittelständler und Gründer aus aller Welt zusammen, um neue Geschäftsmodelle für das Internet der Dinge zu entwickeln.

Aus gutem Grund kommen inzwischen auch die Etablierten, um in der Kreativität zu fischen. Siemens war schon immer hier und gibt sich in der Hauptstadt betont jugendlich. Die Telekom unter Tim Höttges macht mit ihrem sehr innovativen Start-up-Center den genius loci, den Winterfeldtplatz in Schöneberg, zum »Silicon Platz«. Die Deusche Bank hat sich mit einem Innovationslabor in den Hackeschen Höfen in Mitte niedergelassen, weil auch die meisten Banken- und Fintech-Start-ups in Berlin sitzen – und nicht in Frankfurt, darunter bekannte Firmen wie Number 26 oder Friendsurance. Mittelständler wie Trumpf und Würth haben ihre Forschungslabore neuerdings nicht mehr am Standort im Schwäbischen, sondern in Berlin. Übrigens auch deshalb, weil sie dort ihr Team international versierter Mitarbeiter vom Fach zusammenstellen können; in die Provinz kämen die nicht.

Und auch Cisco hat in Berlin im Jahr 2015 einen Forschungsstützpunkt eröffnet, openBerlin, eines von zehn Innovationszentren weltweit, und das hier in Berlin hat, natürlich, den Schwerpunkt: B2B, Industriekooperationen. Der Besuch in der Backstein-Architektur am Gasometer Schöneberg gibt zugleich Gelegenheit, ein anderes Berliner Zukunftsprojekt zu erkunden. Der Gasometer ist ein hundert Jahre altes und 78 Meter hohes Industriedenkmal auf dem ehemaligen Gelände der GASAG. Lyonel Feininger hat es in einem futuristischen Gemälde von 1912 verewigt. Viele Deutsche kennen den Gasometer nicht aus dem Museum, aber vom Bildschirm; denn hierher lud Günter Jauch als Sonntags-Talker bis 2015 seine Gäste ein. Das Quartier ist heute Standort für Unternehmen aus den Bereichen Energie, Nachhaltigkeit und Mobilität. Auf dem EUREF-Campus haben sich internationale Unternehmen und Forschungseinrichtungen angesiedelt. In einem engen Austausch und zahlreichen Partnerschaften suchen sie intelligente Lösungen für die Stadt der Zukunft.

Berlin, das natürlich durch die deutsche Teilung schwer getroffen war, aber auch selbst verschuldet nie aus der Krise fand, kommt erkennbar gut ins digitale Zeitalter. Die Stunde null nach der Auflösung der DDR war eine ernste Belastung, aber sie wurde auch zur Chance: Es gab den Zwang zu einer Neuorientierung, und das digitale Zeitalter kam dafür gerade recht.

Wie all dies die Stadt verändert hat, lernen wir im südöstlichsten Zipfel von Berlin, im Bezirk Treptow-Köpenick, Ortsteil Adlershof. Einst war das Ostberlin, gleich hinter der Mauer – für Berliner jottwede (»janz weit draußen«). Die S-Bahn aus der Innenstadt trennt Adlershof in zwei Welten, im Nordosten der in Jahrhunderten gewachsene Ortskern, im Südwesten eine großflächige Forschungslandschaft, der mittlerweile größte Wissenschafts- und Technologiepark Deutschlands mit 4,2 Quadratkilometern Fläche, 16 000 Beschäftigten, 6 500 Studenten, 16 Forschungseinrichtungen und mehr als 1 000 Unternehmen. Im großen lichten Büro in einem denkmalgeschützten Bauhaus-Gebäude sitzt Peter Strunk von der Betreibergesellschaft Wista-Management GmbH, abgekürzt für Stadt für Wissenschaft, Wirtschaft und Medien. Strunk, ein Hesse aus dem Westen, der sich »gelernter Ossi« nennt, ist ausgebildeter Historiker, niemand kann die Geschichte von Adlershof anschaulicher und detaillierter erzählen als er.

Einst vor den Toren Berlins gelegen, war hier 1909 der erste deutsche Motorflugplatz, das große kreisrunde Rasengelände ist heute erst teilweise überbaut. Um den Flugplatz Johannisthal, der schnell international bekannt wurde, wuchs ein Zentrum mit Produktionshallen, Fliegerschulen und vielen namhaften Konstrukteuren und bekannten Fliegern. Später kamen die Medien hinzu, 500 Spielfilme wurden in Adlershof in der großen Zeit des deutschen Films gedreht, darunter Klassiker wie *Nosferatu*. Bis zum Ende des Dritten Reichs hinein schlug hier das industrielle Herz Berlins, mit Rüstungsproduktion, Zwangsarbeitern und allen schlimmen Facetten des Regimes. Zu DDR-Zeiten war Adlershof ein Elitestandort, abgeschirmt von der Öffentlichkeit. Hier war die Heimat des DDR-Fernsehens, Eliteeinheiten der DDR-Staatssicherheit waren kaserniert (Wachregiment »Feliks Dzierzynski«), und die Akademie der Wissenschaften der DDR beschäftigte 5000 hoch qualifizierte Mitarbeiter. Adlershof war eines der wichtigsten naturwissenschaftlichen Forschungszentren Ostdeutschlands, gut in Optik, Chemie, in der Material- und der Weltraumforschung.

Nach 1989 war es mit alldem vorbei, das Gelände sah aus wie viele Orte der DDR: ein Konglomerat aus Hunderten heruntergekommener Provisorien auf kontaminiertem Gelände mit maroder Strom-, Wasser- und Wärmeversorgung. An einigen Stellen sieht man das alte Elend heute noch, etwa in dem Gebäude Albert-Einstein-Straße 1. Am Kopfende im ersten Stock in einem kleinen, heute nicht mehr genutzen Raum musste im Jahr 1978 eine junge Physikerin namens Angela Merkel ihre Doktorarbeit vor der Prüfungskommission verteidigen.

All das hätte vergessen und verkommen können, geblieben wären mutmaßlich einige Baracken, Garagenbetriebe, Autowerkstätten, horizontales Gewerbe und viel freier Raum. 1991 aber wurden die Forschungseinrichtungen der Akademie evaluiert, und die Gutachter waren überrascht und beeindruckt: Die Qualität war hoch, ein Kreis hochrangiger Politiker, Beamter und Wissenschaftler empfahl, in Adlershof eine »integrierte Landschaft aus Wirtschaft und Wissenschaft« entstehen zu lassen; Strunk weist auf die Reihenfolge der Nennung der Begriffe hin: erst Wirtschaft, dann Wissenschaft. Das war nicht deutsch, eher amerikanisch.

Der Plan wurde umgesetzt. Heute ist Adlershof der größte, aber bei Weitem nicht einzige Technologiepark Berlins. Hier ist die Humboldt-Universität angebunden, die naturwissenschaftlichen Institute der Universität zogen nach Adlershof, und längst wird wieder auf hohem Niveau geforscht, etwa auf den Gebieten Optik und Licht. Aber natürlich will auch die Technische Universität (TU) ihren Absolventen den Weg ins Unternehmertum weisen und hat dafür das Centre for Entrepreneurship (CfE) gegründet.

Über Jahre ist eine klassische Wertschöpfungskette aufgebaut worden: erst Studium und Forschung, dann gegebenenfalls die Gründung eines Unternehmens in der geborgenen Atmosphäre des Gründerzentrums, dann im Falle des Erfolgs der Umzug ins Technologiezentrum. Und ganz am Ende, wenn es Zeit ist für das eigene Headquarter, verkauft die Wista ein kleines Stück ihres Landes, damit das Unternehmen vor Ort im Netzwerk bleiben kann.

In Adlershof sitzen heute Unternehmen wie LTB Lasertechnik Berlin, ein mittlerweile weltweit tätiger Entwickler und Hersteller von Kurzpuls-Lasern im gesamten optischen Spektralbereich, von hochauflösenden Spektrometern und lasergestützter Messtechnik. Das Unternehmen ist eine Ausgründung aus der ehemaligen Akademie der Wissenschaften der DDR. Die Gründer hatten damals bereits mehr zehn Jahre Erfahrung in der Laserforschung, kauften Patente zurück und wagten den Sprung in die Selbstständigkeit. Oder ICE Gateway, die das Innenleben der gemeinen Straßenlaterne erneuern und erweitern wollen. Ein leistungsstarker Prozessor mit einer Sim-Karte soll das heutige Steuerungsgerät ersetzen und Schnittstellen für eine LED sowie für Sensoren, Überwachungskameras und andere Komponenten bieten, damit wird die Straßenbeleuchtung intelligent und lässt das bekannte Prinzip des »Abends an, morgens aus« hinter sich. Auch Medien sind hier wieder aktiv, 140 Unternehmen insgesamt, und der Sonntagabendtalk im Ersten wird jetzt statt aus dem Gasometer aus dem Studio Adlershof gesendet, seit Anne Will Günter Jauch abgelöst hat.

Und so wächst langsam aus dem Kern des alten Forschungsgebiets, am Rande des alten Flugfelds entlang, eine Kette von Unternehmen – ganz so, wie im 20. Jahrhundert, von Stanford und Palo Alto kommend, das Silicon Valley besiedelt wurde.

Silicon Munich

Mitten in München treffen wir einen Berliner Bären. So ein plüschiges Ding, groß wie ein Mensch, mit Knopfaugen, rot-weißer Schärpe und Krone auf dem Knopf. Er steht in der Türkenstraße in Schwabing, unweit der Universität, wo sich trendige Cafés und Szeneläden abwechseln, und versucht Besucher in ein Ladenlokal zu lotsen, das an diesem Tag so gar nicht münchnerisch daherkommt. Für eine Woche hat sich hier »Berlin Partner« eingemietet, die Wirtschaftsförderung der Hauptstadt, um gemeinsam mit Gründern aus Berlin für die Start-up-Szene zu werben.

»Pop-up-Lab« nennt sich das Ganze, in Anlehnung an die »Pop-up-Stores«, die sich überall dort einnisten, wo sich ein Haus wandelt und ein leeres Ladenlokal deshalb für kurze Zeit zwischenvermietet wird. Drinnen im Laden empfängt uns Yolandi, ein grüner Roboter. Rechts davon arbeitet ein großer 3D-Drucker, und etwas weiter hinten stehen wir vor einer Straßenlaterne, die ein Start-up aus der Hauptstadt in eine Ladestation für Elektroautos verwandelt hat. Andere Gründer präsentieren Ideen, die sie gemeinsam mit Konzernen wie BMW oder Osram entwickelt haben. »Start-up meets Grown-up« heißt das Motto der Ausstellung.

Es ist bezeichnend, dass das hippe Berlin auf diese Weise um Start-ups wirbt. Denn in München, dem ewigen Rivalen aus dem Süden der Republik, tut sich ebenfalls eine ganze Menge – auch wenn es natürlich Unterschiede gibt: In der Hauptstadt machen sich eher die Kreativen, die Marketingexperten, Banker und Händler selbstständig, in München dagegen eher die Ingenieure und Elektrotechniker. Und das liegt vor allem am Umfeld: Während nämlich in Berlin das namhafteste Unternehmen lange ein Kaufhaus war, das KaDeWe, und es außer dem Handel wenig gab, dominiert in München die Industrie, es gibt bedeutende Konzerne wie Siemens, BMW, Linde oder Infineon, dazu traditionsreiche Firmen aus der zweiten Reihe wie Knorr Bremse oder Wacker Chemie. Plus die beiden renommierten Universitäten, die Forschungsinstitute und die Niederlassungen von Internetgiganten wie Google, Microsoft und Salesforce.

Einer, der ganz typisch ist für die Start-up-Szene in München, ist Felix Haas. Er hat Elektrotechnik an der Technischen Universität studiert, und konsequenterweise begann auch er seine Karriere in der Industrie. Als Praktikant in der Entwicklungsabteilung von BMW tüftelte er abends, als alle anderen weg waren, mit seinem Chef an einer Software, um den iPod von Apple mit einem BMW zu verbinden. Mitte des vergangenen Jahrzehnts war das, es ging um eine kleine, mutige Innovation, aber die sei »in München totdiskutiert worden«, sagt Haas. Den BMW für solchen Schnickschnack zu öffnen? Um Himmels willen! Doch Haas glaubte an seine Idee, und sein Chef an ihn, und so folgte der junge Praktikant seinem Vorgesetzten für eineinhalb Jahre ins BMW-Entwicklungslabor im Silicon Valley. Haas studierte in Stanford, suchte sich ein Team aus Kommilitonen zusammen, meist Asiaten, und tüftelte weiter. Am Ende entwickelte er zwei Patente, eines dient dazu, Google Maps mit einem BMW zu koppeln, ein anderes dazu, eine Bluetooth-Verbindung zwischen einem BMW und dem iPod herzustellen. Irgendwann schaute sogar Steve Jobs, der legendäre Apple-Gründer, vorbei, um sich die Entwicklung des jungen Deutschen zeigen zu lassen. Man könne, meinten die BMW-Verantwortlichen, das nette Zubehör vielleicht ein paar Tausend Mal verkaufen. Doch Jobs riet dazu, sehr viel größer zu denken: »Everyone will love it.«

Felix Haas war also ganz dicht dran. Warum ist er nicht gleich drüben geblieben? »Das frage ich mich manchmal auch«, sagt er. Vielleicht war es das typisch deutsche Sicherheitsdenken, denn er hatte einen Vertrag bei der Unternehmensberatung McKinsey in der Tasche, zur Freude seiner Eltern. Doch dann kam der Sommer 2006, die Fußball-WM, als Haas mit fünf Kommilitonen die Idee für ein Start-up kam. Die sechs Studenten der Elektrotechnik hatten Freunde eingeladen, um das Spiel Deutschland gegen Costa Rica zu schauen, und dabei ein wenig den Überblick verloren, ob jeder der 300, 400 Partygäste fürs Bier gezahlt hatte. Also programmierten sie eine Software, über die man solche Events bequem organisieren und abrechnen kann. Amiando entstand, ein Portal, auf dem sich schon bald Zehntausende verabredeten: fürs Candlelight-Dinner genauso wie für ein Schaufelbagger-Seminar (gab es wirklich!) oder eine Party. Es hat sich für Haas und seine fünf Freunde gelohnt. Denn irgendwann kam auch Mark Zuckerberg vorbei, um sich Amiando erklären zu lassen, und 2010 verkauften sie ihr Unternehmen für gut zehn Millionen Euro an die Networking-Plattform Xing.

Plötzlich hatte Haas verdammt viel Geld. Als Business Angel finanzierte er mehr als 60 junge Gründer. »Einige haben gut funktioniert, viele sind hopsgegangen«, sagt der Mittdreißiger heute. Gut funktioniert haben zum Beispiel Delivery Hero oder Kreditech. »So etwas braucht man, um den vielen Schrott auszuhalten.«

Aber Haas hat nicht nur investiert, sondern hat auch zwei eigene Unternehmen hochgezogen. Eines heißt IDNow und hat eine Software entwickelt, mit der man sich per Video bei einer Bank identifizieren kann, um ein Konto zu eröffnen. Mehr als 100 Institute, darunter die ganz Großen, nutzen dieses Verfahren. Nur der Deutschen Post hat der Erfolg der Fintech-Firma nicht so gut gefallen – schließlich verdient der ehemalige Staatskonzern mit dem bisherigen Verfahren names Post-Ident, bei dem die Bankkunden auf die Post müssen, um sich zu identifizieren, angeblich über 100 Millionen Euro im Jahr.

Das zweite Unternehmen, das Haas betreibt, heißt Bits&Pretzels und organisiert Europas größtes Gründerfestival, und dieses Festival ist in gewisser Hinsicht Münchens Antwort auf den Hype um Berlin. Mehr als 5 000 Gründer, Investoren und Start-up-Experten treffen sich dazu jedes Jahr zwei Tage lang in der Münchner Messe und feiern dann am dritten Tag im Schottenhamel-Zelt auf dem Oktoberfest. Solche Gründerkongresse gibt es in Deutschland immer mehr, aber keiner bietet so viel Flair und spannende Menschen. Das Ziel ist klar: Haas und seine beiden Partner bei Bits&Pretzels, Bernd Storm und Andy Bruckschlögl, wollen mit ihrem Festival noch mehr junge Menschen dazu animieren, ein Unternehmen zu gründen. »Es ist Wahnsinn«, sagt Haas, »wie groß die Start-up-Szene in Deutschland geworden ist.« Gerade im Umfeld der Industrie 4.0 und im Internet der Dinge sieht er sehr viele spannende Start-ups heranreifen, die tolle Ideen haben. »Acht von zehn werden natürlich nicht funktionieren. Das ist normal. Aber ich bin sehr zuversichtlich, dass am Ende auch einige tolle Erfolgsstories dabei sein werden.«

Eine solche Erfolgsstory könnte zum Beispiel das Start-up NavVis hinlegen, ein Unternehmen mit gut 70 Mitarbeitern, das am Rande der Münchner Innenstadt sitzt, in einem ehemaligen Verwaltungsgebäude des Energiekonzerns E.on. NavVis hat ein Navigationssystem für Innenräume entwickelt. Digitale Karten, gar eine App, die einen durch einen Flughafen oder eine Messehalle leitet: Das gab es bisher nicht, Felix Reinshagen, Georg Schroth und ihre beiden Mitgründer Sebastian Hilsenbeck und Robert Huitl haben damit gewissermaßen die Welt von Google Maps und Google Street View nach drinnen verlegt. Sie haben dazu einen dreirädrigen Trolley mit sechs hochauflösenden Kameras und drei Laserscannern entwickelt. Wenn man diesen digitalen Datenstaubsauger durch ein Gebäude schiebt, lassen sich innerhalb kurzer Zeit riesige Räume komplett scannen: ein Museum in zwei Stunden, ein Automobilwerk in eineinhalb Tagen, ein Flughafen in einer Woche. Auch von Möbelhäusern, Bahnhöfen, Einkaufszentren oder großen Baustellen kann mit dem Gerät in kurzer Zeit ein digitales Abbild geschaffen werden.

NavVis visualisiert anschließend die Räume in einer 360-Grad-Animation: Man kann durch die Gebäude wandern, sich alles anschauen, selbst kleinste Details auf einem Gemälde. Mit einer App, die NavVis seit dem Frühjahr 2016 unter anderem an der Technischen Universität München testet, kann man sich zudem zielgenau durch Gebäude lotsen lassen: von einem Raum zum anderen. Man muss dazu nur kurz sein Smartphone hochhalten, die Kamera erkennt durch einen Vergleich mit den gescannten Bildern blitzschnell, wo man sich befindet, und zeigt anschließend den Weg zum gewünschten Ziel an – und zwar ganz ohne GPS, ohne das Global Positioning System, das ja in Gebäuden meist nicht funktioniert. Die Frage, wie so etwas funktionieren könnte, trieb Schroth schon seit Jahren um. Er forschte dazu im Jahr 2007 im GPS-Lab an der Stanford University und befasste sich damit anschließend in seiner Doktorarbeit an der TU München. Der Elektrotechniker wollte das Problem lösen, »dass in der Welt der Navigation draußen alles digital ist, wir damit in Gebäuden aber an der Tür stehen geblieben sind«. 2013 gründete er dann NavVis und hat daraus drei Jahre später ein umtriebiges Unternehmen geformt. Als wir Schroth in den Büros in der Blutenburgstraße besuchen, stehen überall Trolleys herum, an manchen wird gearbeitet, Kabel und Platinen sind zu sehen, und man hört die unterschiedlichsten Sprachen. Denn die mehr als 70 Mitarbeiter kommen aus rund 15 Nationen, ein Drittel spricht kein Deutsch. Sie verkaufen ihre Trolleys mittlerweile in die halbe Welt, suchen ständig neue Partner, die das Produkt vermarkten. Und natürlich, sagt Georg Schroth, wollen sie weltweit die Nummer eins auf ihrem Markt werden. Er muss lachen, als wir nachfragen, ob das ernst gemeint sei: »Na klar. Wenn das nicht unser Ziel wäre, hätten wir etwas falsch gemacht«, sagt er und fügt hinzu: »Wir haben sehr gute Chancen, es auch zu schaffen.«

Viel Potenzial hat ganz offensichtlich auch ein anderes Start-up aus München: Bragi, zu Hause in der Sendlinger Straße 7, direkt gegenüber dem ehemaligen Redaktionsgebäude der *Süddeutschen Zeitung*. Das Magazin *Business Punk* spricht gar vom »Next Big Ding«. Gegründet wurde das Unternehmen Anfang 2014 von einem Dänen, der seit 17 Jahren in Deutschland lebt: Nikolaj Hviid, Anfang 40, verheiratet mit einer Münchnerin, Vater von zwei Kindern. Sein sechstes Unternehmen soll größer, erfolgreicher und bekannter werden als alle, die er zuvor gegründet hat. Denn Bragi hat eine Technologie entwickelt, die selbst Konzerne wie Apple und Samsung nervös macht. Die Rede ist von kabellosen Kopfhörern, die man sich in die Ohren stecken kann: Sie sind kleiner als ein Hörgerät, viel schicker und dank ihrer 300 winzigen Bauteile vor allem sehr viel intelligenter. Diese In-Ear-Hörer mit dem Markennamen »The Dash« lassen sich mit dem Smartphone koppeln und sind ausgestattet mit 27 Sensoren, die fast alles messen können: Schritte, Distanzen, Herzfrequenz, Kalorienverbrauch, Sauerstoffsättigung. Auch eine Festplatte ist in die smarten Hörer integriert, sie ist mit 4 MB groß genug, um 1000 Songs zu speichern.

Im Januar 2016 hat das Unternehmen die ersten Exemplare von »The Dash« ausgeliefert, bis zum Ende des Jahres sollen eine halbe Million Stück verkauft sein. Bragi kooperiert dabei mit großen Telefonkonzernen wie der Telekom und Vodafone, aber das könnte, wenn man Hviid und seinen Leuten glaubt, erst der Anfang sein. Denn »The Dash« ist so schlau, dass es irgendwann das Smartphone ganz ersetzen könnte. Dazu müssten die Ingenieure von Bragi nur noch die neue Mini-Sim-Karte, die sogenannte eSim, in die Hörer integrieren. Nur noch? Noch vor einem Jahr, erzählen sie stolz, hätten die meisten Experten behauptet, es sei unmöglich, solche kleinen Ohrhörer mit Grips überhaupt zu bauen.

Bis Ende 2017 will Hviid die Zahl der Mitarbeiter von 150 auf 600 erhöhen, er braucht all diese Leute, um seine Vision umzusetzen und »eine neue Art von Interface für den Computer« zu erschaffen. Früher, erklärt er, hätten die Menschen daheim auf die Bildschirme ihrer PCs geschaut, heute starrten sie wie gebannt auf den Touchscreen ihrer Smartphones, künftig – mit »The Dash« – könne man seine Umwelt wahrnehmen, ohne durch den eigenen Computer abgelenkt zu sein. Denn der Knopf im Ohr könne schnell die letzte WhatsApp-Nachricht vorlesen und ebenso schnell eine neue verschicken; er könne zum Marathontrainer werden, der das Training anleitet; und er soll irgendwann auch fremde Sprachen simultan übersetzen können: Was uns ein Chinese in seiner Muttersprache sagt, käme dann in unserem Ohr auf Deutsch an; und wenn der Chinese dann ebenfalls solch einen Mini-Computer im Ohr hat, könnten wir uns mit ihm unterhalten.

Noch ist all dies Zukunftsmusik, und noch funktioniert »The Dash« auch in seiner jetzigen Form nicht immer perfekt. »Aber wir stehen ja ganz am Anfang«, sagt Hviid. »Auch die ersten tragbaren Telefone, die wir vor zwanzig Jahren benutzt haben, waren weit von dem entfernt, was Smartphones heute können.« Monat für Monat bekommen die Nutzer deshalb eine neue Software auf ihr Gerät gespielt, ein Update mit neuen Funktionen, das das Produkt verbessert. Längst haben auch namhafte Industriekonzerne ihr Interesse an den Ohrhörern mit Grips signalisiert. Autohersteller könnten ihre Mitarbeiter damit ausstatten und die Montage am Fließband perfektionieren: Benötigt ein Mitarbeiter Hilfe, könnte er dies – ohne die Arbeit zu unterbrechen – einfach dem digitalen Assistenten im Ohr melden; ein Programm, das die Textbotschaften auswertet, würde dann automatisch ein Ersatzteil versenden oder einen Technikertrupp losschicken.

Um solche Technologien zu entwickeln, aber auch um mögliche Kunden aus der Industrie zu gewinnen, ist es hilfreich, dass Bragi in München inmitten der Industrie sitzt. Es gebe hier einfach alles, sagt Hviid: Chiphersteller wie Infineon, Autohersteller wie BMW samt zahlreichen Zulieferern, dazu die Luft- und Raumfahrtindustrie mit Airbus und Deutschem Zentrum für Luft- und Raumfahrt, außerdem die Biotechnologie-Unternehmen in Martinsried, die bei der Biosensorik von »The Dash« helfen können. »Für uns ist München der perfekte Standort«, sagt Hviid.

Allerdings muss er davon ausgehen, dass Apple und Samsung an ähnlichen Produkten arbeiten. Der Bragi-Gründer hat deshalb sein Produkt mit über 150 Patenten abgesichert und das Ziel ausgegeben, »dass wir unseren technologischen Vorsprung von 18 Monaten halten«. Aber gelingt das? Oder erweisen sich seine Pläne am Ende als allzu kühn? Hviid ist hin und her gerissen. Mal sagt er: »Natürlich muss ich mir immer Sorgen machen.« Dann wieder zitiert er Apple-Chef Tim Cook, der gesagt habe, in der Digitalisierung bekämen die Pioniere die Pfeile und die Siedler das Land. »Ich will«, sagt Hviid, »kein Pionier sein, sondern Siedler. Und weil ich erfolgreich siedeln will, muss ich möglichst schnell besonders viel Land besetzen.«

Wissen, Know-how, Netzwerke: All das, was Start-ups brauchen, ist in Berlin und München, aber auch anderswo in Deutschland vorhanden. Die Netzwerke sind noch nicht so dicht wie im Silicon Valley, aber das entwickelt sich. In München zum Beispiel leistet, von der Öffentlichkeit kaum wahrgenommen, das Center for Digital Technology & Management (CDTM) hervorragende Arbeit. Das Zentrum wurde 1998 gemeinsam von der TU München und dem Massachusetts Institute of Technology (MIT) gegründet, heute wird es gemeinsam von der TU und der Ludwig-Maximilians-Universität in München betrieben. Das erklärte Ziel: Studenten zu digitalen Unternehmern zu machen. Dies hat, wie ein Blick in die Liste der Alumni zeigt, geklappt: Julia Bösch, die Gründerin von Outfittery, hat die praxisnahe Ausbildung ebenso absolviert wie die vier Gründer von NavVis oder Armin Bauer, einer der Studienfreunde, mit denen Felix Haas Amiando und IDNow gegründet hat. Auch erfolgreiche Münchner Start-ups wie Konux, ein Anbieter von smarten Sensoren, oder Freeletics, eine Fitness-App, sind aus dem CDTM hervorgegangen. Das Silicon-Valley-Modell – mit der Stanford University als Zentrum – macht also hier ebenfalls Schule. Wenn auch bislang in deutlich kleinerem Maßstab.

In mancherlei Hinsicht bietet Deutschland inzwischen sogar bessere Voraussetzungen als das Silicon Valley: 95 Euro pro Quadratmeter beträgt die durchschnittliche Büromiete im Monat in Top-Lagen von San Francisco, zeigte 2015 eine Studie der Unternehmensberatung Roland Berger. In Berlin und München müssen Start-ups meist deutlich weniger ausgeben. Und Software-Entwickler kosten im Silicon Valley durchschnittlich 170 000 US-Dollar. In Europa sind selbst die teuersten Entwickler noch um ein Viertel günstiger.

Markus »Mäx« Ament, der Pfälzer Jung', der seine Fintech-Firma nur in Kalifornien groß machen konnte, sagt heute, das Silicon Valley habe seine Stellung als alleiniges Gravitationszentrum verloren:»Im Valley müssen Sie heute astronomische Gehälter zahlen, die Mieten sind extrem teuer, und im Zweifel finden sie nicht die richtigen Leute.« Die arbeiten oft lieber bei Konkurrenten, die mehr zahlen können und mit Aktienoptionen locken.»Das ist inzwischen schon eher ein Standortnachteil.«

Dies schreckt auch deutsche Gründer ab, selbst wenn sie immer zu hören bekommen: Warum geht ihr nicht rüber? Warum habt ihr euer Unternehmen nicht dort gegründet?»Im Silicon Valley würde ich sicher sehr viel mehr Geld von Investoren bekommen, müsste aber dort mit Start-ups, die Milliarden bekommen, um die besten Leute konkurrieren«, sagt Nikolaj Hviid. In Deutschland dagegen sei»der Wettbewerb um die Talente nicht so stark«. Ähnlich sieht das Felix Reinshagen von NavVis:»Das Niveau von Informatikabsolventen guter deutscher Universitäten ist um keinen Deut schlechter als im Silicon Valley. Die sind absolut gleichwertig.« Bestimmte Qualifikationen, die für Anwendungen in der Industrie 4.0 oder im Internet der Dinge wichtig sind, seien im Valley hingegen kaum zu finden:»Gute Leute aus dem Maschinenbau oder mit Industrieerfahrung gibt es dort praktisch nicht.«

Ein entscheidender Aspekt ist allerdings noch offen, wenn es um die Standortfrage geht: Kommen die jungen Gründer in Deutschland an genug Geld, um ihre Ideen zu verwirklichen? Die Gründer im Silicon Valley können dank der vielen Millionen, die sie einsammeln, den Turbo einschalten; und irgendwann gehen die Besten an die Börse.

Hierzulande war das in den letzten fünfzehn Jahren kaum möglich, auch Börsengänge von Internetfirmen gab es höchst selten, Rocket Internet und Zalando zählen zu den wenigen Ausnahmen. Mittlerweile aber tut sich etwas – wenn auch noch nicht genug. Man kann das am »Start-up-Barometer« der Beratungsgesellschaft Ernst & Young ablesen. Im Jahr 2013 flossen gerade mal 650 Millionen Euro Risikokapital in deutsche Start-ups, im Jahr 2014 dann 1,6 Milliarden Euro und im Jahr 2015 schließlich fast 3,1 Milliarden Euro. Innerhalb von zwei Jahren hat sich das Volumen also verfünffacht, aber es ist eben immer noch sehr viel weniger Geld als in den USA.

Die Investoren finanzierten dabei im Jahr 2015 über 400 deutsche Start-ups, und jedes dritte davon bekam sogar mehr als fünf Millionen Euro. Der dickste Batzen ging an Delivery Hero, ein Unternehmen aus dem Reich von Rocket Internet; der zweithöchste an Kreditech, ein Unternehmen, an dem auch Felix Haas, der Finanzier aus München, beteiligt war. Noch vor Kurzem, erzählt Haas, habe es in Deutschland gerade 30 Business Angels gegeben; Leute wie ihn also, die ganz früh in Firmen einsteigen. Mittlerweile habe sich deren Zahl vervielfacht. »Da ist eine richtige Szene entstanden«, sagt er.

Nikolai Hviid zum Beispiel, der Gründer von Bragi, vermochte zwanzig Millionen Euro bei privaten Investoren einzusammeln, allesamt versierte Geschäftsleute, viele mit Industrieerfahrung, die seinem Unternehmen nicht bloß mit Geld helfen, sondern auch mit wichtigen Ratschlägen. Noch einen Schritt weiter ist Christian Deilmann von Tado, dem Anbieter smarter Heizungsregler: Die Firma aus München-Sendling hat mittlerweile die dritte Finanzierungsrunde hinter sich, die Series C, und sammelte insgesamt 36 Millionen Euro ein. Ein Teil davon kam von der Venture-Capital-Firma von Siemens – der Industriekonzern hilft dem Start-up. »Das Geld reicht, um die nächsten Schritte bei der Expansion zu gehen«, sagt Deilmann. Vor allem will Tado damit das Geschäft in den USA ausbauen – und dort seinen größten Rivalen attackieren: Nest aus dem Google-Imperium.

Auch Oliver Samwer sagt, die Landschaft habe sich verändert und die deutschen Start-ups kämen nun leichter an Geld – wenn auch nicht ganz so leicht wie in China: »Da gibt es Internetunternehmer, die bekommen plötzlich Milliarden«, erzählt der Rocket-Chef beim Besuch in München, »ich treffe nachher wieder so einen. Bang, und es läuft, das ist schon beeindruckend. Da erhält ein Unternehmen so viel Kapital wie die ganze deutsche Start-up-Szene insgesamt im Jahr.«

Warum zieht er dann mit Rocket Internet nicht nach China, sondern bleibt in Deutschland? »Zu 20 Prozent aus Patriotismus«, antwortet Samwer, »aber zu 80 Prozent aus der Überzeugung, dass deutsche und europäische Gründer gute Unternehmer sind und die richtigen Tugenden haben. Die arbeiten gut und zuverlässig, sind exportorientiert, haben nicht nur eine Vision, sondern setzen die auch um. Deutsche Gründer sind per se ja nicht schlechter als amerikanische.«

Die digitale Transformation ist also in vollem Gange – in der New Economy ebenso wie in der Old Ecnomy. Aber: Was bedeutet das für jeden Einzelnen von uns? Wer wird zu den Gewinnern zählen, weil er es schafft, das hohe Tempo der Veränderung mitzugehen, sich darauf einzustellen und ständig weiterzuentwickeln? Und wer wird am Ende zu den Verlierern zählen, weil er überfordert ist, sein Job nicht mehr gebraucht oder sein ganzer Berufsstand einfach wegrationalisiert wird? Werfen wir also einen Blick auf die Arbeitswelt von morgen und wenden uns der Frage zu: Wird eine Gesellschaft wie unsere den Sprung schaffen – und gleichzeitig wachstumsfördernd und sozialverträglich bleiben?

Schöne neue Arbeitswelt

Eine Frau in zwei Welten: Wer Janina Kugel in ihrem Büro am Wittelsbacher Platz in München besucht, trifft eine Managerin, die noch Papier kennt – und schätzt. Auf deren Schreibtisch sich, überschaubar geordnet, sogar Papier findet sowie eine angenehme Ansammlung von Krimskrams, keine blitzblanke Nerd-Tischplatte also. Die stolz darauf ist, dass sie für ihre Diplomarbeit noch mit Karteikarten gearbeitet hat, und das auch sagt. Die aber heute mit Mitte Vierzig viel zu jung ist, um es sich leisten zu können, daraus ein Prinzip zu machen. Natürlich ist Janina Kugel, Personalvorstand der Siemens AG, längst in der digitalen Welt angekommen.

Angekommen aus Pflicht: Der Siemens-Konzern ist das vermutlich globalste Unternehmen Deutschlands. Mit dem Hauptquartier im Herzen Münchens ist er in 190 Ländern der Welt aktiv, viel mehr gibt es gar nicht. Überall hat er Niederlassungen, in Dutzenden Ländern Produktionsstätten. Die Hälfte der 350 000 Mitarbeiter lebt in Deutschland, die andere Hälfte in aller Welt. Die Personalchefin dieser ganzen Unternehmung, die immerzu unterwegs ist, muss so digital sein wie die Welt, in der ihr Konzern seine Geschäfte macht. Also sehr digital.

Angekommen in der digitalen Welt ist Janina Kugel aber auch aus Neigung: Die gebürtige Stuttgarterin und Mutter von Zwillingen, die Wirtschaft studiert und bei der Unternehmensberatung Accenture begonnen hat, mit 31 Jahren zu Siemens kam, dort in der italienischen Tochtergesellschaft schnell Karriere machte, später vom damals neuen Vorstandschef Kaeser 2013 von Osram zurückgeholt wurde und es dann binnen eines Jahres über mehrere Karriereschritte bis in den Vorstand schaffte, ist einfach wahnsinnig schnell. Als eines von ganz wenigen Vorstandsmitgliedern twittert sie regelmäßig, das firmeneigene Facebook nutzt sie permanent, auf eine E-Mail gibt es postwendend Antwort. Meetings schön und gut, aber wichtig sei auch, was gepostet wird, sagt sie. »Ich bin kein Digital Native, ich lerne das auch gerade erst«, stapelt sie tief, was angesichts vieler älterer Mitarbeiter, die sich mit dem Transformationsprozess im Konzern schwertun, klug ist. Nicht: Ich kann das alles – und was ist mit euch? Sondern: Seht her, ich bemühe mich – tut ihr's doch auch!

Denn auch bei Siemens ändert sich ja nicht nur das Geschäft und die Technologie, mit der der Konzern arbeitet und die er selber herstellt. Es ändert sich auch die Art und Weise, wie die Siemensianer arbeiten. Die Firma galt ja mal als eine große, schwerfällige Behörde, als verkrustet und schwerfällig. Gemeine Stimmen behaupteten gar: Siemens, dieser auch sehr politische Konzern, dieser Inbegriff der Ingenieurskunst, sei damit in gewisser Hinsicht ein Symbol für Deutschland. Und vermutlich wird ein so großes Unternehmen mit so vielen Mitarbeitern und so vielen Abteilungen das Problem der Schwerfälligkeit auch niemals ganz los – aber wenn sich draußen alles ändert, alles digital wird und junge Tech-Firmen die Arbeitskultur der Silicon-Valley-Firmen nach Deutschland importieren, dann geht das an einem Konzern wie Siemens nicht spurlos vorbei. Alles wird flexibler.

Das fängt schon mit der Gestaltung der Arbeitszeit an: »Früher gab es bei uns starre Arbeitszeiten für alle«, sagt Kugel. Heute könne sie selbst als Vorstandsmitglied relativ zeitig Feierabend machen, sich um die Kinder kümmern und danach noch mal E-Mails beantworten. Die zeitliche Flexibilität ist schon mal ein Vorteil der digitalen Veränderung, der insbesondere für jene zu Buche schlägt, die Beruf und Familie zusammenbringen müssen. Viele junge Mütter (und Väter) können, um ein Wort des Springer-Vorstandschefs Matthias Döpfner zu paraphrasieren, dem lieben Gott auf Knien danken, dass er den Menschen die Digitalisierung hat erfinden lassen.

Döpfner, der Medienmanager, hatte das zwar auf Steve Jobs und die Erfindung des iPads gemünzt, der damit die Verlagsindustrie gerettet habe, weil er eine Bezahlkultur ins Netz zurückgebracht habe – auch wenn weiterhin darüber gejammert wird, dass die Menschen keine gedruckten Zeitungen mehr lesen (wohl aber digitale). Ähnlich verhält sich das auch mit der ständigen Erreichbarkeit über PC, Tablet und Handy, die in Deutschland nur zu gern kritisiert wird. Wir sollten dieses digitale Moment doch eher als Chance für eine bessere Work-Life-Balance begreifen, für mehr Erfolg im Leben.

Es ist erstaunlich, wie viele Menschen Angst vor dieser neuen Freiheit haben. Das betrifft Arbeitgeber, die tendenziell – jedenfalls in Deutschland – immer noch unterstellen, man könne nur im Büro oder in der Fabrik produktiv sein, und dann am besten noch zu festen Arbeitszeiten. Zwar ist die Stechuhr längst aus der Mode gekommen (und sie wurde entgegen verbreiteter Vermutung auch nicht in Deutschland erfunden, sondern 1888 in New York patentiert). Der hinter der Stechuhr stehende Geist aber ist immer noch aktiv. Andere Staaten und Gesellschaften sind da wesentlich kreativer, in Deutschland dagegen ist die Zahl der Heimarbeiter in den vergangenen Jahren nach Berechnungen des DIW wieder rückläufig. In europäischen Ländern wie Österreich, Frankreich oder Großbritannien geht der Trend genau anders herum, und in den Niederlanden gibt es seit 2015 sogar einen Rechtsanspruch auf Heimarbeit.

Wer zu Hause arbeitet, der hat (selten wird das so deutlich ausgesprochen) vor allem seinen Haushalt im Griff. So lautet ein beliebtes deutsches Vorurteil. Und es *ist* ein Vorurteil, denn eine Vielzahl von Studien hat bereits andere Ergebnisse zutage gefördert. So haben, um nur ein Beispiel zu nennen, Forscher der amerikanischen Stanford University die Angestellten eines Callcenters in China in zwei Gruppen arbeiten lassen: die einen wie bisher im Bürogebäude, die anderen im Home-Office. Ergebnis: Die Heimarbeitsgruppe war um 13 Prozent produktiver als die Kollegen, die den Hörer weiterhin im Callcenter abnahmen.

Es ist ja auch eine längst wiederlegte, aber häufig wiederholte Mär, dass die Arbeit im Büro wirklich so effektiv sei. Bis zu drei Stunden täglich, zitiert das *Wall Street Journal* wissenschaftliche Erkenntnisse, verbringen Büromenschen mit privaten Dingen. Was wir da so machen? Der schwedische Soziologe Roland Paulsen (*Empty Labor*) hat für das *Manager Magazin* einmal eine beeindruckende Hitliste der liebsten Freizeitbeschäftigungen am Arbeitsplatz zusammengestellt: Danach surfen wir vor allem privat im Internet. Dann gucken wir Löcher in die Luft. Plaudern mit Kollegen. Schlafen am Arbeitsplatz ein, ja, auch das. Oder sind, sagen wir, künstlerisch kreativ, zeichnen zum Beispiel Bilder. Das alles soll nicht mehr sein? Doch, doch. Aber dann sollte es für uns umgekehrt auch kein Problem sein, wenn wir ab und zu, und sei es am Abend, von daheim aus arbeiten.

Statt die elektronische Kommunikation einzuschränken, wie das in einigen Konzernen bereits geschieht und wie es Politiker gerne fordern (keine Mails nach Feierabend und am Wochenende), sollte man dafür sorgen, dass die Mitarbeiter die Segnungen der neuen Technik aktiv und selbstverantwortlich nutzen können, ohne ihnen durch Druck von oben ausgeliefert zu sein. Wenn sich jetzt die Digitalisierung mit voller Radikalität durchsetzt, dann kann der Mensch sich, so paradox das klingen mag, wieder Freiheit zurückerobern.

Das ist nicht nur, gar nicht mal zuerst, ein Thema für Führungskräfte, aber daran lassen sich die Optionen, die ein Arbeitnehmer hat, gut aufzeigen: Ein Chef kann sich von den E-Mails, den Social-Media-Kontakten oder virtuellen Besprechungen auffressen lassen, denn die Informationsflut, auf die er Zugriff hat, explodiert regelrecht. Oder er kann das klug zu seinem Vorteil nutzen, so wie Janina Kugel. Mit anderen Worten: Wer die neuen Techniken zu nutzen weiß und wer sich zugleich darauf versteht, eine Grenze zu ziehen zwischen Job und Privatem (und zwar unabhängig davon, ob er in der Firma ist oder daheim), der wird von der Digitalisierung profitieren. Und wer dann noch bestens ausgebildet ist, der muss sich auch nicht vor der Automatisierung fürchten, vor dem Roboter, der angeblich alle Jobs wegfrisst.

Den Beweis für diese Behauptung haben wir bereits gefunden und beschrieben, in der digitalen Fabrik, dem Siemens-Elektronikwerk in Amberg (siehe im Abschnitt »Den Wandel meistern«). Drei Viertel der Arbeit bewältigen dort die Maschinen und Computer eigenständig, nur um das restliche Viertel kümmern sich Menschen. Offen blieb bisher die Job-Bilanz des Werkes. Und siehe da: Die Beschäftigtenzahl in Amberg liegt seit vielen Jahren stabil bei etwa 1 200 – und das, obwohl sich das Produktionsvolumen verachtfacht hat. Die ökonomische Theorie hätte etwas anderes nahegelegt: dass nämlich, wenn die Produktivität steigt, weniger Mitarbeiter nötig sind. Die Praxis bei Siemens in Amberg zeigt etwas anderes. »Wir haben immer noch sehr viele mechanische Abläufe, und daran wird sich auch nichts ändern«, sagt Personalerin Kugel. Die Zusammenarbeit zwischen Mensch und Maschine sei eine andere als die zwischen Menschen, klar. Aber: »Es bleibt der Mensch, der die Dinge mit all seiner Erfahrung und notfalls auch mal irrational vorantreibt, Maschinen werden das noch auf lange Zeit nicht komplett adaptieren können.« Auch die Befürchtung, dass es künftig ein paar Privilegierte gibt, einige »High Potentials«, die die Maschinen programmieren, und der Rest der Belegschaft werde zu niederen, schlechter ausgebildeten Befehlsempfängern, mag Kugel nicht teilen. Auch früher schon seien bei großen technologischen Umwälzungen immer auch Untergangsszenarien beschworen worden, zu denen es dann nie kam. Eher dürfte es so sein: Je intelligenter die Maschinen werden, die wir im Internet der Dinge nutzen, umso schlauer und besser ausgebildet müssen die Menschen sein, die sie steuern, überwachen, kontrollieren.

Und in der Tat muss man sich ja nur an Altvater Marx erinnern, dessen Schriften uns das Studium gewürzt haben und der angesichts der Mechanisierung im 19. Jahrhundert ziemlich genau dieselben Befürchtungen artikulierte, die man heute in Bezug auf die Digitalisierung hören kann. Die Marx'sche Verelendungstheorie war bekanntlich falsch – und damit trug das ganze Gedankengebäude nicht, auf dem später der real existierende Sozialismus fußte.

Wohl aber verändert die Digitalisierung die Art der Arbeit, so, wie sich diese auch in der ersten industriellen Revolution verändert hat: Bestimmte Jobs werden an Bedeutung gewinnen, andere verlieren. Die *WirtschaftsWoche* hat dazu einmal eine eindrückliche Tabelle veröffentlicht, die auf einer Studie der Forscher Carl Benedikt Frey und Michael Osborne von der britischen Universität Oxford beruhte. Sie begann mit Berufen, die mit hoher Wahrscheinlichkeit innerhalb von zwanzig Jahren ganz oder teilweise durch Maschinen ersetzt werden. Dazu zählen Berufe wie beispielsweise Telefonverkäufer (99 Prozent), Packer (98), Kreditanalysten (98), Koch (96), Sachbearbeiter (96). Es ging weiter mit Immobilienmakler (86), Busfahrer (67) und Richter (40) und mündete in einer langen Liste von Berufen, die sich mit hoher Wahrscheinlichkeit erhalten werden. Auf dem letzten, ungefährdetsten Platz der Tabelle findet sich übrigens: der Gesundheitsberater (0,02). Direkt davor: Allgemein- und Zahnärzte (0,4), Grundschullehrer (0,4), Vorstandsmitglieder (1,5), Architekten (1,8) und Floristen (4,7).

Unsere Arbeitswelt wird sich massiv verändern. Auch das Wesen jedes einzelnen Berufs. Komplizierte Jobs werden möglicherweise einfacher und damit für weniger talentierte Mitarbeiter erreichbar. Zugleich werden andere Jobs umfassender. Janina Kugel erklärt es so: »Wenn in Zukunft ein Mitarbeiter eine ganze Fabriksektion überwacht, in der bisher viele Mitarbeiter mit jeweils speziellen Jobs beschäftigt wurden, dann muss er die Software bedienen können, dazwischen aber vielleicht auch mal Pappkartons falten.« Oder gesamtwirtschaftlich gedacht: Wenn die Digitalisierung zu einer höheren Produktivität führt, setzt das Ressourcen frei, die für andere Aufgaben genutzt werden können. Es entstehen dadurch neue Produkte, neue Märkte, neue Unternehmen. Und damit auch: neue Jobs.

Allerdings sind nach dieser Logik für die digitale Arbeitswelt andere Fähigkeiten nötig als bisher. Weshalb bei Siemens alle Berufsausbildungen auf den Prüfstand kommen und die Personalabteilung fragt: Was macht ein Mechatroniker heute? Was wird er künftig können müssen? Auf welche Kompetenzfelder wird sich die Digitalisierung auswirken? Dementsprechend stellen sie bei Siemens die Abläufe und Lerninhalte radikal um. Kugels Leute haben mehr als 20 Berufe identifiziert, deren Parameter verändert werden müssen. Die Personalchefin nennt als Beispiel den Zerspanungsmechaniker. Der bekam bislang seine Vorgaben aus dem Entwicklungsbereich und musste dann an den entsprechenden Stellen bohren und fräsen. Künftig macht das ein 3D-Drucker effizienter, also muss der Mechaniker lernen, mit dem Drucker umzugehen.

Die Digitalisierung verändert auch die Art und Weise, wie man Mitarbeiter führt, ein Lieblingsthema von Janina Kugel. »Führung muss horizontaler werden«, sagt sie. Etablierte Bürostrukturen ändern sich, Hierarchien werden geschleift, Kommunikation wird offener, das Arbeitsumfeld kreativer. In einem Interview hat sie den Satz gesagt: »Das Eckbüro hat ausgedient.« Das kam bei einigen im Haus gar nicht gut an, erinnert sie sich jetzt. Im Juni 2016 ist der Vorstand in die neu gestaltete Konzernzentrale umgezogen, mit vielen offenen Räumen, die Mitarbeiter haben keine festen Schreibtische mehr, müssen sich mit ihrem Laptop jeden Tag aufs Neue einen Platz suchen – so wie bei Philips in Hamburg. Aber natürlich gibt es immer noch eine Vorstandetage mit Privilegien. Man darf vermuten, dass das nicht Kugels Planung war, die kein Problem damit hat, in der Kaffeeküche ihr nächstes Meeting vorzubereiten.

Apropos Kaffeeküche: Dieser Ort hat im Silicon Valley ja, wie wir gesehen haben, eine ganz besondere Bedeutung – bei Google ebenso wie im kleinsten Start-up. Die Kaffeeküche ist der Ort, wo man sich trifft, sich austauscht, wo man Gespräche beginnt, in einer spontan zusammengewürfelten Runde, und Ideen entwickelt, auf die man sonst nie gekommen wäre. Deswegen befindet sich die Kaffeeküche in den Silicon-Valley-Firmen meist auch nicht in einer dunklen Ecke (so wie in den meisten deutschen Unternehmen), sondern an zentraler Stelle – bestückt mit allem, was das Herz begehrt: Müsli, Obst, Schokoriegel, Espressomaschine, prall gefüllter Kühlschrank mit Getränken, und alles kostenlos.

Die zentrale Kaffeeküche ist zum Symbol für eine andere Büro-

und Arbeitsorganisation geworden, wie sie nun auch in immer mehr deutschen Unternehmen Einzug hält: Es wird umgebaut. Die Mitarbeiter sitzen nicht mehr in Einzelbüros, Tür zu, Klappe dicht, bloß nicht kommunizieren. Sondern es entstehen stylische Großraumbüros, mit modernstem Mobiliar und schicken Leuchten, mit Bereichen, in denen viele Menschen nebeneinandersitzen und zusammen arbeiten, und mit Ruhezonen, wo man sich bei Bedarf zurückziehen und ungestört telefonieren kann. Wir haben das am Beispiel von Philips in Hamburg-Fuhlsbüttel beschrieben, aber solche offenen Bürokonzepte, wie sie hierzulande bislang nur Start-ups praktizierten, findet man inzwischen in immer mehr etablierten Unternehmen.

Und auch wenn man immer wieder liest (oder von Politikern und Gewerkschaftern hört), dass die Arbeitnehmer vor dieser digitalisierten Arbeitswelt Angst hätten, so zeigen manche Umfragen, dass viele Menschen die Gefahren als gar nicht so groß betrachten. Nach einer repräsentativen Befragung der Beratungsgesellschaft Ernst & Young in den Branchen Auto, Maschinenbau, Logistik und Finanzen von 2015 erwarten fast 50 Prozent der Befragten, dass ihnen die neuen digitalen Arbeitsprozesse zusätzliche Chancen eröffnen. Dass jüngere Arbeitnehmer die Veränderungen positiver sehen als ältere, überrascht dabei nicht.

Auch der Frankfurter Unternehmer Chris Boos von Arago, der sein Geschäft mit Künstlicher Intelligenz macht, glaubt nicht, dass der Mensch überflüssig wird. Aber stumpfsinnige Prozesse zu ersetzen, das sei die Chance, die sich dank der Digitalisierung biete. Fast alle Unternehmen, mit denen er arbeite, seien froh, die wertvollen Mitarbeiter effektiver einsetzen zu können. Die Menschheit bekomme Zeit zurück, sagt Boos, für die wirklich wichtigen Dinge, die Rettung der Umwelt beispielsweise.

Kurz: Wer die neue Welt zu nutzen weiß, wer ständig lernt, steht vor großen Chancen. Er findet in neue Jobs, kann die Vorteile der Flexibilität nutzen, Beruf und Freizeit besser verknüpfen und einfach sinnvoller und erfüllter leben. Er oder sie wird die Digitalisierung nicht als Fluch begreifen, sondern als Segen. Am Ende – davon sind wir überzeugt – werden sehr viel mehr Menschen von diesem Wandel profitieren, als die Skeptiker heute glauben. Viele von uns werden in zehn, fünfzehn Jahren in einem anderen Job arbeiten, in einem anderen Beruf, mit neuen Fähigkeiten, die sie erworben haben. Das muss ja nicht das Schlechteste sein.

Aber es wird, das wollen wir nicht leugnen, natürlich auch Verlierer geben. Menschen, die den Wandel nicht packen werden. Wie gehen wir mit ihnen um? Was ist nötig, um sie im digitalen Zeitalter mitzunehmen?

Hilfe für die Verlierer

Grundsätzlich, davon ist auch Timotheus Höttges überzeugt, ist die Digitalisierung eine gute Sache. Für ihn ganz persönlich, den Vorstandsvorsitzenden der Deutschen Telekom, aber auch für die meisten anderen. »Ich habe das Gefühl, dass mein Leben reicher geworden ist durch die Möglichkeit, Wissen über alles, was mich beschäftigt, sofort zu bekommen. Und auch durch die Möglichkeiten des Teilens. Ob das Bilder sind, die wir über die Cloud mit Freunden teilen, oder Dinge wie Autos oder Erfahrungen und Emotionen«, hat Höttges im Dezember 2015 in einem bemerkenswerten Gespräch mit der Hamburger Wochenzeitung *Die Zeit* berichtet.

Höttges, den wir ein paar Wochen zuvor selber in München getroffen hatten, sprach über die Chancen dieser neuen Ära, über die neuen Möglichkeiten der »Kreativität« und über all die Freiräume, die wir gewinnen, wenn künftig Computer und Maschinen für uns arbeiten: »Die klassischen physischen Arbeiten werden auf lange Sicht komplett durch Maschinen erledigt werden, davon bin ich zutiefst überzeugt. Darüber hinaus werden auch Routinetätigkeiten, die Denkleistung erfordern, durch Software und Computer wahrgenommen. Das wird uns unheimlich viel Zeit schenken für soziale Interaktion und dafür, unsere persönlichen Interessen zu verwirklichen.«

Er freue sich zum Beispiel schon jetzt auf das autonome Fahren, weil er dann unterwegs Zeit für andere Dinge haben werde. Und auch darauf, dass bei ihm daheim der Roboter Pepper einzieht, entwickelt vom japanischen Unternehmen Softbank: »Er verfügt über künstliche Intelligenz, lebt quasi in der Familie, lernt, übernimmt Alltagsarbeit und fragt Sie dann zum Beispiel: ›Was ist das?‹Und dann sagen Sie: ›Das ist meine Brille.‹ Damit lernt er, dass das Ihre Brille ist. Danach können Sie ihn dann fragen: ›Wo ist meine Brille?‹ Und in dem Moment holt er sie.«

Eine schöne, fast zu schöne Welt. Doch Höttges weiß auch um die Schattenseiten. Um die Verlierer, die aus dem System herausfliegen, weil man sie nicht mehr braucht.

»In den nächsten 30, 40 Jahren«, warnt er, »werden sehr viele Arbeiten substituiert werden, und in der Übergangsphase wird es vermutlich nicht genug neue Jobs für diese Leute geben.« Denn die Maschinen werden immer schlauer, immer intelligenter, immer einflussreicher: »Bald wird der Moment kommen, in dem wir nicht mehr unterscheiden können, ob uns ein Computer oder ein Mensch antwortet, zum Beispiel auf die Frage: Warum fühlst du dich heute nicht wohl?«

Eine befremdliche Vorstellung.

Norbert Wiener, der berühmte amerikanische Mathematiker vom MIT, hat diesen Moment, in dem der Computer dem Menschen ebenbürtig wird, bereits im Jahr 1948 in seinem Buch *Cybernetics or Control and Communication in the Animal and the Machine* vorausgesehen. Er fasste diesen beängstigenden Gedanken so zusammen: Er sei nicht sicher, was gefährlicher sei – der Computer oder die Atombombe. Drei Jahre zuvor hatten die Amerikaner erstmals in der Menschheitsgeschichte zwei Atombomben eingesetzt: die eine über Hiroshima, die andere über Nagasaki. Die beiden Bomben hatten die beiden japanischen Städte dem Erdboden gleich gemacht, Hunderttausende von Menschen starben– ein Ausmaß an Zerstörung, wie man es noch nie zuvor erlebt hatte.

Computer waren damals nicht sonderlich verbreitet, noch waren es große, gewaltige Maschinen, riesige summende Kästen, nur Experten vermochten sie zu bedienen. Und doch ahnte Wiener, dass Computer irgendwann sehr viel schneller, sehr viel besser, sehr viel schlauer sein würden. Und damit auch sehr viel gefährlicher. Der

Computer, warnte er, ersetze mit seiner Rechenkraft das menschliche Gehirn – und das sei insbesondere bedrohlich für Menschen, die nicht sonderlich gut ausgebildet seien und nur über begrenzte Talente verfügten.

Ähnlich wie Tim Höttges glaubt der amerikanische Wirtschaftswissenschaftler und Nobelpreisträger Robert Shiller, dass Wieners Prognose jetzt schon Wirklichkeit geworden ist. Als wir mit Shiller darüber reden, erst beim Weltwirtschaftsforum in Davos und ein paar Wochen später dann via Skype, er in seinem Büro an der amerikanischen Universität Yale, ist seine Sorge mit Händen zu greifen: »Der Fortschritt in der Computertechnologie ist derart schnell geworden, dass man wirklich Angst haben muss«, sagt Shiller. »Was vor Kurzem noch Sciene-Fiction war, ist heute Realität. Heute, mit all der Künstlichen Intelligenz, erleben wir Dinge, die sich Ende der 90er-Jahre noch niemand vorstellen könnte. Früher haben Menschen sich durch ihr Wissen definiert. Wer viel wusste, der war interessant. Heute braucht man nicht mehr so viele interessante Menschen, weil es ja das Internet gibt, wo man jede Frage beantwortet bekommt – und zwar sehr viel besser.«

Was aber heißt das für uns Menschen? Werden all jene, die heute Arbeit haben, künftig noch gebraucht? »Früher«, sagt Shiler, »war es doch so: Wer einen bestimmten Beruf gewählt hat, zum Beispiel Lehrer oder Übersetzer, der konnte davon ausgehen, dass er diesen Beruf sein ganzes Leben lang ausüben würde. Man musste sich keine Sorgen machen. Aber braucht man in 20 Jahren all diese Lehrer und Übersetzer noch? Oder gibt es stattdessen digitale Maschinen dafür?« Er warnt: »Wenn erlerntes Wissen massenhaft entwertet wird, gefährdet das die Identität des Menschen. Dessen ganzes Selbstwertgefühl beruht ja darauf, dass er etwas kann. Dieses Selbstwertgefühl ist nun gefährdet.«

Also wird wahr, was Norbert Wiener einst prophezeit hat: Der Computer ersetzt das menschliche Gehirn und ist am Ende gefährlicher als die Atombombe? Shiller zögert. Ein paar Sekunden ist nichts zu hören über die Skype-Verbindung, dann antwortet er:

»Atombomben werden, so dürfen wir hoffen, in unseren Lebzeiten niemals eingesetzt. Aber wir erleben eine gewaltige ökonomische Veränderung durch das Internet, und für manche Menschen geht es dabei wirklich um die Frage, ob sie überleben können. Vielleicht ist das Internet also wirklich gefährlicher als die Atombombe.«

Man wird nachdenklich, wenn man solche Sätze aus dem Munde eines Mannes hört, der als einer der klügsten Köpfe der heutigen Zeit gilt. Shiller hat die Entwicklungen der Zukunft oft früher erkannt als andere: Er hat vorausgesehen, dass die Blase der New Economy platzen wird, und prophezeit, dass die große Finanzkrise ausbrechen wird. Diesmal allerdings ist Shiller mit seiner Sorge nicht allein. Christopher Pissarides, ein anderer Nobelpreisträger für Ökonomie, geboren auf Zypern und nun Professor an der London School of Economics, wählt ähnliche Bilder, wenn er die Zukunft der digitalen Ökonomie beschreibt – die nicht bloß Gewinner produziert, sondern auch eine wachsende Zahl von Verlierern. Und diese Verlierer werden, davon geht Pissarides aus, vor allem in der Mitte der Gesellschaft angesiedelt sein. Es geht um die »White-Collar-Jobs«, wie die Amerikaner sie nennen: die Jobs derjenigen, die weiße Kragen tragen, in den Büros, in der Verwaltung, im Mittelbau. Übrig bleiben am Ende diejenigen, die bestens ausgebildet sind und sich auf die neue, hoch technologische Welt einlassen. Und die Menschen, die bestimmte Dienstleistungen ausüben. »Viele Service-Jobs wird es immer geben, in der Medizin und Pflege, in der Gastronomie oder in der Freizeitindustrie«, sagt Pissarides.

Man könnte dem entgegenhalten: Das sind die Gedanken von zwei älteren Ökonomen. Was schert das uns? Aber das Beängstigende ist: Auch wenn man den führenden Köpfen aus dem Silicon Valley genau zuhört, dann hört man neben dem schier grenzenlosen Optimismus der einen immer wieder die Befürchtung der anderen, dass am Ende viele auf der Strecke bleiben werden.

Klar, es gibt diejenigen, die wie Sheryl Sandberg von Facebook sagen: »Die Hoffnung sollte über die Angst triumphieren.« Aber es gibt eben auch Menschen wie Dileep George, ein gebürtiger Inder, der das Software-Unternehmen Vicarious gegründet hat. Er gehört zu den führenden Köpfen auf dem Feld der Künstlichen Intelligenz und erwartet, dass Maschinen irgendwann fast jede Tätigkeit übernehmen werden, die bisher Menschen erledigen. Denn: »Maschinen werden nicht müde, sie müssen sich nicht um ihre Kinder kümmern und sie müssen auch nicht abends nach Hause gehen. Am Ende werden die Maschinen die besseren Menschen sein.« Die meisten Menschen würden auch künftig einer Arbeit nachgehen, aber vielleicht nur noch ein paar Stunden in der Woche, weil sie ansonsten nicht mehr gebraucht werden: »Es wird auch in Zukunft bedeutsame Tätigkeiten geben, aber unser Arbeiten wird sich verändern« – und zugleich der Anteil an Freizeit steigen.

Oder Unternehmer wie Joe Schoendorf. Er ist durch das Internet reich geworden, war früher bei Hewlett-Packard, dieser Ursprungsfirma des Silicon Valley, ehe er dann vor mehr als drei Jahrzehnten in die Private-Equity-Branche gewechselt ist. Schoendorf hat ein Näschen für die richtigen Investments: Mit Accel Partners, einer der führenden Risikokapitalfirmen südlich von San Francisco, hat er zum Beispiel sehr früh in Facebook investiert. Wenn man mit Schoendorf redet, spricht er über Roboter und Künstliche Intelligenz, über die Vorteile von Uber oder über Waze. Alles wunderbare Technik! Und er redet über die digitalen Superstars, wie er sie nennt, deren Einkommen besonders dynamisch steigen. Aber ausgerechnet er klagt darüber, dass man sich viel zu wenig Gedanken mache über diejenigen, die dem hohen Veränderungstempo nicht folgen können und die nicht so prächtig verdienen: »Wenn wir nicht aufpassen und etwas für diese Menschen tun, dann wird es irgendwann soziale Unruhen geben. Wir müssen uns um diese Menschen kümmern.«

Das Weltwirtschaftsforum hat versucht, die Zahl der Betroffenen näher zu ergründen – und heraus kamen Zahlen, die nicht zum Optimismus passen, den das Forum sonst gern verbreitet: 7,1 Millionen Jobs verschwänden in den nächsten Jahren weltweit durch die vierte industrielle Revolution. Und nur zwei Millionen neue Jobs entstünden, vor allem in hoch spezialisierten Berufen. Unterm Strich bleibe also ein Minus von fünf Millionen Arbeitsplätzen.

Spricht man mit deutschen Unternehmern darüber, sind sie nicht glücklich. Es helfe der Debatte nicht, wenn solch düstere Prognosen im Raum stünden, sagt der Vorstandsvorsitzende eines DAX-Konzerns. Und es ist ja auch richtig: Wenn man zurückschaut in der Geschichte, haben neue Technologien zwar einerseits Jobs verdrängt; es sind aber zugleich auch viele neue Jobs entstanden: anderswo, anders geartet. Als zum Beispiel die Gebrüder Wright Anfang des 20. Jahrhunderts das Flugzeug erfanden und die ersten Passagiermaschinen starteten, mussten die Betreiber der Eisenbahnen dies natürlich als Bedrohung ansehen. Aber sind deswegen alle Jobs im Eisenbahnwesen verschwunden? Den Heizer auf der Dampflok gibt es nicht mehr, gewiss, aber Eisenbahnen fahren immer noch. In der Luftfahrt sind zugleich Millionen von Jobs entstanden, neue Berufe, die es bis dahin nicht gab: Pilot, Stewardess, Techniker in der Flugzeugwerft.

Im Zeitalter der Digitalisierung ist das Tempo der Veränderung allerdings erheblich höher, der Wandel vollzieht sich abrupter als in der ersten, zweiten und dritten industriellen Revolution. Früher schafften es die meisten Menschen, sich nach einer gewissen Zeit den neuen Gegebenheiten anzupassen. Robert Shiller befürchtet, dass dies diesmal nicht in gleicher Weise gelingen wird. »Natürlich«, sagt er unter Anspielung auf Joseph Schumpeters Konzept der kreativen Zerstörung, »können wir uns ein wundervolles Schumpeter'sches Szenario vorstellen«, mit vielen neuen Firmen und neuen Jobs. Aber die Menschen seien unsicher, »welchen Platz sie in dieser Welt einnehmen werden.« Und natürlich erhöhe »die Internet-Revolution unseren Wohlstand, aber dieser neue Wohlstand wird nicht gleichmäßig verteilt sein.«

Wie also umgehen mit den Verlierern und mit der Ungleichheit, die entsteht, wenn die digitalen Superstars besser denn je verdienen, die Mittelschicht erodiert und am unteren Ende, für einfache Dienstleistungen, nur kärgliche Löhne bezahlt werden? »Wir müssen die Einkommen anders verteilen«, sagt Marc Benioff, Gründer von Salesforce, ein Selfmade-Milliardär, der großzügig spendet und 1 Prozent seines Firmengewinns für soziale Zwecke hergibt. Fragt man ihn allerdings, wie die Einkommen jenseits von privaten Spenden umverteilt werden sollen, antwortet er, das wüssten andere besser; er sei da kein Fachmann.

Die Fachleute diskutieren derzeit vor allem drei Modelle: Das erste ist das bedingungslose Grundeinkommen, ein staatlich garantiertes Einkommen für alle – egal, ob man arbeitet oder nicht; das zweite Modell ist die negative Einkommensteuer, eine Art Steuerbonus für Geringverdiener; und das dritte Modell schließlich ist eine Versicherung, die all jene auffangen soll, deren Beruf durch die Digitalisierung zur Gänze überflüssig wird.

Das erste Modell – das bedingungslose Grundeinkommen – wird von Ökonomen wie Christopher Pissarides befürwortet. Er ist davon überzeugt, dass der Markt allein nicht für eine gerechte Verteilung der Einkommen sorgen wird und der Staat eingreifen muss. Das staatlich garantierte Grundeinkommen soll dabei alle anderen Sozialleistungen ersetzen. Es soll einerseits so hoch sein, dass es jedem Menschen das Existenzminimum sichert, also ausreicht für Wohnung und Lebensmittel; es soll aber andererseits niedrig genug bemessen sein, dass noch der Anreiz besteht, sich zusätzlich eine eigene Arbeit zu besorgen. Das Erstaunliche dabei ist: Mittlerweile werben auch Unternehmer für dieses Konzept, die sich keineswegs als Sozialromantiker verstehen, sondern als Anhänger der Marktwirtschaft. Auch Timotheus Höttges, der Chef der Deutschen Telekom, hat im Gespräch mit der *Zeit* große Sympathie für das bedingungslose Grundeinkommen gezeigt: »Es kann eine Grundlage sein, um ein menschenwürdiges Leben zu führen.« Natürlich weiß er um die Gegenargumente. Allein in Deutschland würden die Kosten sich monatlich auf einen zweistelligen Milliardenbetrag belaufen, wenn man das Grundeinkommen bloß auf 1000 Euro festsetzt. In der Schweiz, wo sich bei einer Volksabstimmung im Juni 2016 eine große Mehrheit gegen das Grundeinkommen aussprach, waren sogar 2 500 Franken geplant. Klar, die Kosten seien ein Problem, sagt Höttges. Man müsse deshalb darüber nachdenken, wie man Unternehmen besser besteuere, gerade die Internetgiganten aus Übersee. »Wir dürfen solche Ideen nicht allein deshalb ablehnen, weil sie aus heutiger Sicht unbrauchbar erscheinen«, sagt Höttges.

Das zweite Modell – die negative Einkommensteuer – wird vor allem von Ökonomen wie Erik Brynjolfsson vom MIT unterstützt. Die Idee der negativen Einkommensteuer ist recht simpel: Wessen Einkommen unter einen bestimmten Schwellenwert fällt, der muss keine Steuern mehr bezahlen, sondern bekommt vom Staat, zusätzlich zum Lohn, einen Zuschuss. Dieser Zuschuss fällt umso höher aus, je niedriger das Einkommen ist. Ein dynamisches Modell also, das darauf setzt, dass die Menschen sich zunächst selber um ihr Einkommen kümmern und der Staat nur im Notfall einspringt; und nicht umgekehrt wie beim bedingungslosen Grundeinkommen, wo der Staat erst mal alle absichert – und es jedem selbst überlassen bleibt, ob er arbeitet.

Als wir mit Brynjolfsson darüber am Rande des Weltwirtschaftsforums in Davos diskutieren, betont er immer wieder, wie wichtig es sei, die Menschen in Arbeit zu bringen. Und damit dies gelinge, sei vor allem eines wichtig: Bildung, Bildung, Bildung. »Das ist unsere Aufgabe Nummer eins.« Man müsse den Menschen die Fähigkeiten vermitteln, die sie für das digitale Zeitalter brauchten. Anders als früher gehe es dabei weniger um bloßes Wissen. »Ein Computer kann sich Fakten viel besser merken als ein Mensch«, sagt Brynjolfsson. Stattdessen müsse man den Menschen das beibringen, was er »interpersonal skills« nennt, also soziale Kompetenz, zum Beispiel die Fähigkeit, im Team zu arbeiten, gemeinsam etwas zu entwickeln, etwas zu erfinden. Und ja, auch die Fähigkeit, sich selbstständig zu machen, ein Unternehmen zu gründen. Mit anderen Worten: Es muss darum gehen, die Zahl der Verlierer von vornherein klein zu halten.

Das dritte Modell schließlich wird von Robert Shiller propagiert. Er schlägt vor, für all jene, deren Beruf in den nächsten Jahrzehnten verschwindet, eine Versicherung zu schaffen – und zwar zusätzlich zur Arbeitslosenversicherung. Shiller begründet dies so: »Die Arbeitslosenversicherung wirkt kurzfristig. Sie greift, wenn jemand seine Stelle verloren hat, und zahlt so lange, bis er wieder eine neue gefunden hat. Aber durch die Digitalisierung werden manche Menschen vielleicht ein ganzes Leben lang keinen neuen Job mehr finden. Die Ungleichheit in unserer Gesellschaft wächst, wenn ein bestimmter Beruf, eine bestimmte fachliche Qualifikation durch die Digitalisierung entwertet wird. Wer als junger Mensch einen Beruf wählt, sollte deshalb die Möglichkeit erhalten, sich dagegen zu versichern, dass er diesen Beruf nicht mehr ausüben kann, weil er nicht mehr gebraucht wird.« Das Charmante: Shiller würde die Versicherung in private Hände geben, man müsste sie also bei einem privaten Unternehmen abschließen, nicht bei einer staatlichen Behörde. Eine marktwirtschaftliche Lösung also. Gleichwohl könnte der Staat sicherstellen, dass jeder diese Versicherung abschließt: durch eine Pflicht, wie es sie ja zum Beispiel auch bei der Krankenversicherung gibt.

Diese Modelle bedürfen der weiteren Diskussion. Aber sie zeigen – in unterschiedlicher Qualität – Wege auf, wie man in einer Ära rasender Veränderung die Verlierer auffangen kann. Auch im Gefolge der ersten industriellen Revolution begriffen viele – die Deutschen vorneweg –, dass der ungezügelte Manchester-Kapitalismus nicht alle glücklich macht. Und so entstand 1833 die erste Gewerkschaft, später schuf dann des Kaisers Kanzler Bismarck als Erster die Sozialversicherungen; eine Pioniertat, die mancherorts schnell Nachahmer fand. Warum also sollten die Deutschen nicht wieder rechtzeitig weise Entscheidungen treffen? Anderswo ist man jedenfalls nicht schlauer, auch nicht in den USA, die ja so stolz darauf sind, in der digitalen Revolution vorneweg zu marschieren. Deutschlands oberster Gewerkschafter, DGB-Chef Reiner Hoffmann, und

Bundesarbeitsministerin Andrea Nahles haben das erlebt, als sie im Spätsommer 2015 ins Silicon Valley reisten, zu einer einwöchigen Erkundungstour. Vorher machten sie in Washington Station, um über die sozialpolitischen Herausforderungen der Digitalisierung zu reden. Doch als sie im US-Arbeitsministerium nachfragten, welche Lösungen man dort denn diskutiere, bekamen sie sinngemäß zu hören: Wir hatten eigentlich gehofft, dass ihr Deutschen uns da weiterhelfen könntet.

Es gehe, sagt Telekom-Chef Höttges, um eine Lösung »nicht heute, nicht morgen, aber in einer Gesellschaft, die sich durch die Digitalisierung grundlegend verändert hat«. Man müsse verhindern, »dass wir eine komplette Entkopplung der Gesellschaft erleben, mit Massenarbeitslosigkeit auf der einen und extremem Reichtum auf der anderen Seite«. Und doch bleibt er am Ende ein Optimist: »Von den Webstühlen bis zur Dampfmaschine, bei allem hieß es, das sei Teufelszeug. Es hat jedoch bei industriellen Quantensprüngen immer auch einen positiven Beschäftigungseffekt gegeben.«

Auch wir sind davon überzeugt, dass die Chancen der Digitalisierung bei Weitem deren Risiken übertreffen. Die Wirtschaft wird sich weiterentwickeln, unser Arbeiten, unsere Jobs. Was nicht heißt, dass die Welt ohne Probleme sein wird. Aber diese vernetzte Welt wird gestaltbar sein, wir gemeinsam können sie gestalten, Staat und Gesellschaft müssen dazu die richtigen Entscheidungen treffen.

SO SCHAFFEN WIR DAS

Die smarte Republik

Der Postbahnhof Luckenwalder Straße in Berlin und das zugehörige Postamt SW 77 waren vor dem Zweiten Weltkrieg der größte deutsche Paketumschlagplatz. Später, während der deutschen Teilung, verband er als einziger Postbahnhof West-Berlin mit dem Bundesgebiet. An einem Tag im Juni 2016 füllen mehr als tausend Menschen die ehemalige Pakethalle im Bezirk Kreuzberg. Menschen, die hoch, tief, klein und groß bauen, die Häuser, Straßen, Tunnel, Fabrikgebäude und Schulen errichten. Es ist der Tag der deutschen Bauindustrie. Und man möchte meinen: Hier trifft sich eine zutiefst analoge Welt – Mörtel, Klinker, Dachpfannen.

Und in der Tat geht es zunächst darum: Wie schaffen wir mehr Wohnungen in Deutschland? Wie bleibt Wohnen in den großen Städten bezahlbar? Die Baufirmen wollen, na klar, mehr bauen und hätten deshalb gerne mehr staatliche Investitionen und weniger hemmende Gesetze. Früher hätte dieses Thema den ganzen Kongress bestimmt. Diesmal aber schiebt sich, mal gezielt, mal eher zufällig, immer wieder ein neues Thema in die Diskussion: Wie hält es die Bauwirtschaft mit der Digitalisierung? Peter Hübner, der neue Präsident, nennt auf die Frage nach dem wichtigsten Punkt in seinem Programm genau dieses Thema: die Digitalisierung. Wir halten also fest: Selbst die Stein- und Beton-Männer sind in der neuen Zeit angekommen.

Und dann tritt Günther Oettinger auf, früher CDU-Ministerpräsident von Baden-Württemberg, heute EU-Kommissar. In der letzten Kommission war er für Energie zuständig und hat den Job selbst nach Ansicht des politischen Gegners gut gemacht – weshalb manche fast schon bestürzt waren, als der wichtigste deutsche Vertreter in Brüssel im Jahr 2015 in der neuen Kommission unter Jean-Claude Juncker plötzlich »nur noch« für Digitales zuständig war. In den sozialen Netzwerken gab es Spott und Kritik, und in der *Süddeutschen Zeitung* stand die ironische Überschrift: »Oettinger schult um auf Nerd«. Ein Jahr später sagen viele: Wie gut, dass dieser Politiker, der fast alles kann außer Hochdeutsch, für das Zukunftsthema Digitalisierung spricht.

Bundeswirtschaftsminister Sigmar Gabriel preist Oettinger vor den Bau-Unternehmern in höchsten Tönen: »Dieser Mann verdient unsere vollständige Unterstützung bei allem, was er in Brüssel tut«, sagt der SPD-Chef im Jahr vor der nächsten Bundestagswahl über einen CDU-Spitzenpolitiker. In Brüssel versucht Oettinger Bündnisse auf europäischer Ebene zu schmieden und zu Hause das Bewusstsein für die Chancen der Digitalisierung zu wecken. Unermüdlich reist er durch Deutschland, um Politiker, Unternehmer und Bürger aufzurütteln: Verschlaft nicht die Zukunft! Wacht auf, sonst überrollen uns die Internetgiganten aus den USA! Google, Apple und Co., gehe es, warnt Oettinger, um die »gesamtwirtschaftliche Überlegenheit«.

Und so ist er auf dem Kongress der Bauindustrie schnell bei einem Thema, das für ihn direkt damit zusammenhängt: den deutschen Schulen. Da müsse dringend etwas passieren, der Zustand der Bildungseinrichtungen in dieser reichen Nation sei beschämend schlecht. Die bauliche Substanz, die Unterrichtsmethoden. Der Kommissar erzählt aus seiner Jugend in den 1960er-Jahren, als er selbst so gerne in die Schule gegangen sei, weil es dort schöner als zu Hause war: das Gebäude heimeliger, die sanitären Einrichtungen moderner, so, wie der kleine Günther es von daheim noch gar nicht kannte. Er fordert, dass der Staat gerade jetzt, im digitalen Zeitalter, Geld bereitstellen müsse für die Renovierung von Schulen, auch für deren Anschluss ans Internet, an Computer und Tablets. Im Mittelalter seien die Kirchen die meistbeachteten und häufig auch die bestgebauten Gebäude in den Städten gewesen. Lasst uns, sagt Oettinger, die Schulen zu »Kathedralen des 21. Jahrhunderts« machen!

Für Oettinger ist klar, dass es vor allem von der Ausbildung der Kinder abhängt, ob wir den Wettlauf mit Silicon Valley gewinnen und damit unseren zukünftigen Wohlstand erhalten. Man könnte sich jetzt damit beruhigen, dass das deutsche Bildungswesen weit entwickelt ist, zumal im Vergleich zu den Vereinigten Staaten. Unsere Schulen und Universitäten mögen baufällig sein, aber kommt es nicht auf die Inhalte an? Und da, so der Einwand, ist Deutschland, Heimat der Dichter, Denker und Ingenieure, noch vorne. Erst recht, auch darauf könnte man hinweisen, muss Deutschland sich nicht verstecken, wenn man die berufliche Bildung in ihrer dualen Ausprägung dazuzählt: Berufsschule plus Lehre, das beeindruckt selbst US-Präsident Obama. Und richtig ist auch: Der »PISA-Schock«, ausgelöst durch die großen OECD-Vergleichsstudien, hat einiges in Bewegung gebracht.

Trotzdem hat Oettinger Recht, wenn er von der mangelnden Zuwendung des Staates spricht: Immer noch gibt es zu wenig Lehrer, sie werden zu schlecht bezahlt und lehren in häufig heruntergekommenen Gebäuden. Hunderte von Grundschulen in Deutschland stehen inzwischen ohne Rektor da, weil sich viele Lehrer für die paar Euro mehr, die das einbringt, all den Ärger mit Eltern, Kollegen und Schulverwaltung nicht mehr antun wollen. Kathedralen sehen anders aus.

Vor allem aber befindet sich die Digitalisierung des Schulwesens noch in den Anfängen. Sie kommt längst nicht so schnell voran, wie das nötig wäre. Ausweislich der Schulleistungs-Studie ICILS von 2014, die die Computerkompetenzen von mehreren Tausend Achtklässlern in 20 Ländern untersucht hat, landen deutsche Schüler nur im Mittelfeld. Und während andere Länder ihre Klassenzimmer zügig ans Netz anschließen, sind viele Schulen in Deutschland immer noch offline, geschweige denn, dass sie über ein WLAN verfügen, in das sich die Schüler mit ihren tragbaren Computern einloggen können, um für eine Hausarbeit zu recherchieren oder in einem Online-Lernprogramm ihr Wissen zu testen. Wir sind also noch sehr von jenem Ziel entfernt, das der Kanzlerkandidat der SPD, Peer Steinbrück, im Bundestagswahlkampf 2013 formuliert hat: Jedes Kind an deutschen Schulen soll mit einem mobilen Computer ausgestattet sein, mit Laptop oder Tablet.

Gute Idee! Doch es hapert ja schon an der Ausstattung mit fest installierten PCs: Während sich in Norwegen zwei Schüler einen Computer teilen, sind es in Deutschland elf. Von den 34 000 allgemeinbildenden Schulen verwendeten nur etwa 1 000 Tablet-PCs, schätzen die Medienpädagogen der Universität Mainz. In der bayerischen Landeshauptstadt München teilen sich nach offiziellen Angaben im Schnitt 69 Gymnasiallehrer einen Computer, die Anmeldung dauert bis zu 30 Minuten, Lehrfilme bleiben immer wieder hängen. Weshalb der Stadtrat im Sommer 2016 die Nachrüstung der 230 Schulen und insgesamt 830 Bildungseinrichtungen der Stadt beschlossen hat und nun den Aufbau eines leistungsfähigen Internets und die Neuanschaffung von Computern an Schulen und Kindertagesstätten forcieren will. Ein typisches Beispiel: Langsam kommt überall in Deutschland die Ausstattung der Schulen mit neuer Technik in Schwung, werden die Kreidetafeln und Overhead-Projektoren ausrangiert zugunsten digitaler Stifte und Whiteboards. Dort, wo Eltern die Sache selber in die Hand nehmen, wo Fördervereine Geld einsammeln, auf Schulfesten oder bei der örtlichen Wirtschaft, geht die Digitalisierung der Schulen auch schon mal schneller voran; in Vierteln und Kommunen, wo das private oder staatliche Geld nicht so reichlich vorhanden ist, verharren die Schulen weiterhin in der analogen Welt.

Dabei ist die Sache eigentlich klar: Wenn um uns herum alles vernetzt wird, wenn das Internet der Dinge bis in den letzten Winkel unseres Lebens vordringt, dann darf diese Entwicklung nicht haltmachen vor jenen Orten, an denen die Kinder auf ebendieses Leben vorbereitet werden. Sie müssen lernen, mit den Werkzeugen der neuen Zeit umzugehen, ohne sich von ihnen abhängig zu machen; sie müssen lernen, welche Chancen das Netz birgt und welche Gefahren, wie man Informationen filtert und sich nicht von der Datenflut überrollen lässt; sie müssen – auch das ist wichtig – stärker herangeführt werden an die digitalen Aspekte der Technik und der Naturwissenschaften, mithin an die Grundlagen dessen, was den Wohlstand unseres Landes ausmacht. Nicht jedes Kind muss später Informatik, Maschinenbau, Mathematik oder Physik studieren, bitte nicht; aber das Verständnis und die Offenheit für die sogenannten MINT-Fächer sollte wachsen.

Was wir also brauchen, ist eine »digitale Bildungsrevolution« – eine Revolution, wie sie auch Jörg Dräger, der einstige Wissenschaftssenator von Hamburg und heutige Vorstand der Bertelsmann-Stiftung, und Ralph Müller-Eiselt in ihrem gleichnamigen Buch fordern, denn: »Datensouverän agieren und digitalkompetent leben kann nur derjenige, der es gelernt hat.« Damit diese Revolution gelingt, müssen sich die deutschen Schulen in sehr vielem ändern: Die Lehrer müssen selber mehr lernen über die digitale Welt, sie müssen sich einlassen auf einen moderneren, flexibleren Unterricht, sie müssen die Klassenräume für neue, digitale Lernmethoden öffnen, für Programme, bei denen die Schüler auch am Computer lernen – und jeder von ihnen, vom Lehrer individuell gefördert, so schnell voranschreitet, wie er das kann: die Schlauen schneller, die weniger Schlauen langsamer. Dadurch lasse sich vermeiden, argumentieren Dräger und Müller-Eiselt, dass die einen sich langweilen und die anderen sich überfordert fühlen. Gerade Kindern aus bildungsfernen Familien stünden so ganz neue Möglichkeiten offen.

Die digitale Aufrüstung der Klassenzimmer ist allerdings nicht unumstritten. Eine nennenswerte Fraktion unter den Pädagogen will die Schule »als analogen Lernort schützen«. Der Psychiater, Gehirnforscher und Bestseller-Autor Manfred Spitzer (*Digitale Demenz*), für den Computer und Smartphones Kinder dumm machen, kämpft vehement gegen die Ausstattung von Kindergärten, Schulen und sogar Universitäten mit Tablets, Laptops und Internetzugängen. All das verbessere Bildung nicht, sondern lenke die Lernenden nur ab. Namentlich schwachen Schülern schade das mehr, als dass es ihnen helfe, wodurch die Ungleichheit in der Gesellschaft zementiert werde. Den Münchner Beschluss für mehr Computer und WLAN hält er ausdrücklich für fatal, da man doch wisse, dass die Lernleistung sich derart um 20 Prozent vermindere. Im Grunde sei klar, schreibt Spitzer im *Handelsblatt*, dass hinter der Digitalisierung der Klassenzimmer vor allem das wirtschaftliche Interesse von Konzernen wie Apple, Google oder Amazon stünde, also »nichts als ein großer Hype, veranstaltet von der reichsten Lobby der Welt, die noch reicher werden will, indem sie die Köpfe unserer nächsten Generation vermüllt«.

Starke Worte! Doch die Argumentation des Professors aus Ulm ist fachlich und politisch umstritten, und vor allem ist sie weltfremd: Die Digitalisierung kommt – und sie kann den Menschen nicht vorenthalten werden. Es geht ja nicht darum, nun alle Schulbücher wegzuwerfen und den Lehrer komplett durch den Computer zu ersetzen, es geht auch nicht darum, dass unsere Kinder nur noch am Smartphone hängen sollen. Sondern im Gegenteil: Die Schule muss ihnen den bewussten und verantwortungsvollen Umgang mit diesen Techniken (und der Flut an Daten) beibringen – und dazu gehört als erster Schritt das Einschalten dieser Geräte genauso wie deren Abschalten; und als zweiter Schritt dann sehr viel mehr. Wo soll auch, bitte schön, die Grenze gezogen werden? Wollen wir wirklich festlegen: Bis zu genau diesem Punkt dürfen wir unseren Kindern den technischen Fortschritt zumuten, etwa bis zu den Entdeckungen von Isaac Newton, Marie Curie oder Albert Einstein? Und alles, was darüber hinausgeht, angefangen mit Konrad Zuse, dem deutschen Vater des Computers, ist des Teufels und sollte deshalb aus den Klassenzimmern von vornherein ausgeschlossen werden? Das wäre absurd.

Wenn wir also eine in jeder Hinsicht smarte, kluge Republik schaffen wollen, dann steht ganz am Anfang das Schulwesen; und wir sagen bewusst: das Schulwesen – nicht der Kindergarten. Der

Abiturient von heute ist in der Regel gut ausgestattet, was die klassische Allgemeinbildung angeht. Er kann, hoffentlich, Lesen, Schreiben, Rechnen, kennt seine Klassiker und die Weltgeschichte und kann zwei Fremdsprachen leidlich. Schon von Wirtschaft im Allgemeinen, von der Kunst des Geldanlegens und den ganz praktischen Dingen des Lebens erfährt der Gymnasiast wenig. Und erst recht wenig von der Welt der Digitalisierung: Die kennt er aus dem privaten Umfeld, als Smartphone-Nutzer und Video-Gamer; das war's dann oft.

All das, worüber wir hier schreiben, wäre nach unserer festen Überzeugung aber auch ein Thema für den Unterricht, nicht plump als ein neues Fach (wiewohl schon das ein riesiger Fortschritt wäre im Vergleich zum Status quo), sondern als Teil des Lehrplans insgesamt. Programmieren gehört genauso in den Stundenplan wie Lesen, Rechnen, Fremdsprachen. Die Entwicklung der Digitalisierung passt in den Geschichtsunterricht, Künstliche Intelligenz in den Biologieunterricht, Datenschutz in Religion und Ethik. Aber das ist immer noch nicht genug. Das Lernen selbst muss sich verändern: Nichts gegen eine kluge Gedichtinterpretation in der Oberstufe, ganz im Gegenteil; aber alles gegen eine Verabsolutierung der klassischen Bildung. Statt Auswendiglernen ist Einfallsreichtum gefragt; das kann man trainieren, und die Lehrer müssen geschult werden, die entsprechenden Techniken zu vermitteln.

So wie das Arbeitsumfeld in den Unternehmen sich verändert, flexibler wird, kreativer, innovativer, so muss sich auch das Schulumfeld verändern und neue Freiräume zulassen. Das klassische Schulsystem mit seinen in Teilen Deutschlands immer noch fast hermetisch abgeschlossenen Silos Hauptschule, Realschule und Gymnasium passt nicht mehr in diese Zeit. Dass die sogenannte Schichtenundurchlässigkeit immer noch hoch ist, dass also die Herkunft über den Bildungsweg entscheidet, Arbeiterkinder mehrheitlich den Weg ins Gymnasium nicht schaffen und umgekehrt Akademikerkinder um jeden Preis in die höhere Schullaufbahn gezwungen werden, ist in einer immer flexibler werdenden Welt ein

Anachronismus – und in Zeiten der Digitalisierung und Vernetzung gewiss nicht mehr zeitgemäß.

Zu solch einer digitalen Bildungsrevolution sollte übrigens auch zählen, dass sich die klassischen Schulen bei jenen modernen Methoden bedienen, die an Reformschulen längst erprobt sind, etwa beim freiheitlichen, kreativen Denken der Montessori-Schulen. Ausgerechnet Tim Höttges, der Chef der Telekom, hat darauf im Gespräch mit der *Zeit* hingewiesen:»Kreativität wird in Schulen viel zu wenig unterrichtet. Sie wird aber im Job genauso wie im Privaten eine enorme Rolle spielen.« Viele Menschen wüssten »selbst nicht mehr, was sie interessiert, was sie persönlich beglückt und was sie mit ihrer Freizeit anfangen können. Darauf kann man reagieren, indem man zum Beispiel das Bildungssystem verändert. Die großen Unternehmer im Valley sind überproportional oft Montessori-Schüler, Menschen wie Jeff Bezos, Sergey Brin und Larry Page. Alles Leute, die sehr kreativ sind.«

Nötig ist aber auch, dass sich die Universitäten wandeln. Wie das gehen könnte, hat uns Robert Shiller erzählt, der Nobelpreisträger aus Yale, der sich um die Verlierer im digitalen Zeitalter sorgt – und zugleich einen Ausweg weist: Bildung für alle, Humboldts Ideal folgend; und die Lösung dafür findet sich im Digitalen. Shiller erreicht im Netz inzwischen mehr Studenten als im Hörsaal, seine Vorlesungen werden gestreamt, sind offen für jeden – nicht bloß für die Studenten der amerikanischen Elite-Universität:»In einem meiner letzten Online-Kurse hatten sich sage und schreibe 200000 Studenten angemeldet. Am Ende haben nicht alle teilgenommen. Aber dennoch haben über 8000 Studenten bei mir eine Prüfung abgelegt. So etwas war vor ein paar Jahren völlig unvorstellbar.«

Diese Massenvorlesungen im Netz werden »Massive Open Online Courses« genannt, kurz MOOCs. Immer mehr amerikanische Universitäten bieten sie an, aber auch private Unternehmer drängen in diesen Markt. Einer von ihnen, Sebastian Thrun, der Miterfinder des autonomen Google-Autos, hat Udacity gegründet, ein Start-up, das die erste reine Online-Universität betreibt. Die Studenten von

Udacity sitzen nicht in Seminarräumen in Kalifornien, sondern am Rechner daheim. Sie schauen sich alle die gleichen Vorlesungen an, machen alle die gleichen Online-Übungsaufgaben – ganz egal, ob sie in Kenia, Indien oder Malaysia leben. Sie bevölkern einen virtuellen Campus, der bis vor Kurzem noch unvorstellbar war: offen für Menschen, die es ansonsten niemals an eine Elite-Hochschule schaffen würden. Als Thrun im Jahr 2011, damals noch als Professor an der Stanford University, seinen ersten MOOC anbot, um diese neue Form des Unterrichtens zu testen, bestanden 23 000 Studenten die Abschlussprüfung, unter den besten 412 Absolventen fand sich dabei kein einziger Student aus Stanford – deutlicher lässt sich nicht zeigen, wie digitale Technik helfen kann, Bildung zu demokratisieren.

Thrun sieht sich dabei als Pragmatiker, weniger als hehrer Wissenschaftler. Er versteht es als seine Aufgabe, Absolventen und Wirtschaft passgenau zusammenzubringen. Die Lehrinhalte entwickelt Udacity gemeinsam mit Unternehmen wie Google, Twitter, Facebook, Salesforce oder Autodesk. Und natürlich denkt einer wie Thrun, der im legendären Entwicklungslabor Google X gearbeitet hat (also dort, wo die »moon shots« entwickelt werden), in ganz großen Dimensionen: Er will die Universitätslandschaft revolutionieren. Nicht nur in Amerika, sondern weltweit.

Die Wirtschaft geht voran, wieder einmal – das gilt auch in Deutschland. Wenn auch in anderem Maßstab. Denn der schnelle Wandel unserer Arbeitswelt, vor allem in der digitalen Fabrik, und die wachsende Komplexität in immer mehr Jobs erfordern, dass wir lebenslang lernen. Viele Unternehmen haben das erkannt, und die Gewerkschaften auch; als Thema für Tarifverhandlungen bekommt die Weiterbildung der Arbeitnehmer eine immer größere Bedeutung. »Bei Industrie 4.0 muss die Industrie die Bildung selbst in die Hand nehmen«, hat Eberhard Veit schon früh gefordert, der damalige Chef des Mittelständlers Festo, der Firma mit dem Känguru von der Hannover Messe. Festo betreibt am Stammsitz in Esslingen und an anderen Standorten Lernzentren, in denen die eigenen Mitarbeiter und Kunden ausgebildet werden. In Esslingen liegen Produktion und Qualifizierung räumlich demonstrativ nahe beieinander. In Trainingsräumen, die die Produktionsanlagen im Kleinen nachbilden, können Mitarbeiter jederzeit, praktisch direkt aus der Produktion heraus, aktuelle Probleme üben und lösen.

Nicht weit von Esslingen liegt Göppingen; dort haben traditionsreiche Unternehmen wie Schuler und Märklin ihren Sitz. Die örtliche Berufsschule ist, mit freundlicher Unterstützung von Festo und dem Landkreis, zu einer »Lernfabrik« entwickelt worden. Dort steht eine komplette Produktionsstraße für Handys, die MPS-Transfer-Factory. Roboter fräsen die Bauteile zurecht, setzen die Chips ein, produzieren Handys wie im richtigen Leben, der Berufsschullehrer leitet angehende Mechatroniker und Techniker im Programmieren der Anlage an. Die Landesregierung hat den entsprechenden Ausbau von immer mehr Berufsschulen zugesagt. Der Strukturwandel war im Winter 2015/2016 ein wichtiges Wahlkampfthema in Baden-Württemberg, der dann wiedergewählte grüne Landesvater Winfried Kretschmann hat die Digitalisierung zu seinem zentralen Thema erklärt. Ein Grüner, und noch dazu ein Endsechziger, als Technik-Freak, ausgerechnet, da staunen In- und Ausland.

Die Landesregierung hat sich die Unterstützung von Manfred Wittenstein gesichert, früherer Präsident des deutschen Maschinenbauverbandes VDMA und selbst einer der innovativsten Unternehmer des deutschen Mittelstandes. In Fellbach bei Stuttgart betreibt die Wittenstein AG eine digitale Fabrik, die komplexe Zahnradsysteme produziert. Wittenstein ist aber so frei, der Politik auch zu sagen, wo es noch fehlt: bei der digitalen Infrastruktur. Ohne gute Mobilfunknetze, schnelles Breitband und bessere Forschungsverbünde mit den Unternehmen werde Deutschland sich nicht schnell genug in die digitale Zeit bewegen.

Genau für diesen Ausbau der Infrastruktur rackert sich EU-Kommissar Oettinger ab. Im Jahr 2016 hat Präsident Barack Obama die Industriemesse in Hannover eröffnet, das Pendant, die Computer-Messe Cebit einige Wochen zuvor, ging an Oettinger. Bei der Eröffnung redete er den EU-Staaten ins Gewissen. Die digitale Aufrüstung könne nur gelingen, wenn die EU die nötigen Kapazitäten für die Datenübertragung schaffe. Die Mitgliedstaaten sollten dafür über die Versteigerung von Mobilfunklizenzen abstimmen. Oettinger will die nationalen Regulierungsbehörden enger an die Kommission binden. Das Herzstück der europäischen Digitalpolitik soll der Aufbau des europäischen 5G-Netzes werden, das das heutige 4G-LTE-Netz nochmals deutlich übertrifft. Bis 2020, stellt sich Oettinger vor, soll der neue Standard in Europa eingeführt sein, rechtzeitig zur nächsten Fußball-Europameisterschaft, die in 13 Ländern gleichzeitig stattfinden wird.

Aber auch schon in Deutschland gibt es genug zu tun. Immer noch sind weite Teile der Republik an ein zu langsames Netz angeschlossen. In manchen Regionen des Allgäus warten sie noch immer auf das Breitband, und in manchen Ecken Mecklenburg-Vorpommerns werden sie es vielleicht niemals bekommen – oder erst, wenn anderswo längst die nächste Kabel-Generation verlegt wird. Mit dem WLAN, dem offenen Netz, in das man sich mit seinem Smartphone einklinken kann, taten sich die Deutschen ebenfalls schwer. Während in vielen Schwellenländern die »hot spots« nur so aus dem Boden schießen, selbst in Ländern wie Sri Lanka, und man anderswo, etwa in Singapur, kostenloses WLAN im Taxi angeboten bekommt, quälte man sich hierzulande mit so etwas wie der »Störerhaftung«, also der Frage, wer am Ende dafür haftet, was über das drahtlose Internet heruntergeladen wird. Im Ausland schüttelte man darüber nur den Kopf. Im Frühjahr 2016 hat die große Koalition beschlossen, dies zu ändern. Und siehe da: Schon schnellt die Zahl der möglichen »hot spots« nach oben, und selbst die Deutschen Bahn will nun in allen ICE-Zügen das kostenlose WLAN einführen.

Solch eine Initialzündung würde man sich auch beim Breitband wünschen, dem Kabel in der Erde. Im internationalen Vergleich sind wir, trotz aller Anstrengungen in den letzten Jahren, trotz aller aufgerissenen Straßen und Bürgersteige, immer noch nicht gut genug: Ende 2015 lag Deutschland mit einer durchschnittlichen Übertragungsrate von 12,9 Megabit pro Sekunde weltweit nur auf Rang 22, listet der »State of the Internet«-Report von Akamai auf. Das schnellste Netz hat demnach Südkorea mit einer durchschnittlichen Übertragungsrate von 26,7 Megabit pro Sekunde, gefolgt von Schweden (19,1 Mbit/s), Norwegen (18,8 Mbit/s) und Japan (17,4 Mbit/s). Tröstlich ist: Die Vereinigten Staaten sind auch nicht sehr viel besser als wir, sie liegen mit 14,2 Mbit/s lediglich auf Rang 14, und die Volksrepublik China (4,1 Mbit/s) rangiert gar nur auf Rang 89. Und tröstlich ist noch etwas: Die Übertragungsrate im Breitband wuchs zuletzt kaum irgendwo so schnell wie in Deutschland, im Jahresvergleich legte das durchschnittliche Tempo im Netz 2015 um fast die Hälfte zu – und damit deutlich schneller als in den USA, China oder Südkorea.

Doch der Bedarf nach noch höherer Bandbreite wird steigen: Sind heute Übertragungsraten von 100 Mbit/s das höchste Maß aller Dinge (aber – wie der Durchschnittswert zeigt – in vielen Stadtvierteln und Gemeinden immer noch nicht üblich), werden es in ein paar Jahren schon 1 000 Mbit/s sein, also 1 Gigabit. Nur mit einem superschnellen Netz werden hochkomplexe Anwendungen wie das autonome Fahren oder die Telemedizin möglich sein – jedenfalls dann, wenn man nicht plötzlich die »Eieruhr« auf dem Bildschirm sehen will, weil die Datenübertragung sich verzögert. Solche Verzögerungen mögen noch erträglich sein, wenn man ein Video aus der ARD-Mediathek streamt; aber bei Anwendungen, von denen Menschenleben abhängen, muss das schnelle Netz garantiert sein.

Den Ausbau darf die Politik nicht allein den Telekommunikationskonzernen aufbürden. Die Zeiten, in denen ein Bundespostminister der staatlichen Post diktieren konnte, wie die Versorgung im entferntesten Winkel der Republik auszusehen hat, sind vorbei. Die Deutsche Telekom kann diesen Ausbau nicht allein leisten, weil es sich für sie schlicht nicht lohnt – und sie verweist zu Recht darauf, dass die Internetgiganten aus dem Silicon Valley das Netz auch nutzen, ohne selber zu investieren. Ein erster Schritt ist getan: Die Bundesregierung hat im Herbst 2015 beschlossen, jeder Kommune, die am schnellen Netz baut, einen Zuschuss von bis zu 15 Millionen Euro zu gewähren; insgesamt sollen 2,7 Milliarden Euro fließen.

Wenn über die Aufgabe des Staates bei der Digitalisierung geredet wird, darf der Hinweis auf die öffentliche Verwaltung nicht fehlen. Wenn deren Zustand Ausdruck der Reformbereitschaft der Politik wäre, dann müsste man für Deutschland rabenschwarz sehen. Nirgends erlebt der Bürger den Staat so unmittelbar und handgreiflich wie »auf dem Amt«. Und genau so ist der Behördenalltag in Deutschland: hoffnungslos von gestern. Formulare, Formulare, Formulare, analoge Registratur, undurchsichtige Kompetenzen, knappe Öffnungszeiten, lange Schlangen: Für manchen Digital Native ist es ein negatives Erweckungsszenario, wenn er mit 16 oder 18 das erste Mal mit dieser Welt konfrontiert wird, von der er gar nicht ahnte, dass es sie überhaupt noch gibt.

Das Ausland ist teilweise schon weiter. Im Dezember 2014 haben sich bei einem Gipfeltreffen in London die Digital 5 gegründet, ein Staatennetzwerk mit Großbritannien, Israel, Estland, Neuseeland und Südkorea, das gemeinsam die digitale Transformation zum Ziel hat, gerade auch den Umbau von Staat und Verwaltung. Deutschland ist nicht dabei, und es wäre wohl auch nicht erwünscht gewesen, der Grad der öffentlichen Digitalisierung hierzulande hat einfach noch Entwicklungsländerniveau.

Dieses Defizit hat sehr konkrete und eher allgemeine Folgen; nachteilig sind sie alle. Gründer sein in Deutschland ist, bürokratisch betrachtet, ein Abenteuer. Ausländischer Gründer zu sein, der womöglich noch eine Familie mitbringen will, der also Aufenthaltsgenehmigungen, einen Kita-Platz, sonstige Betreuung, Kindergeld und anderes begehrt, fast ein Ding der Unmöglichkeit. In den vorhergehenden Kapiteln haben wir viele interessante Digitalideen von Gründern kennengelernt, aus denen sich womöglich ein erfolgreiches Geschäftsmodell entwickelt hat. Doch wenn Start-ups anbieten, die Verwaltung zu verbessern, stoßen sie meist auf große Ablehnung.

Dabei wäre es so einfach. So, wie die deutsche Industrie ihre Innovationskraft zunehmend nutzt, um sich im Zeitalter der Digitalisierung neu zu erfinden, so könnte das auch der Staat, indem er sich seiner Traditionen besinnt. Vor 200 Jahren war die gerade reformierte preußische Verwaltung in der Welt ohne Vorbild; sie gab moderne Antworten auf die drängenden Fragen ihrer Zeit und war mitverantwortlich für die industrielle Revolution in Preußen. Vieles haben die preußischen Reformer damals geändert: Sie haben die Steuern und Zölle neu geordnet, die Bauern befreit, die Gewerbefreiheit eingeführt, Justiz und Verwaltung getrennt, die Städte in die Selbstständigkeit entlassen.

Und ja, auch dieses: Wilhelm von Humboldt brachte Anfang des 19. Jahrhunderts seine große humanistische Bildungsreform auf den Weg, mit dem erklärten Ziel, den aufgeklärten Bürger und Menschen zu schaffen: »Gibt ihm der Schulunterricht, was hierzu erforderlich ist, so erwirbt er die besondere Fähigkeit seines Berufs nachher sehr leicht und behält immer die Freiheit, wie im Leben so oft geschieht, von einem zum anderen überzugehen.«

Fähigkeiten und Freiheit: Darum geht es auch heute. Die deutsche Politik und Verwaltung könnte gleichermaßen vorausschreiten und zwei Jahrhunderte nach der ersten industriellen Revolution der digitalen Revolution den Weg ebnen.

Die offene Republik

Travis Kalanick steht ein wenig abseits, nicht weit vom Ausgang, während im Raum Scaletta des Hotels Belvedere in Davos gerade die große Party der Deutschen während des Weltwirtschaftsforums 2016 in Davos steigt. Hubert Burda hat geladen, der Münchner Verleger, und alle sind gekommen: die Chefs der großen deutschen Unternehmen, einige internationale Vorstandsvorsitzende. Mittendrin der Rapper will.i.am, um den sich eine dichte Menschentraube schart: Frauen, die um ein Selfie bitten, Manager, die um ein Autogramm für die eigenen Kinder anstehen, Fotografen.

Um Travis Kalanick, den Rüpel der Share Economy, der den Mitfahrdienst Uber gegründet hat, dieses mit mehr als 60 Milliarden US-Dollar bewertete Unternehmen (was zu der Zeit dem doppelten Börsenwert der Deutschen Bank entspricht) – um ihn schart sich an dem Abend kaum jemand. Schon seltsam. Ein Jahr zuvor noch, im Januar 2015, war Kalanick der umschwärmte Star bei Burdas DLD-Konferenz in München, er war nach Deutschland gekommen, um zu erklären, warum Uber keineswegs das Arschloch ist, für das hierzulande viele das Unternehmen halten.

Damals, im Januar 2015, haben wir uns zum Frühstück im Bayerischen Hof getroffen, in einem privaten Speisesaal im ersten Stock, doch ehe wir zu ihm vorgelassen werden, müssen wir erst mal lange warten, umschwirrt von etlichen seiner Mitarbeiter, die alle ungemein wichtig tun. Als wir ihm dann endlich gegenübersitzen, erleben wir einen handzahmen Kalanick, neben ihm sitzt sein neuer PR-Manager, der vorher für die Regierung von Barack Obama gearbeitet hat. Die gesamte Botschaft des wohlorchestrierten Frühstücks war: Ich bin doch gar nicht so schlimm! Kein leichtes Unterfangen für einen, der in seiner Wortwahl oft direkt ist und von dem der Satz stammt: »Wir befinden uns in einer politischen Kampagne, in der der Kandidat Uber heißt – und der Gegner ein Arschloch namens Taxi.« Arschloch also.

Und nun das Wiedersehen in Davos. Er lacht, als wir ihn auf unser erstes Treffen vor einem Jahr ansprechen, auf die großen Pläne, die er hatte. Und er lacht erst recht, als wir ihn fragen: Wie steht es heute um die Probleme in Deutschland? »Welche Probleme?«, entgegnet er, »wir haben keine Probleme in Deutschland, wir haben *kein Business* mehr in Germany.«

Und dann bricht es aus Kalanick heraus: In jeder Stadt der Welt, die mit B beginne, liefe das Geschäft besser als in Berlin. You name it: Beijing, Buenos Aires, Budapest. Ja, selbst in Bogota sei es leichter. Die Deutschen, ihre Politiker, ihre Gewerkschaften, ihre Gerichte, hätten einfach nicht begriffen, welche Vorteile Uber biete – für die Nutzer, aber auch für die Fahrer.

Gibt es denn ein Land auf der Welt, wo Uber noch größere Probleme hat? Kalanick überlegt ein paar Sekunden, während drumherum die Burda-Party tobt: Spanien, ja da machen die Behörden noch mehr Schwierigkeiten, da ist der Widerstand noch größer. Aber sonst? Deutschland! Germany! Unbelievable!

Das klingt genervt, und irgendwie auch verletzt. Fast überall auf der Welt wird sein Mitfahrdienst gefeiert, die Kunden stehen Schlange, die Investoren auch. In Deutschland aber haben die Taxi-Genossenschaften den unliebsamen Konkurrenten per Gerichtsbeschluss verbieten lassen. Absurd sei das, sagt Kalanick, »das Ego der Politik triumphiert über den Fortschritt«. Ego trumps progress.

Kalanicks Kritik trifft einen wunden Punkt. Denn sein Unternehmen ist in Deutschland zur Projektionsfläche für die diffuse Angst geworden, die viele Menschen mit der digitalen Ökonomie verbinden: die Angst vor einem schnellen, abrupten Wandel, vor technologischen Umwälzungen, vor mehr Unsicherheit, vor einem geringeren Einkommen, vor einem flexibleren Arbeiten. Diese Angst richtet sich in besonderer Weise gegen die Share Economy, in der neue Geschäftsmodelle dadurch entstehen, dass Menschen Dinge miteinander teilen: das eigene Auto (wie bei Uber), das eigene Essen (wie bei Eat With Me), das eigene Büro (wie bei Sharedesk), die eigene Versicherung (wie bei Friendsurance) oder die eigene Wohnung (wie bei Airbnb).

Weil das Teilen den Teilenden oft nur ein Nebeneinkommen sichert, sehen sich Unternehmen wie Uber schnell dem Vorwurf ausgesetzt, sie würden die Menschen »ausbeuten«. Mit diesem Schlagwort lässt sich wunderbar der Widerstand gegen jegliche Art von wirtschaftlichem Wandel mobilisieren. Im Fall von Uber wird der Widerstand von einer seltsamen Koalition aus Taxlern, Lokalpolitikern und Gewerkschaftern angefacht, die den Eindruck erwecken, als gäbe es nichts Besseres als das Taxi – und nichts Verwerflicheres als Uber. Mit Macht verteidigen sie einen Markt, der durch antiquierte Zugangs- und Wettbewerbsregeln seit Jahrzehnten künstlich erhalten wird – ähnlich wie einst das Monopol der Bundespost, der Bundesbahn oder der Stromversorger.

Im Fall von Post, Bahn und Strom hat die Politik irgendwann begriffen, dass sie die Märkte öffnen muss, wenn Neues entstehen soll. So kam es dann auch: Neue Anbieter traten auf den Plan, neue Dienste, neue Möglichkeiten. Heute können die Deutschen ihr Paket nicht mehr nur auf dem Postamt aufgeben; sie telefonieren billiger als je zuvor; sie können zwischen verschiedenen Stromanbietern wählen; und wenn der ICE zu teuer ist, fahren sie eben Fernbus.

Warum gehen wir nicht auch diesen Weg im Mitfahrgeschäft? Stattdessen klammern wir uns sklavisch an Gesetze und Verordnungen, die verabschiedet wurden, als man den Wagen telefonisch bestellen oder heranwinken musste – und es noch keine Smartphones gab. Die Taxifahrer müssen immer noch alle Straßennamen auswendig lernen, obwohl es doch längst Navis gibt. Und in der aktuellen Münchner Taxi-Verordnung werden den Taxifahrern zum Beispiel so seltsame Regeln wie diese vorgegeben: »Das Anwerben von Fahrgästen durch Ansprechen o.Ä. ist untersagt. Gleiches gilt für das wiederholte Befahren einer Straße in anbieterischer Weise.« Oder auch: »In jedem Taxi sind Straßenkarten des gesamten Pflichtfahrgebietes sowie Stadtpläne der Städte Erding, Freising und München in Form von Druckerzeugnissen, die nicht älter als drei Jahre sind, mitzuführen.«

In Deutschland läuft die Debatte leider immer wieder nach dem gleichen Muster ab: Sobald jemand antritt, um mit einer digitalen Innovation einen Markt völlig zu verändern, ihn also zu »disrupten«, treten die Bewahrer des Status quo auf den Plan und bringen allerlei fadenscheinige Argumente vor, die darauf hinauslaufen, den neuen Wettbewerber als »unfair« zu geißeln und ihn möglichst klein zu halten – oder die neue Technologie als »überflüssig« oder »unnötig« zu bezeichnen.

Zum Beispiel Airbnb: Auch in deutschen Städten vermieten immer mehr Menschen ihre Wohnung via Internet für ein paar Tage an Dritte, doch das passte den Hoteliers nicht. Peinlich genau achten die Behörden in vielen Städten nun darauf, ob eine Wohnung nicht zweckentfremdet wird, wenn der Eigentümer oder Mieter für kurze Zeit vermietet, obwohl die Wohnung nicht amtlich als Ferienwohnung zugelassen ist. Ein anderes Argument, mit dem die Bewahrer des Status quo gegen Airbnb kämpfen: Wenn in manchen Straßenzügen jede dritte oder vierte Wohnung nur noch über Airbnb angeboten werde, treibe dies die Mieten nach oben und verdränge andere, die auf Dauer eine Wohnung suchen. An diesem Argument ist natürlich etwas dran. Aber auch am Argument von Airbnb-Gründer Nathan Blecharczyk, dass die meisten Wohnungen auf Airbnb nur für ein paar Tage, allenfalls ein paar Wochen pro Jahr vermietet werden; und dass diejenigen, die das tun, sich dadurch ein Extraeinkommen sichern, eine Art Mietzuschuss, ohne den sie sich eine Wohnung in diesen Gegenden vielleicht gar nicht leisten könnten.

Oder die Smart Meter. Diese intelligenten Stromzähler könnten den Stromverbrauch in Deutschland kräftig senken und damit zu einer zentralen Steuerungseinheit in der vernetzten Welt werden – wenn sie denn überall eingesetzt würden; und wenn sie denn so konstruiert wären, dass sie wirklich all das können, was technisch möglich ist. Die Smart Meter, die in Deutschland zugelassen sind, seien jedoch »dumm wie Brot – nicht, weil sie es nicht könnten, sondern weil sie es nicht dürfen«, klagt Peter Terium, der Chef des Stromkonzerns RWE. Ihm ist das unbegreiflich; doch eine seltsame Allianz stemmt sich gegen die smarten Strommesser.

Verbraucherschützer befürchten, dass der Einbau der Smart Meter viele Mieter überfordern wird (weil die Eigentümer wegen der Kosten von ein paar Hundert Euro die Miete erhöhen könnten). Die Manager rückständiger Stromanbieter behaupten derweil, dass die meisten privaten Kunden mit den Smart Metern ohnehin nichts anfangen könnten, weil die Ersparnis dadurch gering sei (in Wahrheit haben sie natürlich kein Interesse an einer Technik, die den Strombedarf reduzieren wird). Die Politiker folgen diesen Argumenten und wollen die Smart Meter deshalb nur für industrielle Kunden zur Pflicht machen; der Normalverbraucher bleibt außen vor, während die Smart Meter in anderen Ländern längst Standard sind.

Oder die elektronische Gesundheitskarte: Seit mehr als einem Jahrzehnt wird nun an dieser gebastelt, aber immer noch ist nicht absehbar, wann sie denn eingeführt wird. Diese Karte sollte, so die ursprüngliche Idee, alle Informationen speichern, die für die Krankengeschichte eines Patienten wichtig ist; Chirurgen hätten sehen können, wann jemand wegen welcher Verletzung operiert wurde; Internisten, welche Medikamente ein anderer Kollege verschrieben hat; auch der Apotheker hätte seine Kunden viel besser beraten können. Doch mächtige Funktionäre, vor allem aus der Ärzteschaft, haben nichts unversucht gelassen, um Argumente gegen die schnelle Einführung der Gesundheitskarte zu finden; denn auch hier gibt es sie wieder: Angst. Die Angst, dass solch eine Karte zu mehr Transparenz führt – und am Ende auch zu mehr Wettbewerb unter den Ärzten. Wenn jemand etwas Falsches verschrieben oder eine falsche Therapie empfohlen hätte, wäre das künftig auf der Gesundheitskarte abgespeichert. Die Gesundheitskarte könnte so zu einem entscheidenden Faktor für die unvermeidliche Modernisierung unseres überteuerten Gesundheitswesens werden. Deutschland hätte hier Vorreiter sein können, wenn man nicht zehn Jahre die immer gleichen Debatten geführt hätte.

Hätte. Wäre. Könnte. So geht es leider immer wieder. Aus Angst vor Veränderung tun sich viele Deutsche immer wieder schwer mit insbesondere digitalen Innovationen. Gerade die US-Amerikaner können diese Abwehrhaltung nicht verstehen. Wenn man darüber zum Beispiel mit Mike Gregorie redet, dem Vorstandschef von CA Techologies, einem der ganz großen IT-Dienstleister der Welt, schwärmt dieser zunächst von den gewaltigen Potenzialen, die Deutschland im digitalen Zeitalter habe. Die Autobauer, die Telekommunikationskonzerne, die Industrie – alle seien »well-positioned«. CA Technologies, das Unternehmen hat über 200 000 Mitarbeiter, sei mit fast allen Konzernen des Landes gut im Geschäft. Aber bei manch anderem täten sich die Deutschen leider furchtbar schwer, klagt Gregorie. Der Aufstand gegen Uber zum Beispiel erinnere an den »Red Flag Act«, der in Großbritannien erlassen wurde, als sich das Auto zu verbreiten begann. Die Betreiber der Pferdedroschken fürchteten damals die neue Konkurrenz und setzten durch, dass vor jedem Auto jemand mit einer roten Flagge laufen musste und motorisierte Gefährte mithin nur im Schritttempo fahren konnten.

In gewisser Hinsicht handeln die Bewahrer des Status quo heute genauso, man will mit aktuellen »Red Flag Acts« die neuen Anbieter und deren Technik einschränken und am besten ganz fernhalten. Wir sind der Meinung, dass dies der falsche Weg ist. Märkte brauchen Regeln – das ist klar, seit Walter Eucken, Wilhelm Röpke, Alfred Müller-Armack und Ludwig Erhard die Soziale Marktwirtschaft entwickelt haben; aber Märkte müssen sich auch entfalten können, sie dürfen nicht von vornherein so stark eingehegt werden, dass sie verkümmern. Natürlich ist es mitunter ein schmerzhafter Prozess, wenn Märkte geöffnet werden: Jobs, die bisher durch ein

Monopol geschützt wurden oder durch rigide Wettbewerbsregeln, verschwinden; aber es entstehen eben auch neue Jobs: Tausende, Zehntausende, Hunderttausende. Eigentlich müsste dies den Deutschen klar sein. Oder wünscht sich irgendjemand die Zeit zurück, in der man sein Telefon nur bei der Bundespost bestellen konnte? Ein klobiger Apparat, früher mit einer surrenden Wählscheibe, später dann – oh welche Innovation! – mit einem Tastaturfeld; aber immer noch mit einem Hörer, der an einer gekringelten Schnur hing, fest verbunden mit dem vom Monopolisten angebotenen Gerät. Erst als die Bundespost privatisiert wurde, erst als dieser zuvor völlig geschlossene Markt liberalisiert wurde und weitere Telefonunternehmen enstanden (und später dann andere Internet-Provider), schuf die Politik die Voraussetzungen für das, was wir heute Digitalisierung nennen. Wäre der Telefonmarkt nicht liberalisiert worden, wären die Tarife heute immer noch exorbitant und eine Internetverbindung absoluter Luxus.

Wir sollten uns also daran orientieren. Nehmen wir das Beispiel Uber. Es geht gar nicht darum, sämtliche Regeln für das Taxigewerbe abzuschaffen; es würde ja ausreichen, das Personenbeförderungsgesetz aus dem Jahr 1961 an zwei, drei Stellen zu ändern: Warum sollen Mietwagen nach jeder Fahrt an den »Betriebssitz« zurückkehren müssen? Warum die Fahrer noch alle Straßennamen auswendig lernen? Und warum gibt es eigentlich nur so wenige Prüfungstermine für Mietwagenfahrer, dass es ein halbes Jahr und länger dauert, um sich in dieser Branche selbstständig zu machen? All das ließe sich leicht ändern. Wenn man denn will.

Wir in Deutschland möchten nur zu gern von vornherein alles regulieren, alles reglementieren, alles gesetzlich regeln, was da an Entwicklungen auf uns zukommt: auf unsere Gesellschaft, auf unsere Arbeit, auf unseren Alltag – zumal niemand exakt vorherzusagen vermag, welche Entwicklungen dies sein werden. Ein besonders abschreckendes Beispiel für die deutsche Regelungswut ist eine Gesetzesinitative, die zwar mit dem positiven Gedanken antritt, uns zu schützen, die aber im Gegenzug unser digitales Privatleben bis ins

Kleinste (und damit viel zu stark) regeln will: Es geht um das Mail-Verbot nach Feierabend, welches Teile der Bundesregierung und Teile der Gewerkschaften befürworten.

Heutzutage lässt sich ein Unternehmen, zumal ein globales, nicht mehr so organisieren, dass man jegliche Kommunikation für ein paar Stunden einfach abschaltet, den Hebel einfach umlegt und beschließt: Bis zum nächsten Morgen passiert nichts mehr. Bei internationalen Unternehmen sind manche Abteilungen rund um den Globus verstreut, über vier, fünf verschiedene Zeitzonen. Wie sollen die sinnvoll zusammenarbeiten, wenn Mails nur zu bestimmten Uhrzeiten zugestellt werden? Und: Welche Zeitzone ist dafür der Maßstab?

Die Befürworter des Mail-Verbots argwöhnen zudem, dass Arbeit und Freizeit, Büro und Familie sich immer schlechter voneinander trennen lassen, wenn man sich zu jeder Tages- und Nachtzeit dazu genötigt sieht, mal schnell per Smartphone zu überprüfen, ob der Chef oder der Kollege noch was will. Das könne Menschen in den Burn-out treiben. Dem lässt sich zweierlei entgegenhalten: Zum einen gibt es, nach allem, was Studien zutage gefördert haben, ein ganzes Spektrum an Gründen, die in den Burn-out führen können; private, in der Persönlichkeit des Einzelnen liegende Gründe sind dabei oft sehr viel entscheidender als Stress im Beruf. Und zum anderen: Viele Menschen, gerade junge Eltern, wünschen sich heute die Flexiblität, einen Teil der Arbeit von zu Hause aus zu erledigen, im Home Office, wie wir es beispielsweise bei Janina Kugel gesehen haben. Junge Mütter und Väter können so beides unter einen Hut bekommen: die anstrengende Aufgabe, ihre Kinder aufzuziehen – und den Job.

Wer Mails nach 18 oder 19 Uhr verbieten will, wer einfach die Firmenserver bis zum nächsten Morgen abschalten möchte, der erschwert das Leben all jener, die ihre Work-Life-Balance selber bestimmen wollen, die Teilzeit arbeiten möchten oder denen nichts ferner ist als der Gedanke an eine Stechuhr, die bestimmt, wann die offizielle Arbeitszeit beginnt und endet. Das sehen übrigens auch viele Gewerkschafter inzwischen so. Der Vorsitzende des Deutschen Gewerkschaftsbundes (DGB), Reiner Hoffmann, hält wenig von einem Mail-Verbot, und selbst der bayerische Landeschef des DGB, Matthias Jena, ein eher links ausgerichteter Arbeiterführer, plädiert dafür, es jedem selbst zu überlassen, wie er mit seinen Mails umgeht.

Solchen Pragmatismus würden wir uns in Deutschland noch sehr viel häufiger wünschen. Wer glaubt, die digitale Revolution des 21. Jahrhunderts auf gleiche Weise einhegen zu können wie den Manchester-Kapitalismus im 19. Jahrhundert, wer meint, die Gesetze des industriellen Zeitalters einfach eins zu eins in die neue Ära übertragen zu können, der wird die Wohlstandsgewinne begrenzen, die andernfalls zu erzielen wären.

Dies ist kein Plädoyer für ein Laisser-faire, auch nicht dafür, einfach kritiklos zu übernehmen, was im Silicon Valley gang und gäbe ist. Wir brauchen in Deutschland nicht den digitalen Wilden Westen; was wir aber brauchen, das sind wohldosierte Reformen und kluge Maßnahmen, um die Früchte der Digitalisierung zu ernten, sie einzufahren, sie zu genießen. Manches, was uns lieb geworden ist, müssen wir allerdings dazu infrage stellen: im Arbeits- und Steuerrecht, im Datenschutz; aber auch in den Unternehmen. Wenn Deutschland smart werden soll, muss es auch offen sein für das Neue.

Der Zwölf-Punkte-Plan

Was also bleibt nach unserer Reise durch die digitale Welt diesseits und jenseits des Atlantiks, nach den Gesprächen mit innovativen Unternehmern, Konzernstrategen, Mittelständlern und Gründern, mit digitalen Denkern, Ökonomen und Wissenschaftlern? Vor allem diese Erkenntnis: Wir können in Deutschland auch digital – aber anders als das Silicon Valley.

Wir sind spät aufgewacht, aber nicht zu spät. Wir haben uns lange klein gemacht in dieser digitalen Welt, haben uns geduckt vor Google, Facebook und Co. Aber nun ist es an der Zeit, uns aufzurichten. Wir verfügen in Deutschland über Fähigkeiten, Erfahrungen und Stärken, die jetzt zum Zuge kommen können – jetzt, da neben dem privaten Internet auch ein industrielles Internet entsteht. Die Stärken heißen: Präzision und Perfektion, Verlässlichkeit und Zuverlässigkeit, Ingenieurskunst und Industriewissen, eine ausgefeilte berufliche Bildung und ein gewachsenes soziales Verständnis. Wir fliegen nicht zum Mond, aber wir haben die Erde besser im Griff als die Vereinigten Staaten von Amerika. Das gibt uns die einmalige Chance, in der zweiten Runde der Digitalisierung, bei Industrie 4.0 und dem Internet der Dinge, weit vorne mit dabei zu sein – vielleicht sogar ganz vorne.

Das setzt allerdings voraus, dass wir uns nun schnell bewegen und kluge Entscheidungen treffen. Die digitale Transformation ist kein Selbstläufer. Wenn wir unsere Soziale Marktwirtschaft um die digitale Komponente ergänzen, können wir digitalen Wohlstand für alle schaffen. Dann kann uns ein neues Wirtschaftswunder gelingen – so wie Ludwig Erhard und seine Mitstreiter vor mehr als sechs Jahrzehnten mit klugen Entscheidungen Wohlstand für alle geschaffen und ein Wirtschaftswunder angestoßen haben, das den Deutschen damals, nach den Zerstörungen des Krieges, niemand zugetraut hat.

Was aber ist dazu nötig? Was muss sich in unserem Land ändern, was in den Köpfen? Dazu zwölf Thesen:

1. Stellen wir Bewährtes mutig infrage – aber nicht gedankenlos alles!

Die digitale Revolution in Deutschland beginnt nicht damit, dass wir uns ein Smartphone kaufen, ein neues Tablet oder irgendein anderes Gadget, das an das Internet der Dinge angeschlossen ist. Sie beginnt in unseren Köpfen. Wenn wir nicht offen sind für das Neue, sondern stattdessen nur Gefahren und Risiken sehen, dann wird die digitale Transformation nicht gelingen. Die Menschen im Silicon Valley sind nicht per se klüger oder innovativer; aber ihnen ist die Bräsigkeit fremd, mit der bei uns gern das Neue verdammt und das Alte hochgehalten wird.

Was also am Anfang aller Veränderungen stehen muss, ist ein Mentalitätswandel, ein »change of mind«. Wir müssen bereit sein, das Bewährte infrage zu stellen: die Art, wie wir arbeiten, wie wir Unternehmen führen, Gesetze und Regeln gestalten. Das bedeutet nicht, dass wir blind alles gutheißen sollen, was plötzlich an Ideen auftaucht; manches wird schnell wieder verschwinden oder ist am Ende gar nicht so bedeutsam wie gedacht. Google Glass ist dafür ein Beispiel, die Datenbrille, mit der – so die Sorge – plötzlich jeder zum Spion werden würde, weil er heimlich seine Umwelt filmen kann; heute redet man über die Datenbrille fast nur noch als Hilfsmittel für Techniker und Ingenieure am Arbeitsplatz. Innovation lebt davon, dass wir Veränderungen zulassen, wenn sie sinnvoll sind. Dass wir Disruption nicht bloß als Bedrohung betrachten, sondern auch als Chance, Dinge zu verändern, kreative Ideen zu entwickeln und sie umzusetzen.

Viele Apologeten der Digitalisierung behaupten, dass wir alles infrage stellen UND alles ändern müssen. Wir meinen: Alles infrage stellen – ja! Alles ändern – nein! Am Ende kommt es darauf an, Disruption und Tradition, Neues und Bewährtes miteinander zu verbinden. Als Journalisten erinnern wir uns zum Beispiel gut daran, wie manche Digitalberater vor einigen Jahren behauptet haben, es werde bald keine Zeitungen mehr geben, stattdessen müsse man den Lesern, die nun »User« heißen, nur eine Datenbank vorsetzen, aus der sie sich alles selber zusammensuchen. Papier? Eine Technologie für die Tonne. Das war schon damals, gelinde gesagt, Quatsch; und ist es noch immer. Die Geschäftsmodelle haben sich geändert, Anzeigen, Vermarktung – aber am Ende zählt im Journalismus, egal ob gedruckt oder digital, immer noch das, was schon beim Reportage-Altmeister Egon Erwin Kisch galt: Qualität.

2. Reden wir nicht nur über Bildung, tun wir etwas!

Das neue Denken muss ganz vorne anfangen, bei den jungen Menschen. Die Schule sollte unsere Kinder so auf die digitale Welt vorbereiten, dass sie sich sicher, souverän und verantwortungsvoll darin bewegen können. Programmieren gehört genauso in den Stundenplan wie Lesen, Rechnen, Fremdsprachen. Fragen der Digitalisierung spielen in den meisten Fächern eine Rolle – von der Mathematik bis zum Religions- und Ethikunterricht: Lasst sie uns dort auch behandeln! Mehr noch: Das Leben in der Schule insgesamt muss sich ändern. So wie das Arbeitsumfeld in den Unternehmen anders wird, flexibler, kreativer, innovativer, so muss auch das Schulumfeld der neuen Zeit angepasst werden und neue Freiräume zulassen. Vor allem aber muss Bildung einen neuen, größeren Stellenwert erhalten – nicht nur in schönen Reden, sondern ganz konkret. Wir müssen massiv in unsere Schulen, Hochschulen und in die berufliche Bildung investieren – und dafür anderswo sparen. Das ist eine Frage der bewussten Prioritätensetzung: Subventionen sind häufig verlorenes Geld, sie verhindern Fortschritt. Jeder Euro, der in Bildung investiert wird, zahlt sich vielfach aus. Uns hat der Vergleich von Günther Oettinger, die Schulen zu »Kathedralen des Internetzeitalters« zu machen, besonders gut gefallen. Nehmen wir ihn ernst! Auch die Universitäten haben noch einen weiten Weg vor sich. Das Silicon Valley gäbe es nicht ohne Stanford, ohne die Universität, an der das Gründen sozusagen Programm ist. In Deutschland wird dagegen häufig immer noch das hehre Prinzip der Wissenschaft höher eingeschätzt als das sehr praktische Prinzip des Unternehmertums. Nötig ist zugleich, die Forschung an den Universitäten weiter zu intensivieren – und dafür muss nicht nur der deutsche Staat mehr Mittel bereitstellen; noch wichtiger ist es, dass Unternehmen sich stärker als bisher an den Universitäten einbringen – und das auch dürfen. Machen wir die Universitäten zu Start-up-Zentren!

Es geht auch um die Methode des Lernens. Die Technik für virtuelle Universitäten, für interaktive Kurse rund um die Welt steht bereit für das Bildungssystem der Zukunft. Damit könnten ganz andere Menschen erreicht werden, Bildung würde demokratisiert. Dieses offene, digitale Bildungssystem zu bauen und in die Breite zu entwickeln, das kann das Land, in dem einst Wilhelm von Humboldt Bildungsstandards für die ganze Welt entwickelt hat, besser als viele andere Länder der Welt, besser sogar als die Vereinigten Staaten. Das sollte unser Anspruch sein.

3. Denken wir alle wie Unternehmer!

In einer Welt, in der Geschäftsmodelle »disrupted« werden, können etablierte Unternehmen nur bestehen, wenn sie schneller werden, flexibler, agiler. Und agil sind nun mal kleine Einheiten, die dicht dran sind am Marktgeschehen, an den Veränderungen – und die nicht ständig durch Entscheidungen von oben ausgebremst werden. Das bedeutet konkret: Wer sein Unternehmen klug führen will, sorgt für gute Rahmenbedingungen und gibt die grobe Richtung vor, verabschiedet sich aber vom preußischen Obrigkeitsdenken. In der digitalen Welt muss jeder Mitarbeiter wie ein Unternehmer denken – und wie ein Unternehmer agieren können; er muss Bewährtes infrage stellen und Geschäftsmodelle neu entwickeln dürfen.

In Deutschland war es bisher üblich, Unternehmen hierarchisch zu organisieren, nach klaren Regeln: Oben wird entschieden, unten gemacht. Die Chefs geben die Richtung vor – und alle anderen haben zu folgen. Und wenn doch mal Probleme auftauchen, holt das Management eben eine Unternehmensberatung ins Haus, die eine Lösung entwickelt. Nichts gegen Beratungen, der unverstellte Blick von außen kann helfen, gerade im digitalen Zeitalter. Es gibt Dutzende von Agenturen, die sich auf die digitale Transformation spezialisiert haben, sie heißen zum Beispiel Nunatak, etventures oder auch – ziemlich schrill, aber erfolgreich – TLGG, ausgeschrieben: Torben, Lucie und die Gelbe Gefahr. Sie sind geeignet, einer womöglich noch unbedarften Führungsschicht in einem Unternehmen die Augen zu öffnen für das, was sich »da draußen« in der digitalen Welt tut. Aber auch diese Berater werden nur dann Erfolg haben, wenn sie nicht bloß die Chefs, sondern die ganze Belegschaft mitnehmen. Denn der Wandel in den Köpfen kann nicht von oben verordnet werden, und auch nicht die Innovation.

Die digitale Transformation wird nur gelingen, wenn die Unternehmen sich künftig anders organisieren, räumlich wie organisatorisch. Chefs, kommt raus aus euren Eckbüros und seid Teil des Teams! Delegiert Verantwortung nach unten! Und gewährt den Mitarbeitern das, was Reed Hastings von Netflix seinen Mitarbeitern gewährt: größtmögliche Freiheit!

4. Verschmelzt New Economy und Old Economy!

Viele etablierte Unternehmen glauben immer noch: Wir schaffen die Digitalisierung ganz allein! Sie schauen in ihre Bücher und blicken voller Stolz auf das Erreichte. Es läuft doch so gut, was soll daran falsch sein? Und diese obskuren neuen Unternehmen, die vor allem Geld verbrennen, sollen sie doch erst mal profitabel werden! Umgekehrt rümpfen viele Gründer die Nase über die Dickschiffe der Wirtschaft, finden die Arbeit dort ziemlich fad und uninspiriert. Dabei wären Deutschlands Chancen in der digitalen Welt am größten, wenn die etablierten Unternehmen und die Start-ups eng zusammenarbeiten und gegenseitig voneinander profitieren. Aber die Dichotomie zwischen Old Economy und New Economy ist in Deutschland nach wie vor groß. Gründer treffen sich auf hippen, trendigen Gründerfestivals – und die Konzerne und Mittelständler halten weiter ihre etablierten Messen und Kongresse ab. Doch genau das ist der Fehler: Wer in der neuen Zeit bestehen will, muss zwar nicht alles verwerfen, was bisher als richtig galt – aber doch alles neu denken.

Ein Digitalberater hat uns einmal eindrücklich vorgeführt: Es werden genau diejenigen Unternehmen untergehen, die jetzt großartig dastehen. Weil sie mit einiger Wahrscheinlichkeit den Moment verpassen, wo sie neue Geschäftsmodelle hätten entwickeln müssen. Um diesen Fehler zu vermeiden, hilft der frische Blick des Start-ups, die blöde und am Ende doch so kluge Frage eines Menschen, der nicht schon immer alles genau so gemacht hat. Umgekehrt gilt: Der Gründer kann vom Know-how und der Erfahrung etablierter Unternehmen profitieren.

Was für Firmen gilt, das gilt erst recht innerhalb einer Belegschaft: Der richtige Mix aus Jung und Alt macht's! Denn nur dann wird es gelingen, Disruption und Tradition miteinander zu verbinden; nur dann können industrielles Know-how und die Ingenieurskunst, die es hierzulande gibt, schnell genug in die neue Zeit überführt werden.

5. Wir brauchen nicht ein großes deutsches Valley, sondern viele kleine!

Wenn wir dafür plädieren, New Economy und Old Economy miteinander zu verschmelzen, dann folgt daraus auch zwingend: Deutschland braucht nicht ein großes Silicon Valley, sondern viele Valleys – also viele Orte, die als Zentren der Digitalisierung taugen; vor allem dort, wo große technische Universitäten und Fachhochschulen zu Hause sind. Denn die erfolgreiche Industrie mit ihren »Hidden Champions« verteilt sich über nahezu die gesamte Republik, sie sitzt in den entlegensten Winkeln. Selbst in den USA entwickeln sich übrigens – das wird gern übersehen – neben dem Silicon Valley andere Innovationsregionen: der Großraum Boston rund um die Eliteunis Harvard und MIT, aber auch die Silicon Alley in New York und ganz frisch der Silicon Beach in Los Angeles. Es wäre daher ein Fehler, allein auf eine Stadt zu bauen, allein auf eine Region – ausgerechnet in Deutschland, das sich historisch in der Fläche entwickelt, immer von der Vielfalt seiner Regionen profitiert hat. Wir sollten sinnvollerweise »auf die Breite« setzen. Ganz Deutschland muss digital werden!

In internationalen Gründerkreisen gilt Berlin als besonders chic, dort tanzt der Bär. Und tatsächlich gibt es in der einzigen deutschen Weltmetropole Berlin heute eine digitale Aufbruchsstimmung, wie sie viele dieser zerrissenen Stadt gar nicht zugetraut hätten. Das Fehlen einer industriellen Basis dort hat den Blick frei gemacht für neue, kreative Lösungen, insbesondere im Dienstleistungsbereich. Die Münchner Start-up-Szene wiederum punktet mit der Nähe zu etablierten Industrieunternehmen, was gerade für Entwicklungen im Internet der Dinge und der Industrie 4.0 von Vorteil ist, und mit seiner unbestritten hohen Lebensqualität. Das Potenzial beider Großstädte, und dazu das von Hamburg, Frankfurt, Rhein-Ruhr, sollten wir auch im digitalen Zeitalter nutzen. Aber Deutschland hat sogar mehr. Die größten Erfolge der deutschen Wirtschaft haben sich historisch in der Provinz entwickelt, und genau dort ist auch der Nährboden für weitere Innovationen. Deutschland hat eine Chance, die anderen Ländern so nicht gegeben ist, die sich aus der ganz speziellen Struktur der deutschen Wirtschaft erklärt: Wir können einen Internet-Mittelstand schaffen.

6. Schafft das Giga-Netz – und zwar schnell!

Schnell sein: Das gilt vor allem für den Ausbau des Datennetzes in Deutschland. Im internationalen Vergleich sind wir bei der digitalen Infrastruktur einfach nicht gut genug. Die Übertragungsgeschwindigkeit ist immer noch zu langsam, nicht wirklich tauglich für das Internet of Everything mit seinen gewaltigen Datenmengen. Weiterhin sind Teile des Landes unzureichend erschlossen und Europa insgesamt ist keine Netzeinheit. Der dauerreisende EU-Kommissar Oettinger berichtet gerne, dass er bei Autofahrten in Europa die nahende Grenze nicht mehr wie früher an der unterschiedlichen Qualität des Straßenbelags erkennt, sondern am Funkloch zwischen dem einen und dem anderen Hoheitsgebiet. Nun kann man das für ein zu vernachlässigendes Problem halten, wer quert schon andauernd die Grenzen. Und wenn man durch die teilweise nahezu menschenleeren, entlegenen Ecken der deutschen Lande fährt, kann man sich fragen, ob das schnelle Netz für viel Geld wirklich noch bis ins letzte Dorf gebracht werden soll. Wir meinen: Ja, soll es. Ein überall in Deutschland und Europa funktionierendes superschnelles Netz ist die Basis für digitalen Erfolg. Erst recht in dem föderal aufgebauten Deutschland, wo der geniale Gründer von morgen eben nicht notwendigerweise in Berlin oder München lebt, sondern vielleicht in einem Ort, dessen Namen die meisten von uns noch nie gehört haben.

Der Ausbau dieses gewaltigen Netzes ist natürlich eine Aufgabe der Telekommunikationsindustrie, und ja, die Konzerne müssen dafür auch Kosten übernehmen; sie wollen an und mit der neuen Technik ja auch verdienen. Aber der Staat wird sich nicht komplett zurücknehmen können, zu groß ist die Aufgabe und vor allem auch zu wichtig für die Allgemeinheit. Der Bau des Giga-Netzes wird in den nächsten Jahren einen hohen zweistelligen Milliardenbetrag verschlingen; aber ein besseres Konjunkturprogramm gibt es nicht – kurzfristig hilft es der Bauindustrie, mittelfristig der gesamten Wirtschaft und langfristig der Gesellschaft als Ganzem. Es führt deshalb kein Weg daran vorbei, dass der Staat dort, wo es sich für private Anbieter nicht lohnt, den Netzausbau fördert oder sogar selber in die Hand nimmt.

7. Verabschiedet euch von der analogen Gesetzgebung!

Der Taximarkt ist das beste Beispiel: Wer mit veralteten Gesetzen versucht, die Digitalisierung zu meistern, verschenkt viele Chancen und schützt am Ende nur überkommene Strukturen. Viele Paragrafen, die noch aus der analogen Zeit stammen, brauchen daher ein digitales Update. Gesetzgebung 4.0 sozusagen. Wir müssen Märkte öffnen, die bisher durch antiquierte Regeln geschützt werden, und so den digitalen Wandel erleichtern. Dabei muss man gar nicht alles über den Haufen werfen, wenn man zum Beispiel den Taximarkt ein wenig öffnen will. Es reicht, einige wenige Paragrafen anzupassen. Ähnlich lässt sich das für andere Bereiche durchdeklinieren. Auch beim autonomen Fahren beispielsweise geht es darum, einen vernünftigen Ordnungsrahmen zu schaffen, also einerseits das Problem zu lösen, wer im Falle eines Unfalls haftet – und andererseits die technologische Entwicklung nicht zu behindern. Denn am Ende wird das automatisierte Fahren die Zahl der Verkehrsopfer nicht erhöhen, sondern senken.

Gesetzgebung 4.0 – das benötigen wir auch in anderen Bereichen, zum Beispiel im Arbeitsrecht. Früher ließ sich mit der Stechuhr genau messen, wie lange jemand gearbeitet hat; heute organisieren wir unsere Arbeitszeit sehr viel flexibler und es kommt oft nicht mehr darauf an, tatsächlich im Büro präsent zu sein. Wer von daheim aus arbeitet, läuft – wenn er nicht aufpasst – einerseits natürlich Gefahr, länger zu arbeiten als früher; andererseits eröffnet das Home Office den Menschen, zumal jungen Eltern, ganz neue Möglichkeiten, Job und Familie miteinander zu vereinbaren. Soll man diese Flexibilität nun eindämmen? Soll man dienstliche Mails außerhalb bestimmter Zeiten verbieten? Wir meinen: Nein – denn damit würde man die neu gewonnene, durch digitale Kommunikationsmittel geschaffene Freiheit der Menschen gleich wieder beschränken.

8. Wir brauchen eine Digital-Regierung, keinen Digital-Minister!

Man hört diese Forderung immer wieder: Wir brauchen in Deutschland einen Internet-Minister! Und zwar nur einen – nicht drei oder vier, die sich alle irgendwie verantwortlich fühlen, aber gegeneinander kämpfen. Ein Internet-Minister: Klingt gut, ist aber trotzdem zu kurz gesprungen! In der ersten Runde der Digitalisierung wäre eine solche Spezialisierung an der Spitze des Staates vielleicht sinnvoll gewesen, als es galt, eine eigene Software- und Internet-Wirtschaft aufzubauen; ein Vorhaben, mit dem Deutschland grandios gescheitert ist. Wer aber heute glaubt, es reiche, die Kräfte in der Bundesregierung in einem einzigen Internet-Ministerium zu bündeln, der hat nicht verstanden, worum es nun, in der zweiten Runde der Digitalisierung, tatsächlich geht. Wenn die gesamte Wirtschaft digitalisiert wird und nicht bloß ein abgegrenzter Bereich, ist ein einzelner Digital-Minister genauso modern wie ein Atomminister oder ein Kohleminister. Solch ein Einzelkämpfer vermag in einem kleinen Teil der Wirtschaft etwas zu verändern, aber im Internet der Dinge geht es ja nicht bloß um eine isolierte Branche, sondern um alle, um unser gesamtes Leben und Arbeiten. Denkt man dies zu Ende, ist klar: Wir brauchen keinen Digital-Minister, sondern eine Digital-Regierung!

Jeder Ressortchef muss sich als Digital-Minister für seinen Bereich verstehen – vom Wirtschafts- und Arbeitsminister bis zum Innen- oder Landwirtschaftsminister. Und für die Ministerien gilt das Gleiche, was Klöckner-Chef Gisbert Rühl für Unternehmen formuliert hat: Nur wenn der Chef den Wandel vorantreibt, wird die digitale Transformation gelingen; nur wenn der Minister das Thema lebt, wird der Apparat folgen. Ansätze dafür gibt es: Wenig beachtet in der Öffentlichkeit, hat sich die Bundesregierung in den vergangenen Monaten intensiv mit der digitalen Herausforderung beschäftigt. Im Bundeswirtschaftsministerium bemüht man sich um einen »ersten systematischen Ansatz« für eine umfassende »Digitale Strategie 2025«. Wichtig ist eine Erkenntnis, die sich dort an zentraler Stelle findet: »Die Digitalisierung ist vor allem ein unternehmerisches Projekt«, und damit sich dieses entfalten kann, muss die Politik neben klaren Rahmenbedingungen vor allem eines gewähren: Freiheiten. Woran es noch hapert, ist die Umsetzung. Also: Mehr Disruption! Mehr Schnelligkeit! Auch im politischen Handeln.

9. Wir brauchen privates Geld für Gründer – keine Subventionen!

Wenn in Deutschland etwas gefördert werden soll, wird schnell der Ruf nach der Staatsbank KfW laut. Auch jetzt wieder, wo es in Deutschland an privatem Risikokapital für Start-ups fehlt. Die KfW solle, lautet eine Forderung, gemeinsam mit privaten Fonds insgesamt 50 Milliarden für Gründer mobilisieren. Dann bekämen deutsche Start-ups genauso viel Geld wie amerikanische. Klingt gut, ist es aber nicht! Denn wenn staatliche Förderbanken an die Stelle privater Investoren treten, schafft das keinen echten Markt, sondern bloß wieder mehr Bürokratie und Verteilungsprobleme. Natürlich kann man einwenden, dass die KfW investieren soll, wenn auch private Investoren Geld geben – halbe-halbe also. Aber dennoch: Hier soll mit staatlichen Subventionen ein Markt angekurbelt werden, in dem der Staat nichts verloren hat. Natürlich, das wollen wir nicht bestreiten, ist es problematisch, wenn die USA 0,36 Prozent ihres Bruttoinlandsprodukts in Start-ups stecken – und Deutschland lediglich 0,1 Prozent. Aber das Problem sollten wir nicht nach dem Vorbild von Landwirtschaft oder Kohle mit staatlicher Hilfe lösen. Stattdessen sollte die Politik auf andere Weise helfen, indirekter, etwa durch eine steuerliche Förderung. Man könnte zum Beispiel den Steuersatz für den Verkauf von Firmenanteilen reduzieren. Aber auch hier gilt: Wer zu stark fördert, befeuert falsche Entscheidungen. Sehr viel zielführender wäre es stattdessen, wieder ein Börsensegment für junge Firmen zu schaffen, einen Neuen Markt 4.0. Denn solange es für Investoren solch eine »Exit«-Möglichkeit nicht gibt, sie also ihre Anteile, wenn ein Unternehmen groß und erfolgreich geworden ist, nur schwer wieder loswerden können – so lange werden sie auch zögern, in Deutschland stärker zu investieren. Oder aber sie werden deutsche Start-ups dazu nötigen, ihren Sitz in die USA zu verlegen, wo ein »Exit« über die Börse sehr viel leichter geht; das müssen wir verhindern.

10. Schützt die Daten, die Freiheit und die Marktwirtschaft!

Der Datenschutz ist den Deutschen ein besonders wichtiges Anliegen. Das ist gut und richtig. Die Herablassung, mit der einige unserer Gesprächspartner in den USA den Datenschutz als Wachstumshindernis abtaten, als romantische Verirrung, hat uns nicht nur nicht überzeugt, sondern erschreckt. Auch der kriegerische Ton der Disruptiven, den man im Valley immer noch findet, der Mangel an Gemeinsinn, war uns ein Gräuel. In Deutschland sind der Respekt vor der Privatheit, die Gewährleistung eines fairen Wettbewerbs und der Schutz der sozial Schwachen Eckpfeiler unserer verfassungsmäßigen Ordnung; wir nennen das auch: Soziale Marktwirtschaft. Dies bewahren zu wollen hat nichts mit den von uns beklagten Beharrungskräften, der Angst vor Neuem zu tun. Im Gegenteil: Wir reden hier über die Aufrechterhaltung eines Ordnungsrahmens, der gerade wirtschaftliche Kraft freisetzen kann. Datenschutz, Wettbewerbsrecht und Sozialpolitik als Geschäftsmodell, das kann der deutsche Weg sein. Wenn Google & Co. nicht mehr im Markt spielen, sondern den Markt monopolisieren, dann müsste der Staat – das wäre die Ultima Ratio – eingreifen und die Monopole zerschlagen, ähnlich wie dies zu Beginn des 20. Jahrhunderts beim Ölimperium der Rockefellers, bei Standard Oil, geschehen ist.

Wenn immer mehr Daten vernetzt werden, dann müssen kluge moderne Regeln gefunden werden, um die Datensicherheit zu gewährleisten. Das bedeutet nicht, immer mehr Regeln einzuführen, wie wir es etwa bei den Bankgeschäften erleben, sondern eher eine Konzentration auf das Wesentliche. Ein Beispiel: Wer heute bei Facebook oder Apple die Allgemeinen Geschäftsbedingungen akzeptiert und damit auch seine Daten preisgibt, der macht dies meist »blind«. Wer versteht schon, was das Unternehmen da auf unendlich vielen Seiten kleingedruckt aufgelistet hat? Wer alle für ihn relevanten AGBs aus der digitalen Welt nicht nur lesen, sondern auch verstehen will, der wäre jedes Jahr mehr als 70 Tage lang allein damit beschäftigt, hat Bundesjustizminister Heiko Maas vorgerechnet. Effektiver Datenschutz sieht anders aus. Wir brauchen stattdessen AGBs, die einfach und übersichtlich sind, klar gegliedert und die mit Symbolen arbeiten, sodass jeder schnell erfassen kann, was er hergeben will – und was nicht. Das wäre Datenschutz reloaded.

11. Erzählt die Geschichten, macht Gründer zu Vorbildern!

In den USA erzählt man sich gerne Erfolgsgeschichten, in Deutschland hört man am liebsten Geschichten des Scheiterns. Man seziert, warum es dieser nicht geschafft hat und jener in den Konkurs geschlittert ist. Und klar: Es ist wichtig, auch diese Geschichten zu erzählen (das verstehen wir als Journalisten auch als unsere Aufgabe). Aber es gibt in Deutschland eben auch viele positive Storys – von Gründern, die Erstaunliches bewegt haben, von Start-ups, die schnell wachsen; manche der jungen Entrepreneure schaffen das vielleicht nicht im ersten Anlauf, sondern erst im zweiten oder dritten; solche Geschichten können andere dazu animieren, es selber zu versuchen. Gerade auch, wenn jemand wieder aufgestanden ist. Aus dem Silicon Valley kennen wir Hunderte solcher Erfolgsgeschichten. In Deutschland erinnert man sich dagegen lieber an die Aufbaugeneration nach dem Krieg, an die Grundigs und Neckermanns, die längst gestorben sind; oder an die Gebrüder Haffa, denen der Erfolg ihres Medienunternehmens EM.TV zur Jahrtausendwende zu Kopf gestiegen ist, was dann folgerichtig zum Zusammenbruch führte.

Kein Wunder also, dass in den letzten Jahren so viele Deutsche lieber gleich ins Silicon Valley gezogen sind, um dort ihr Glück zu versuchen – zumal nach dem Ende des Neuen Marktes. Aber jetzt kommen die Ersten wieder zurück. Wir sollten sie mit offenen Armen empfangen, sie auf jedes Podium setzen, ihre Erfahrungen nutzen und aus ihren Fehlern lernen. Wir haben auf unseren Reisen durch Deutschland so viele so gute Geschichten gehört, dass uns das Herz aufgegangen ist. Einige haben wir in diesem Buch weitergegeben, aber es gibt noch viel mehr. Wer sie hören will, muss die Ohren aufmachen, muss sich interessieren. Es lohnt sich!

12. Think Positive!

Von Ludwig Erhard stammt die Erkenntnis: 50 Prozent der Wirtschaft sind Psychologie. Nimmt man dies als Maßstab, verwundert es wenig, dass wir die erste Runde der Digitalisierung verloren haben. Es ist, wie gesagt, hierzulande üblich, vor allem die negativen Dinge zu betonen, all das, was nicht läuft. Selbst die Lobbyisten der Wirtschaft gefallen sich darin, die Lage schlechtzureden, statt die Erfolge deutscher Unternehmen bei der Digitalisierung hervorzuheben. Sie geben Studien zuhauf in Auftrag, die belegen sollen, wie mangelhaft Deutschland auf die Digitalisierung vorbereitet ist. Nur: Wer zu viel jammert, verpasst die digitale Zukunft. Wer zu sehr die

Schwächen betont (die es gibt), übersieht am Ende unsere Stärken (die es umso mehr gibt). Und redet am Ende die Probleme selbst herbei – eine »self-fulfilling prophecy«, wie die Amerikaner sagen, eine Prophezeiung, die sich selbst bestätigt.

Wir halten das, bei aller kritischen Distanz, die nötig ist, bei allen Mängeln, die es zu benennen gilt (so, wie wir es ja auch in diesem Buch immer wieder getan haben), für den falschen Weg, für die falsche Grundhaltung. Und glauben dabei, ganz im Sinne von Erhard, an die Psychologie des Positiven. Mehr Optimismus und auch mehr Selbstbewusstsein täte uns gut – es muss ja nicht gleich so viel überbordender Optimismus sein, wie wir ihn im Silicon Valley erlebt haben. Aber: Nur wenn wir in Deutschland daran glauben, dass uns der digitale Wandel gelingen wird, nur wenn wir auf unsere Stärken schauen, ihnen vertrauen und sie ausbauen, werden wir es auch schaffen. Nur wenn aus Erfolgen neue Erfolge erwachsen und wir diese anerkennen und wertschätzen, werden wir die digitale Transformation in Deutschland meistern.

Nach dem Zweiten Weltkrieg schlug die Stunde null, wenig später begann das Wirtschaftswunder. Nun schlägt die Stunde 4.0.

Wir haben es in der Hand, das Beste daraus zu machen. Und das Schönste ist: Wir können es schaffen!

Dank

In den vergangenen Jahren haben wir uns mit vielen Menschen über die Digitalisierung ausgetauscht, oft hat uns das neue Zugänge zu diesem spannenden Thema eröffnet. Für ihre Anregungen, klugen Gedanken und manch kritischen Widerspruch danken wir insbesondere: Ann-Kristin Achleitner, Paul Achleitner, Mäx Ament, Frank Appel, Jens Baas, Oliver Bäte, Mitchell Baker, Peter Bauer, Roland Berger, Noam Bardin, Saskia Biskup, Nathan Blecharczyk, Martin Blessing, Julia Bösch, Christian Bogatu, Hans-Christian Boos, Charles-Édouard Bouée, Christoph Bornschein, Frank Briegmann, Cedric Bru, Andreas Bruckschlögl, Erik Brynjolfsson, Thomas Buberl, Christine Carboni, John Chambers, Elmar Degenhart, Christian Deilmann, Kai Diekmann, Thorsten Dirks, Alexander Dobrindt, Anke Domscheit-Berg, Ulrike Droeschel, Reinhold Festge, Jürgen Fitschen, Elke Frank, Stefan Franzke, Christian Freese, Werner Fürstenberg, Sigmar Gabriel, Alexander Geiser, Philip Ginthör, Mike Gregoire, Ulrich Grillo, Christian Grobe, Madeleine Gummer von Mohl, Karl-Theodor zu Guttenberg, Felix Haas, Karl Haeusgen, Reed Hastings, Parker Harris, Justus Haucap, Heinrich Hiesinger, Reiner Hoffmann, Timotheus Höttges, Uli Huener, Nicolaj Hviid, Michael Inacker, Julia Jäkel, Anshu Jain, Andrea Joras, Philipp Justus, Joe Kaeser, Travis Kalanick, Ralf Kleber, Olaf Koch, Martina Koederitz, Torsten Kolind, Tilman Krebs, Winfried Kretschmann, Harald Krüger, Janina Kugel, Tina Kulow, Vivek Kundra, Hans Langer, Julia Leeb, Nicola Leibinger-Kammüller, Simone Lis, Heiko Maas, Matthias Machnig, Alwin Mahler, Bill McDermott, Daniela Mielchen, Amir Mirzaee,

Andreas Mundt, Fabien Nestmann, Günther Oettinger, Verena Pausder, Edmund Phelps, Robert Pollak, Frederik Pferdt, Felix Reinshagen, Martin Reitz, Till Reuter, Chuck Robbins, Gisbert Rühl, Oliver Samwer, Mathias Schilling, Walter Schlebusch, Joe Schoendorf, Jürgen Schmidhuber, Joachim Schreiner, Georg Schroth, Wolf Schumacher, Horst Seehofer, Sandra Sieber, Robert Shiller, Vishal Sikka, Ulrich Spiesshofer, Rupert Stadler, Christian Stammel, Rudolf Staudigl, Frank Strauß, Margret Suckale, Robin Sudermann, Bernd Storm, Peter Strunk, Julian Teicke, Peter Terium, Oliver Tuszik, Andreas Urschitz, Peter-Alexander Wacker, Peter Vullinghs, Theodor Weimer, Isabell Welpe, Roman Weishäupl, Stefan Wess, Manfred Wittenstein.

Unser herzlicher Dank gilt besonders auch den Kollegen bei der *Süddeutschen Zeitung*. Die Debatten in der Redaktion sind oft die besten. Stellvertretend möchten wir nennen Varinia Bernau, Bastian Brinkmann, Jannis Brühl, Guido Bohsem, Johannes Boie, Karl-Heinz Büschemann, Caspar Busse, Elisabeth Dostert, Tina Drexler, Marcus Dworak, Thomas Fromm, Christoph Giesen, Max Hägler, Catherine Hoffmann, Claus Hulverscheidt, Johannes Kuhn, Andrian Kreye, Michael Kuntz, Helmut Martin-Jung, Nikolaus Piper, Stefan Plöchinger, Andrea Rexer, Jürgen Schmieder, Hakan Tanriverdi, Kathrin Werner und Jan Willmroth. Und natürlich danken wir unseren beiden Chefredakteuren Kurt Kister und Wolfgang Krach, deren jahrelange Unterstützung wir sehr zu schätzen wissen.

Ebenso herzlich danken wir denen, die es überhaupt erst möglich gemacht haben, dass unsere Ideen in ein Buch gefunden haben: Waltraud Berz, Daniel Graf, Hanna Leitgeb und Christina Seitz.